"十三五"江苏省高等学校重点教材
（编号：2016-1-043）

21世纪高等教育计算机规划教材

计算机导论（第2版）

Computer Concepts

刘金岭 肖绍章 宗慧 编著

陈宏明 主审

U0300176

人民邮电出版社

北　京

图书在版编目（CIP）数据

计算机导论 / 刘金岭，肖绍章，宗慧编著. -- 2版
. -- 北京 ：人民邮电出版社，2018.9
21世纪高等教育计算机规划教材
ISBN 978-7-115-47442-1

Ⅰ．①计… Ⅱ．①刘… ②肖… ③宗… Ⅲ．①电子计
算机－高等学校－教材 Ⅳ．①TP3

中国版本图书馆CIP数据核字(2017)第303005号

内 容 提 要

本书是应用型本科计算机及相关专业学生的入门课程，对学生进一步学习本专业相关知识具有举足轻重的作用。本书旨在为计算机及相关专业的本科新生介绍一些计算机专业的入门知识，使他们能对该专业有一个整体的认识，提高他们学习本专业的兴趣，帮助他们了解该专业的基本概念和技能，同时使他们了解在该领域工作应有的职业道德和应遵守的法律法规。

本书简要介绍了计算机的概念、发展简史，计算机系统及运算基础，计算机软、硬件子系统，计算机网络和Internet，多媒体技术与应用，软件开发基础及人工智能，与计算机相关的职业道德和法律法规等。本书选材新颖，实用性强，符合当今计算机科学技术发展趋势。

本书既可作为高等学校应用型本科计算机及其相关专业计算机导论（基础）课程的教材，也可作为从事IT行业工作人员的参考书。

◆ 编　著　刘金岭　肖绍章　宗　慧
　　主　审　陈宏明

　　责任编辑　李　召
　　责任印制　彭志环

◆ 人民邮电出版社出版发行　　北京市丰台区成寿寺路11号
　　邮编　100164　电子邮件　315@ptpress.com.cn
　　网址　http://www.ptpress.com.cn
　　固安县铭成印刷有限公司印刷

◆ 开本：787×1092　1/16
　　印张：14.75　　　　　　　　　　2018年9月第2版
　　字数：386千字　　　　　　　　2024年7月河北第13次印刷

定价：49.80元

读者服务热线：(010)81055256　印装质量热线：(010)81055316
反盗版热线：(010)81055315

前　言

本书第 1 版自 2014 年出版以来，得到了许多学校的老师和学生的肯定，取得了较好的教学效果。2016 年被评为江苏省重点规划教材。为能及时反映计算机领域的最新进展，保持教材的先进性，我们对第 1 版的内容进行了认真的修改和完善，形成了现在的第 2 版。

第 1 版出版以来的 3 年间，计算机领域又有了很大的发展。2016 年 6 月，"神威·太湖之光"的浮点运算速度达到每秒 9.3 亿亿次，成为世界上运算速度最快的计算机；同年 3 月，谷歌人工智能 AlphaGo 3.0 与韩国棋手李世石进行了 5 场较量，最终 AlphaGo 以 4：1 的成绩战胜李世石等。第 2 版对这些新的发展变化进行了介绍，同时对一些相对陈旧的知识进行了删减，并对文字叙述做了进一步的加工和润色。

第 2 版在第 1 版的基础上做了较大篇幅的修改，共分为 10 章，第 1 章精简为计算机概述、计算机发展与未来及计算机专业知识体系；第 2 章保持了原貌；第 3～6 章进行了精简，删除了较复杂的原理和陈旧的内容，增加了新的发展介绍，同时第 4 章去除了数据库系统内容；新增了第 7 章软件开发基础，包括数据库系统概述和软件工程的知识；第 8 章介绍了人工智能的概念；第 9 章是在第 1 版第 7 章基础上进行了修改，增加了青少年上网问题与对策的内容。第 2 版去除了第 1 版中每章后面的阅读材料，对一些知识进行了加工和整理，将其集中到第 10 章，作为阅读材料，以拓宽学生的知识面。

第 2 版定位在对计算机专业做绪论性的介绍，不求深度，但求广度，突出应用。其主要目的在于让学生对计算机的历史发展、知识体系及学习方法有一个总体的了解，积累计算机常用知识，培养计算思维，激发学生的学习兴趣和学习主动性。教材对历史上科学家发现新知识的过程进行了简单介绍，以培养学生的创新意识。

本书的主要特点如下。

（1）适应应用型本科计算机专业特点，遵从应用型本科计算机教学理念。通过计算机导论课程的学习，学生可从全局视角了解专业架构体系，掌握专业应用基础，熟悉专业发展方向，明确未来职业取向，培养基本职业素养，激发专业学习兴趣，增进后续学习动力。

（2）简化原理讲解，突出知识的应用。在计算机软、硬件子系统，计算机网络和 Internet，软件开发基础及人工智能的章节编写中，本书对一些原理进行了简单的介绍，以易于理解为主；但对目前流行的 CPU、主板、显卡、内存条品牌、标号识别等都做了较详细的介绍。

（3）体现应用性和实践性。如对 CPU 超频的优缺点，Windows 7 下查看硬盘、U 盘的信息，设置虚拟内存的示例，家庭上网方式以及路由器、交换机在小型局域网中的应用等知识点进行了讲解。

（4）知识面广。本书涵盖了计算机专业的基本知识内容。

（5）为了培养学生的职业道德修养，第 9 章讲解了计算机专业工作者的道德规范和所遵循的法律法规，涉及计算机犯罪等方面的法律，并给出了青少年上网问题及应注意事项。

（6）教材配有相应的教学课件和习题解答，并配有习题库，需要的读者可以向作者索要（E-mail：liujinlingg@126.com）。

本书由刘金岭、肖绍章和宗慧老师编著，陈宏明院长主审。在该书的编写过程中得到了计算机与软件工程学院领导的大力支持，课程组的其他老师提供了很多好的建议，在此一并表示衷心的感谢。同时对在编写过程中参考的大量文献资料的作者表示诚挚的谢意。

由于编者水平有限，加之时间仓促，难免存在疏漏之处，恳请专家、读者不吝赐教。

编　者

2017 年 12 月

目　录

第1章 绪论

电子计算机（Electronic Computer）又称为电脑，是 20 世纪的一项伟大发明，自问世以来，对国民经济和科学技术起到了重大的推动作用。今天，计算机技术作为现代技术的重要标志，已经成为世界各国经济增长的主要动力。

1.1 计算机概述

举世公认的第一台通用电子计算机——电子数字积分计算机（Electronic Numerical Integrator And Computer，ENIAC）是 1946 年 2 月 15 日在美国宾夕法尼亚大学莫尔学院研制成功的，每秒能进行 5000 次加法运算。

1.1.1 什么是计算机

数字电子计算机（Electronic Digital Computer）简称为电子计算机或计算机，也是人们常说的电脑（如图 1.1），具体定义如下。

计算机是一种能按照事先存储的程序，自动地、高速地、精确地进行大量数值计算，并且具有记忆（存储）能力、逻辑判断能力和可靠性能的数字化信息处理能力的现代化智能电子设备。

液晶显示器　主机箱　键盘　鼠标

（a）台式计算机　　　　　　（b）笔记本电脑　　　　　　（c）平板电脑

图 1.1　常用个人电脑示意图

1.1.2 计算机的特点

虽然各种类型的计算机在规模、性能、用途和结构等方面有所不同，但它们都具有以下特点。

（1）运算速度快。自 1946 年计算机诞生时，每秒 5000 次的运算速度就是其他计算工具无法能及的，目前，超级计算机的运算速度已经达到每秒千万亿次，即使是微型计算机，其运算速度也已经大大超过了早期大型计算机的运算速度。

（2）计算精度高。由于计算机内部采用浮点数（也就是科学计数法）表示方法，而且计算机的字长从8位、16位增加到32位、64位甚至更长，从而使计算结果具有很高的精度。

（3）存储容量大。计算机具有内存储器和外存储器。内存储器用来存储正在运行的程序和数据，外存储器用来存储需要长期保存的数据。目前，微型计算机的内存容量一般可以达到几个GB甚至更多，硬盘容量则可以达几个TB。

（4）计算自动化。由于计算机可以存储程序，从而使得计算机可以在程序的控制下自动地完成各种操作，而无须人工干预。更重要的是，在机器内部可以快速地进行程序的逻辑选择，从而使全部计算过程实现真正的自动化。

（5）连接与网络化。计算机设置了各种接口，可以实现网络连接，从而方便地进行资源共享与信息交流，覆盖全球的互联网已进入普通家庭，正在日益改变着人们的生活、学习与工作习惯。

（6）通用性强。各种系统软件和应用软件的迅速发展，不仅使计算机易于操作，而且大大扩展了计算机的功能，计算机不仅可以进行科学计算，还具有管理功能、模拟功能、控制功能、图形处理功能等，成为了一种有多种用途的计算工具。

1.1.3　计算机的分类

目前，世界上流行着多种计算机，不同的计算机具有不同的用途，虽然它们本质上都是基于同一种技术，但是还有很多明显的差别。另外，由于计算机技术发展很快，不同类型计算机之间的划分标准也是经常变化的。计算机有多种分类方法，最常见的有两种方法：一是按其内部逻辑结构进行分类，如16位、32位或64位计算机等；二是按计算机的规模以及性能指标（如运算速度等）进行分类，通常把计算机分成下面五大类。

1. 巨型计算机

巨型计算机（Supercomputer）也称为超级计算机，它采用大规模并行处理的体系结构，通常包含数以千万计的CPU。它有极强的运算处理能力，运算速度达到每秒千万亿次浮点运算（这里1次的概念是指处理器执行最简单的操作，例如把一个数存储在计数器里，比较两个数等）。巨型计算机主要用于军事（如核武器和反导系统）、空间技术、长期天气预报、石油探测、生物信息处理等尖端科学领域。世界上只有少数几个国家能生产巨型机。著名的巨型机如：美国的克雷系列（Cray-1、Cray-2、Cray-3、Cray-4等），我国自行研制的"银河"系列（银河Ⅰ、银河Ⅱ、银河Ⅲ等）、"曙光"系列（曙光2000-Ⅰ、曙光2000-Ⅱ等）和神威·太湖之光等。

2. 大型计算机

大型计算机（Mainframe）指速度快、存储容量大、通信连网功能完善、可靠性高、安全性好、有丰富的系统软件和应用软件的计算机，通常含有几十个甚至更多个CPU。它可以同时运行多个操作系统，因此不像是一台计算机而更像是多台虚拟机，因而可以替代多台普通的服务器。一般用于为企业或政府的数据提供集中的存储、管理和处理，承担主要服务器（企业级服务器）的功能，在信息系统中起到核心作用。它可以同时为许多用户执行信息处理任务，即使同时有几百个甚至上千个用户递交处理请求，其响应速度快得能让每个用户感觉好像只有他一个人在使用计算机一样。IBM一直在大型机市场处于霸主地位，DEC、富士通、日立、NEC也生产大型机。随着微机与网络的迅速发展，大型机正在走下坡路，目前许多计算中心的大型机逐渐被高档微机群取代。

3. 服务器

服务器（Server）原本只是一个逻辑上的概念，指的是网络中专门为其他计算机提供资源和服务的那些计算机及相关软件，巨、大、中、小、微各种计算机原理上都可以作为服务器使用。但由于服务器往往需要具有较强的计算能力、高速的网络通信和良好的多任务处理功能，因此计算机生产厂商专门开发了用作服务器的一类计算机产品。与普通的 PC 相比，服务器需要连续工作在 7×24 小时的环境中，对可靠性、稳定性和安全性等要求更高。

根据不同的计算能力，服务器又分为工作组级服务器（家用服务器）、部门级服务器和企业级服务器。

4. 个人计算机

个人计算机（Personal Computer，PC）也称个人电脑或微型计算机。它们是 20 世纪 80 年代初随着单片微处理器的出现而开发成功的。个人计算机的特点是体积小巧，结构精简（主机与外设组合在一起），功能丰富，使用方便，通常由个人操作使用，并由此而得名。

个人计算机分成台式机和便携机（笔记本电脑、平板电脑）两大类，前者在办公室或家庭中使用，后者体积小、重量轻，便于外出携带，性能接近台式机，但价格稍高。近两年开始流行一些更小更轻的超级便携式计算机，称为"平板电脑"（如苹果公司的 iPad）、智能手机等。它们采用多点触摸屏进行操作，功能多样，有通用性，能无线上网，大多作为互联网的移动终端设备使用，人们可随身携带作为通信、工作和娱乐的工具。平板电脑和智能手机的发展势头良好，仅平板电脑 2013 年全球出货量就高达 2.171 亿台，到 2017 年，平板电脑出货量估计将超过台式计算机和笔记本电脑出货量总和。

需要注意的是，由于平板计算机和智能手机的软硬件结构、配置和应用有许多新的特点，虽然它们也是个人计算机的一个品种，但人们在很多场合提及 PC 时，往往专指那些使用微软公司 Windows 操作系统和 Intel 或 AMD 公司 CPU 芯片的台式机和笔记本电脑。

5. 嵌入式计算机

嵌入式计算机是用于执行特定功能的计算机，这个术语是因为第一台执行特定功能的计算机被物理地嵌入了设备中而得名的。嵌入式计算机的集成度很高，在一块单板上集成主板、CPU、内存，甚至是硬盘等。程序固化在 ROM 中，而且把存储器、输入/输出控制与接口电路等也都集成在芯片中，甚至把电子系统的模拟电路、数字/模拟混合电路和无线通信使用的射频电路等也都集成在单个芯片中，这样的超大规模集成电路称为 SoC（System on Chip），国内称为片上系统或系统级芯片。

现在，片上系统（SoC）已经成为嵌入式计算机的核心。与前面介绍的通用计算机不同，嵌入式计算机是内嵌在其他设备中的专用计算机，它们安装在手机、数码相机、MP3 播放器、计算机外围设备、电视机机顶盒、汽车和空调等产品中，执行着特定的任务，但由于用户并不直接与计算机接触，因此它们的存在往往并不被人们所知晓。

嵌入式计算机促进了各种各样电子消费产品的发展和更新换代，如手表、手机、玩具、游戏机、照相机、音响、录放像机、微波炉等。嵌入式计算机也被广泛应用于工业和军事领域，如机器人、数控机床、汽车、导弹、航天器等。实际上，嵌入式计算机是计算机市场中增长最快的部分。世界上 90% 的计算机（微处理器）都以嵌入方式在各种设备里运行。以汽车为例，一辆汽车中有几十甚至上百个嵌入式计算机在工作，它们的计算能力加起来可能比一台普通商用计算机的计算能力更强。

1.2　计算机的发展与未来

现在人们所说的计算机指通用电子数字计算机或称现代计算机，由电子器件构成，处理的是数字信息，英文是 Computer，在学术性较强的文献中翻译成计算机，在科普性读物中翻译成电脑。

1.2.1　计算机发展简史

计算机最初只是作为一种计算工具出现，它的发展过程分成以下几个阶段。

1. 第一代计算机（1946—1958 年）

1946 年 2 月 15 日，世界上第一台通用电子数字计算机 ENIAC（埃尼阿克）宣告研制成功。ENIAC 计算机的最初设计方案是由 36 岁的美国工程师莫奇利于 1943 年提出的，主要任务是分析炮弹轨道。ENIAC 共使用了 18 000 个电子管，另加 1500 个继电器以及其他器件，其总体积约 90m^3，重达 30t，占地 170m^2，需要一间 30 多米长的大房间才能存放，是个地道的庞然大物。这台耗电量为 140kW 的计算机，运算速度为每秒 5000 次加法，或者 400 次乘法，比机械式的继电器计算机快 1000 倍。它在通用性、简单性和可编程方面取得的成功，使现代计算机成为现实。ENIAC 如图 1.2 所示。

图 1.2　第一台电子计算机 ENIAC

第一代电子计算机主要采用电子管作为基础元件；输入、输出设备主要是用穿孔卡片，用户使用起来很不方便；系统软件还非常原始，用户必须掌握用类似于二进制机器语言进行编程的方法，主要用于科学技术方面的计算。EDVAC（艾迪瓦克）是第一代计算机的典型代表，该设计方案在 1945 年完成，直到 1952 年 1 月制造成功。

2. 第二代计算机（1958—1964 年）

第二代计算机主要采用晶体管为基本元件，体积缩小、功耗降低，提高了速度（每秒运算可达几十万次）和可靠性；用磁芯作主存储器，外存储器采用磁盘、磁带等；程序设计采用高级语言，如 FORTRAN、COBOL、ALGOL 等；在软件方面还出现了操作系统。

1954 年，美国贝尔实验室研制成功第一台使用晶体管线路的计算机，取名 TRADIC（催迪克）。它装有 800 个晶体管。1955 年，美国在阿塔拉斯洲际导弹上装备了以晶体管为主要元件的小型计算机。10 年以后，在美国生产的同一型号的导弹中，由于改用集成电路元件，重量只有原来的 1/100，体积与功耗减少到原来的 1/300。图 1.3 所示的是 IBM 7090 第二代晶体管电子计算机。

图 1.3　IBM 7090 第二代晶体管电子计算机

3. 第三代计算机（1964—1971 年）

第三代计算机的基本电子元件是每个基片上集成几个到十几个电子元件（逻辑门）的小规模集成电路和每片上集成几十个元件的中、小规模集成电路（Medium Scale Integration and Small Scale Integration，MSI and SSI），主存储器采用半导体存储器，运算速度可达每秒几十万次至几百万次基本运算。在软件方面，操作系统日趋完善。

1964 年 4 月 7 日，美国 IBM 公司同时在 14 个国家，全美 63 个城市宣告，世界上第一个采用集成电路的通用计算机系列 IBM 360 系统研制成功，该系列有大、中、小型计算机，共 6 个型号，它兼顾了科学计算和事务处理两方面的应用，各种机器全都相互兼容，适用于各方面的用户，具有全方位的特点，正如罗盘有 360 度刻度一样，所以取名为 360。它的研制开发经费高达 50 亿美元，是研制第一颗原子弹的"曼哈顿计划"的 1.5 倍，如图 1.4 所示。

（a）中央控制部分　　　　　（b）中央处理器和外围存储器　　　　　（c）终端设备

图 1.4　第三代电子计算机

4. 第四代计算机（1971 年至今）

第四代计算机采用大规模集成电路（Large Scale Integration，LSI）和超大规模集成电路（Very Large Scale Integration，VLSI）为主要电子器件制成的计算机。如 Intel Core i7 处理器的芯片集成度达到了 14 亿个晶体管。

美国 ILLIAC-IV 计算机是第一台全面使用大规模集成电路作为逻辑元件和存储器的计算机，它标志着计算机的发展已到了第四代。1975 年，美国阿姆尔公司研制成 470V/6 型计算机，随后日本富士通公司生产出的 M-190 机，是比较有代表性的第四代计算机。英国曼彻斯特大学 1968 年开始研制第四代机，1974 年研制成功 DAP 系列机。1973 年，德国西门子公司、法国国际信息公司与荷兰飞利浦公司联合成立了统一数据公司，研制出 Unidata 7710 系列机。

目前计算机朝着智能化和神经网络化方向发展。

智能电子计算机。它是一种有知识、会学习、能推理的计算机，具有能理解自然语言、声音、文字和图像的能力，并且具有说话的能力，使人机能够用自然语言直接对话。它可以利用已有的

和不断学习到的知识，进行思维、联想、推理，并得出结论。它能解决复杂问题，具有汇集、记忆、检索有关知识的能力。智能电子计算机突破了传统的冯·诺依曼式机器的概念，舍弃了二进制结构，把许多处理机并联起来，并行处理信息，速度大大提高。它的智能化人机接口使人们不必编写程序，只需发出命令或提出要求，计算机就会完成推理和判断并且给出解释。图 1.5 所示为 IBM 公司制造的一种并行计算机试验床，可模拟各种并行计算机结构。

图 1.5　智能电子计算机

神经网络计算机。它是利用电子计算机来模仿人的大脑判断能力和适应能力，并具有可并行处理多种数据功能的神经网络计算机。与以逻辑处理为主的智能电子计算机不同，它本身可以判断对象的性质与状态，并能采取相应的行动，而且它可同时并行处理实时变化的大量数据，能够引出结论。以往的信息处理系统只能处理条理清晰、经络分明的数据。而人的大脑却具有处理支离破碎、含糊不清信息的灵活性。因此，神经网络计算机将比拟人脑的智慧和灵活性。

1.2.2　中国计算机发展史

华罗庚教授是我国计算技术的奠基人和最主要的开拓者之一。华罗庚教授 1950 年回国，1952 年在全国大学院系调整时，从清华大学电机系物色了闵乃大、夏培肃和王传英三位科研人员在他任所长的中国科学院数学所内建立了中国第一个电子计算机科研小组。1956 年筹建中科院计算技术研究所时，华罗庚教授担任筹备委员会主任。

（1）第一代电子管计算机的研制（1958—1964 年）。我国从 1957 年开始研制通用数字电子计算机，1958 年 8 月 1 日，该机可以表演短程序运行，标志着我国第一台电子计算机诞生。为了纪念这个日子，该机定名为八一型数字电子计算机。该机在 738 厂开始小量生产，改名为 103 型计算机（即 DJS-1 型），运行速度每秒 1500 次，共生产了 38 台。103 型计算机如图 1.6 所示。

（2）第二代晶体管计算机的研制（1965—1972 年）。我国在研制第一代电子管计算机的同时，已开始了晶体管计算机的研制。为了打破国外对计算机元件的禁运，1958 年成立了生产晶体管的半导体厂——中国科学院 109 厂。经过两年的努力，109 厂就提供了机器所需的全部晶体管（109 乙机共用 2 万多支晶体管，3 万多支二极管）。1965 年，我国研制成功了中国第一台大型晶体管计算机（109 乙机），并不断对 109 乙机加以改进，两年后又推出了 109 丙机，为用户运行了 15 年，有效算题时间 10 万小时以上，在我国两弹试验中发挥了重要作用，被用户誉为"功勋机"。109 机如图 1.7 所示。

图 1.6　103 机

我国工业部门在第二代晶体管计算机研制与生产中已发挥重要作用。华北计算所先后研制成功 108 机、108 乙机（DJS-6）、121 机（DJS-21）和 320 机（DJS-6），并在 738 厂等五家工厂生产。哈军工（国防科大前身）于 1965 年 2 月成功推出了 441B 晶体管计算机并小批量生产了 40 多台。

图 1.7　109 机

（3）第三代基于中小规模集成电路的计算机研制（1973 年至 20 世纪 80 年代初）。IBM 公司 1964 年推出的 360 系列大型机是美国进入第三代计算机时代的标志。我国到 1970 年初期才陆续推出了大、中、小型采用集成电路的计算机。1973 年，北京大学与北京有线电厂等单位合作研制成功运算速度每秒 100 万次的大型通用计算机。进入 20 世纪 80 年代，我国高速计算机，特别是向量计算机有了新的发展。1983 年中国科学院计算所完成了我国第一台大型向量机——757 机，计算速度达到每秒 1000 万次。757 机如图 1.8 所示。

（4）第四代基于超大规模集成电路的计算机研制（20 世纪 80 年代中期至今）。"银河"计算机从 1978 年开始研制，到 1983 年通过了国家鉴定。它是由国防科大自行设计的第一个每秒向量运算 1 亿次的巨型计算机系统。1992 年国防科大研制成功了银河 II 通用并行巨型机，峰值速度达每秒 4 亿次浮点运算，总体上达到 20 世纪 80 年代中后期的国际先进水平。1997 年国防科大研制成功了银河 III 百亿次并行巨型计算机系统，它采用可扩展分布共享存储并行处理体系结构，由 130 多个处理节点组成，峰值性能为每秒 130 亿次浮点运算，系统综合技术达到 20 世纪 90 年代中期国际先进水平。图 1.9 所示的是"银河"亿次巨型机。

图 1.8　757 机

图 1.9　"银河"亿次巨型机

我国的高端计算机系统研制起步于 20 世纪 60 年代。到目前为止，大体经历了三个阶段：第一阶段，20 世纪 60 年代末到 70 年代末，主要从事大型机的并行处理技术研究；第二阶段，20 世纪 70 年代末至 80 年代末，主要从事向量机及并行处理系统的研制；第三阶段，20 世纪 80 年代末至今，主要从事 MPP（大规模并行处理）系统及工作站集群系统的研制。经过几十年不懈的努力，我国的高端计算机系统研制取得了丰硕成果，"银河""曙光""神威""深腾"等一批国产高端计算机系统的出现，使我国成为继美国、日本之后第三个具备研制高端计算机系统能力的国家。

最初，我国从事高端计算机系统研制的只有国防科大等少数几家单位。1983 年，国防科大研制的银河 I 型亿次巨型机系统的成功问世，标志着我国具备了研制高端计算机系统的能力。1994 年银河 II 在国家气象局正式投入运行，性能达每秒 10 亿次。1997 年银河 III 峰值达每秒 130 亿浮点运算。2000 年银河 IV 峰值性能达到了每秒 1.0647 万亿次。

20 世纪 80 年代中期以后，国家更加重视高端计算机系统的研制和发展，在国家高技术研究发展计划（863 计划）中，专门确立了智能计算机系统主题研究。国家智能中心于 1993 年 10 月推出曙光一号，紧接着推出了曙光 1000、曙光 2000、曙光 3000 和曙光 4000A。其中，曙光 4000A 的峰值为 11.2 TFLOPS（FLOPS 为每秒峰值速度）。

2008 年 8 月我国首台突破百万亿次运算速度的超级计算机"曙光 5000"已由中国科学院计算技术研究所、曙光信息产业有限公司自主研制成功，其浮点运算处理能力达到每秒 230 万亿次（交付用户使用能力每秒 200 万亿次），LinPack 速度预测将达到每秒 160 万亿次，这个速度让中国高性能计算机再次跻身世界前十名。曙光 5000A 于 2009 年 5 月中旬落户上海超级计算中心，为气象、海底隧道、环保、船舶、大飞机制造、汽车、建筑、钢铁、石油、机电、高校、科学院等领域提供了强有力的计算服务，为城市减灾防震提供了安全保障。

2010 年 11 月 15 日 TOP500.org 组织公布了第 36 届全球超级计算机五百强排行榜，由中国国防科大与天津滨海新区合作研发的"天河一号 A"以优异性能位居世界第一，取得了我国自主研制超级计算机综合技术水平进入世界领先行列的历史性突破。天河一号 A（Tianhe-1A）具有 14 336 颗英特尔六核至强 X5670 2.93GHz CPU、7168 颗 Nvidia Tesla M2050 GPU 和 2048 颗自主研发的八核飞腾 FT-1000 CPU。处理内核数突破 20 万颗，峰值计算性能达到了 4.7 PFLOPS，即每秒 4.7 千万亿次。天河一号 A 如图 1.10 所示。

2013 年 11 月 19 日 TOP500.org 组织公布了第 42 届全球超级计算机五百强排行榜，来自中国国防科大的"天河二号"继半年前荣膺桂冠之后再次夺魁，这也是中国超算历史上第一次蝉联 No.1，并蝉联第 43 届、44 届、45 届全球超级计算机 500 强排行榜之首。天河二号具有 3.2 万颗 Intel Xeon E5-2692 v2 2.2GHz 12 核心处理器、4.8 万块 Xeon Phi 31S1P 57 核心协处理计算卡、312 万个计算核心，Linpack 峰值浮点计算能力 54.90 PFLOPS（每秒 5.490 亿亿次），最大 33.86 PFLOPS。天河二号如图 1.11 所示。

图 1.10　天河一号 A

图 1.11　天河二号

2016 年 6 月 20 日，据 TOP500.org 组织公布发布的榜单，"神威·太湖之光"的浮点运算速度为每秒 9.3 亿亿次，不仅速度比第二名"天河二号"快出近两倍，其效率也提高 3 倍。更重要的是，与"天河二号"使用英特尔芯片不一样，"神威·太湖之光"使用的是中国自主知识产权的芯片。

"神威·太湖之光"由 40 个运算机柜和 8 个网络机柜组成。每个运算机柜比家用的双门冰箱略大，打开柜门，4 块由 32 块运算插件组成的超节点分布其中。每个插件由 4 个运算节点板组成，一个运算节点板又含 2 块 "申威 26010" 高性能处理器。一台机柜就有 1024 块处理器，整台 "神威·太湖之光" 共有 40 960 块处理器，每一块处理器相当于 20 多台常用笔记本电脑的计算能力。"神威·太湖之光" 如图 1.12 所示。

图 1.12　"神威·太湖之光"

1.3　计算机专业知识体系

专业的目标是为社会培养各级各类专门人才。专业是对学科的选择与组织，是学科承担人才培养职能的载体，学科是专业发展的基础。一所高校的人才培养质量如何，取决于其学科、专业水平。

1.3.1　计算机学科概述

20 世纪 70—80 年代，计算机技术得到了迅猛发展，开始渗透到了许多学科领域，这引起了科学界激烈的争论。计算机科学能否成为一门学科？计算机科学是理科还是工科？或者只是一门技术、一个职业？针对激烈的争论，1985 年春，ACM 和 IEEE-CS 联手组成攻关组，开始了 "计算作为一门学科" 的存在性证明，经过近 4 年的工作，攻关组提交了《计算作为一门学科》的报告，刊登在 1989 年 1 月的《ACM 通信》杂志上。

《计算作为一门学科》报告给计算机学科做了以下定义：计算机学科是对描述和变换信息的算法过程，包括对其理论、分析、设计、效率、实现和应用等进行的系统研究。它来源于对算法理论、数理逻辑、计算模型、自动计算机器的研究，并与存储式电子计算机的发明一同形成于 20 世纪 40 年代初期。

计算机学科研究计算机的设计、制造，以及利用计算机进行信息获取、表示、存储、处理等的理论，方法和技术。它包括科学和技术两个方面，科学侧重于研究现象、揭示规律；技术则侧重于研制计算机、研究使用计算机进行信息处理的方法与手段。事实上，科学和技术是计算机学科两个互为依托的侧面，科学研究和技术发展相互推进，其研究成果转化为技术的速度非常快，计算机技术的发展促进了计算机科学研究的深入，科学与技术相辅相成、相互作用，二者高度融合是计算机学科的突出特点。

计算机学科除了具有较强的科学性外，还具有较强的工程性，因此，它是一门科学性与工程性并重的学科，表现为理论和实践紧密结合的特征。在构建和测试自然现象的模型时，计算机学科属于科学范畴，采用的是科学研究的方法；在设计和构建越来越复杂的计算系统时，计算机学科属于工程范畴，采用的则是工程学的技术。

计算机学科的上述特征决定了学科理论、技术和工程相互之间的界限十分模糊。从理论探索、技术开发到工程应用的周期很短，许多实验室产品和最终投向市场的产品之间几乎没有太大差别。

1.3.2 计算机专业定位

《普通高等学校本科专业目录》是高等教育工作的基本指导性文件之一。它规定专业划分、名称及所属门类，是设置和调整专业、实施人才培养、安排招生、授予学位、指导就业，进行教育统计和人才需求预测等工作的重要依据。

根据2015版《普通高等学校本科专业目录》，从计算机专业的视角看我国的信息学科，可将信息学科划分为三大类：计算机类专业、相近专业、交叉专业。

1．计算机类专业

计算机类（0809）专业下设计算机科学与技术（080901，注：可授工学或理学学士学位）、软件工程（080902）、网络工程（080903）、信息安全（080904K，注：可授工学或理学或管理学学士学位）、物联网工程（080905）、数字媒体技术（080906）共6个本科专业。还有三个特设专业：智能科学与技术（080907T）、空间信息与数字技术（080908T）、电子与计算机工程（080909T）。

在专业要求与就业方向上，这些专业不但要求学生掌握计算机基本理论和应用开发技术，具有一定的理论基础，同时还要求学生具有较强的实际动手能力。学生毕业后能在企事业单位、政府部门从事计算机应用以及信息技术的开发、维护等工作。

2．相近专业

与计算机相近的专业很多，如电气工程及自动化、电子信息工程、电子科学与技术、通信工程、微电子科学与工程、光电信息科学与工程、信息与计算科学、信息工程和自动化、电子信息科学与技术、信息资源管理，共10个本科专业。

3．交叉专业

与信息科学交叉的专业很多，如数字媒体艺术、智能电网信息工程、电气工程与智能控制、地球信息科学与技术、生物信息学、电信工程与管理、医学信息工程、电子商务、信息对抗技术、信息管理与信息系统，共10个本科专业。

1.3.3 课程体系

课程体系是育人活动的指导思想，是培养目标的具体化和依托，它规定了培养目标实施的规划方案。课程体系是实现培养目标的载体，是保障和提高教育质量的关键。

1．课程体系概述

课程体系是指在一定的教育价值理念指导下，将课程的各个构成要素加以排列组合，使各个课程要素在动态过程中统一指向课程体系目标实现的系统。

（1）培养目标。计算机专业旨在培养和造就适应社会主义现代化建设需要，德智体全面发展、基础扎实、知识面宽、能力强、素质高、具有创新精神，系统掌握计算机硬件、软件的基本理论与应用的基本技能，具有较强的实践能力，能在企事业单位、政府机关、行政管理部门从事计算机技术研究和应用，软硬件和网络技术的开发，计算机管理和维护的应用型专业技术人才。修业年限4年。授予工学或理学学士学位。

（2）专业培养要求。本专业学生主要学习计算机科学与技术方面的基本理论和基本知识，进行计算机研究与应用的基本训练，使其具有研究和开发计算机系统的基本能力。本科毕业生应具备以下几方面的知识和能力。

- 掌握计算机科学与技术的基本理论、基本知识。
- 掌握计算机系统的分析和设计的基本方法。
- 具有研究开发计算机软硬件的基本能力。
- 了解与计算机有关的法规。
- 了解计算机科学与技术的发展动态。
- 掌握文献检索、资料查询的基本方法，具有获取信息的能力。

（3）主要课程。本专业的主干学科和实践性教学环节简介如下。

- 主干课程：电路原理、模拟电子技术、数字逻辑、数值分析、计算机原理、微型计算机技术、计算机系统结构、计算机网络、高级语言、汇编语言、数据结构、操作系统、数据库原理、编译原理、图形学、人工智能、计算方法、离散数学、概率统计、线性代数、算法设计与分析、人机交互、面向对象方法、计算机英语等。
- 主要实践性教学环节：包括电子工艺实习、硬件部件设计及调试、计算机基础训练、课程设计、计算机工程实践、生产实习、毕业设计（论文）等。

（4）个人发展方向与定位。计算机科学与技术类专业毕业生的职业发展路线基本上有如下两条。

- 第一类路线：纯科学路线，也称科学型。信息产业是新兴产业，对人才提出了更高的要求。这类学生本科毕业后，一般想继续深造，攻读硕士或博士学位，甚至进入博士后进行研究工作。其未来的职业定位于计算机科学研究工作。
- 第二类路线：纯技术路线，也称工程或应用型。这类学生本科毕业后，开始一般从事编写程序的工作，但这是一项脑力劳动强度非常大的工作，随着年龄的增长，很多从事这个行业的专业人才往往会感到力不从心，因而由技术人才转型到管理类人才不失为一个很好的选择。

2. 知识点要求

计算机科学的课程大致分为计算机理论、计算机硬件、计算机软件和计算机网络 4 部分。

（1）计算机理论。计算机理论是构建计算机学科的基石，主要涉及如下几个方面。

- 离散数学。由于计算机所处理的对象是离散型的，所以离散数学是计算机科学的基础，主要研究数理逻辑、集合论、近世代数和图论等。
- 算法分析理论。主要研究算法设计与分析中的数学方法与理论，如组合数学、概率论、数理统计等，用于分析算法的时间复杂性和空间复杂性。
- 形式语言与自动机理论。研究程序设计及自然语言的形式化定义、分类、结构等有关理论以及识别各类语言的形式化模型（自动机模型）及其相互关系。
- 程序设计语言理论。运用数学和计算机科学的理论研究程序设计语言的基本规律，包括形式语言文法理论、形式语义学（如代数语义、公理语义、指称语义等）和计算机语言学等。
- 程序设计方法学。研究如何从好结构的程序定义出发，通过对构成程序的基本结构的分析，给出能保证程序高质量的各种程序设计规范化方法，并研究程序正确性证明理论、形式化规格技术、形式化验证技术等。

（2）计算机硬件。计算机硬件是计算机系统中由电子、机械和光电元件等组成的各种物理装置的总称。这些物理装置按系统结构的要求构成一个有机整体，为计算机软件运行提供物质基础。主要包括如下几个部分。

- 元器件与储存介质。研究构成计算机硬件的各类电子的、磁性的、机械的、超导的、光学的元器件和存储介质。

- 微电子技术。研究构成计算机硬件的各类集成电路、大规模集成电路、超大规模集成电路芯片的结构和制造技术等。

  - 计算机组成原理。研究通用计算机的硬件组成以及运算器、控制器、存储器、输入和输出设备等各部件的构成和工作原理。

  - 微型计算机技术。研究目前使用最为广泛的微型计算机的组成原理、结构、芯片、接口及其应用技术。

  - 计算机体系结构。研究计算机软硬件的总体结构、计算机的各种新型体系结构（如并行处理机系统、精简指令系统计算机、共享储存结构计算机、阵列计算机、集群计算机、网络计算机、容错计算机等）以及进一步提高计算机性能的各种新技术。

（3）计算机软件。计算机软件是用户与硬件之间的接口界面，用户主要是通过软件与计算机进行交流。软件是计算机系统设计的重要依据。主要包含如下内容。

  - 程序设计语言。根据实际需求设计新颖的程序设计语言，即程序设计语言的语法规则和语义规则。

  - 数据结构与算法。研究数据的逻辑结构和物理结构以及它们之间的关系，并对这些结构做相应的运算，设计出实现这些运算的算法，而且确保经过这些运算后所得到的新结构仍然是原来的结构类型。常用的数据包括线性表、栈、队列、串、树、图等。相关的常用算法包括查找、内部排序、外部排序和文件管理等。

  - 程序设计语言翻译系统。研究程序设计语言翻译系统（如编译语言）的基本理论、原理和实现技术，包括语法规律和语法规律的形式化定义、程序设计语言翻译系统的体系结构及其各模块（如词法分析、语法分析、中间代码生成、优化和目标代码生成）的实现技术。

  - 操作系统。研究如何自动地对计算机系统的软硬件资源进行有效的管理，并最大限度地方便用户的使用。研究的内容包括进程管理、处理机管理、存储器管理、设备管理、文件管理，以及现代操作系统中的一些新技术（如多任务、多线程、多处理机环境、网络操作系统、图形用户界面等）。

  - 数据库系统。主要研究数据模型以及数据库系统的实现技术，包括层次数据模型、网络数据模型、关系数据模型、E-R 数据模型、面向对象数据模型、给予逻辑的数据模型、数据库语言、数据库管理系统、数据库的存储结构、查询处理、查询优化、事务管理、数据库安全性和完整性约束、数据库设计、数据库管理、数据库应用、分布式数据库系统等。

  - 算法设计与分析。研究计算机及其相关领域中常用算法的设计方法，并分析这些算法的实践复杂性和空间复杂性，以评价算法的优劣。研究的主要内容包括算法设计的常用方法、排序算法、集合算法、图和网络的算法、几何问题算法、代数问题算法、串匹配算法、概率算法和并行算法等以及对这些算法的时间复杂性和空间复杂性的分析。

  - 软件工程学。其是指导计算机软件开发和维护的工程学科，研究如何采用工程的概念、原理、技术和方法来开发和维护软件。研究的主要内容包括：软件生存周期方法学、结构化分析设计方法、快速原型法、面向对象方法、计算机辅助软件工程（CASE）等，并且详细论述了在软件生存周期中各个阶段所使用的技术。

  - 可视化技术。可视化技术是研究如何用图形来直观地表征数据，即用计算机来生成、处理、显示能在屏幕上逼真运动的三维形体，并能与人进行交互式对话。该技术不仅要求计算结果的可视化，而且要求过程的可视化。可视化技术的广泛应用，使人们可以更加直观、全面地观察和分析数据。

（4）计算机网络。计算机网络技术是通信技术与计算机技术相结合的产物，是第三次科技革命最突出的核心技术。

- 网络结构。研究局域网、远程网、Internet 等各种类型网络的拓扑结构和构成方法及接入方式。
- 数据通信与网络协议。研究实现网络上计算机之间进行数据通信的链接、原理技术以及通信双方必须共同遵守的各种规约。
- 网络服务。研究如何为计算机网络的用户提供方便的远程登录、文件传输、电子邮件、信息浏览、文档查询、网络新闻以及全球范围内的超媒体信息浏览服务。
- 网络安全。研究计算机网络的设备安全、软件安全、信息安全以及计算机病毒防治等技术，以提高计算机网络的可靠性和安全性。

1.3.4 学习方法

计算机专业科目很多、很杂，是一门以实践为主的学科，与其他学科的学习方法有很大差异。所以，该专业的学习方法有其自身的特点。

1. 确立学习目标

计算机科学的发展虽然只有短短 60 年的时间，但其领域之广、内容之多、发展速度之快，是其他众多学科所不能相比的。因此学习和掌握它的难度也就比较大。因此，要学好计算机，必须先为自己定下一个切实可行的目标。计算机科学与技术类专业毕业生的职业发展路线基本上有两条——科学研究型和工程应用型。计算机科学与技术专业的本科生进校的第一天就应该明确自己的职业发展定位，是成为科学研究型人才，还是工程应用型人才，需要较早地确定下来。

2. 了解教学体系和课程要求

计算机专业教学计划中的课程分为必修课和选修课。必修课是指为保证人才培养的基本规格，学生必须学习的课程。必修课包括公共必修课、专业必修课和实习、实践环节。选修课是指学生根据学院（系）提供的课程目录可以有选择修读的课程。它分为专业选修课和公共选修课。具有普通全日制本科学籍的学生，在学校规定的修读年限内，修满专业教学计划规定的内容，达到毕业要求，准予毕业，发给毕业证书并予以毕业注册。符合国家和学校有关学士学位授予规定者，授予学士学位。

学校采用学分绩点和平均学分绩点的方法来综合评价学生的学习质量。学分绩点的计算方法，考核成绩与绩点的关系如表 1.1 所示。

表 1.1　　　　　　　　　　　考核成绩与绩点的关系

成绩	绩点	成绩	绩点	成绩	绩点	成绩	绩点
90～100	4.0	80～82	3.0	70～72	2.0	60～62	1.0
86～89	3.7	76～79	2.7	66～69	1.7	<60	0
83～85	3.3	73～75	2.3	63～65	1.3		

在此强调学分绩点的重要性是因为学分绩点与学士学位紧密联系在一起。有些同学，大学 4 年毕业时只能拿到毕业证，不能拿到学士学位证，一个关键的问题是学分绩点不够（当然也可能是毕业论文的问题）。每个学校都对学士学位、学分和绩点分别有一个最低要求，请同学们特别注意。

3. 预习和复习课程内容

"预习"是学习中一个很重要的环节。但和其他学科中的"预习"不同的是，计算机学科中的预习不是说要把教材从头到尾地看上一遍，这里的"预习"，是指在学习之前，应该粗略地了解一下诸如课程内容是用来做什么的、用什么方式来实现等一些基本问题。

在复习时绝不能死记硬背条条框框，而应该能在理解的基础上，灵活运用。所以在复习时，首先要把基本概念、基本理论弄懂；其次要把它们串起来，多角度、多层次地进行思考和理解。由于本专业的各门功课之间有着内在的相关性，如果能够做到融会贯通，无论是对于理解还是记忆，都有事半功倍的效果。贯穿整个过程的具体方法是看课件、看书和做练习，以能够更好地加深理解和触类旁通。

4. 正确把握课程的性质

除数学、英语、政治、体育和公共选修课外，纯计算机专业本科的课程大致可以分为3类，一是理论性质的课程，二是动手实践性质的课程，三是理论和实践性都有的课程。因此，学习不同类型的课程时采用的方法有很大的不同。

理论性很强的课程包括离散数学、概率统计、线性代数以及算法设计与分析、计算机原理、人工智能、数字逻辑、操作系统等。这类课程的学习，以理解、证明和分析方法为主。

实践性很强的课程包括电子工艺实习、硬件部件设计及调试、计算机基础训练、课程设计、计算机工程实践、高级语言、汇编语言、面向对象方法等。这类课程的学习，以理解和动手实践为主，力求做到可以应用其知识解决实际问题。

理论和实践性都有的课程包括电路原理、模拟电子技术、数值分析、微型计算机技术、计算机系统结构、计算机网络、数据结构、数据库原理、编译原理、图形学、计算方法、人机交互等。这类课程的学习，既要理解和分析其中的原理和方法，也要动手实践以加深理解。

总之，想在任何学科上学有所成，都必须遵循一定的方法。尤其是计算机这样的学科，有些课程理论性很强，而另外一些课程对动手实践要求很高，这就要求计算机专业的本科生必须方法得当，否则会事倍功半。

1.3.5 能力要求

1. 基本能力要求

我国的高等教育从上世纪末开始步入了规模发展阶段，计算机专业成为目前最大的理工科专业，多年来在校学生人数一直都保持在40余万人。在其专业教育过程中，以"趋同性"和"知识型"为主的教育模式不仅降低了教育教学的效率，更成为制约人才培养的重要因素。因此，如何科学施教、有效发挥优势、提高办学质量、培养有特色的计算机人才成为每个有责任感的计算机专业教师必须面对的问题。

计算机专业人才的"专业基本能力"归纳为如下4个方面。

（1）计算思维能力。

（2）算法设计与分析能力。

（3）程序设计与实现能力。

（4）计算系统的认知、开发及应用能力。

其中，科学型人才以第1、第2种能力为主，以第3、第4种能力为辅；工程型和应用型人才则以第3、第4种能力为主，以第1、第2种能力为辅。

2．创新能力要求

创新能力是运用知识和理论，在科学、艺术、技术和各种实践活动领域中不断提供具有经济价值、社会价值、生态价值的新思想、新理论、新方法和新发明的能力。创新能力是民族进步的灵魂、经济竞争的核心。当今社会的竞争，与其说是人才的竞争，不如说是人的创造力的竞争。

创新能力，按更习惯的说法，也称为创新力。创新能力按主体分，最常提及的有国家创新能力、区域创新能力、企业创新能力等，并且存在多个衡量创新能力的创新指数的排名。

（1）"科学研究型"人才计算机专业的要求。研究型人才是指具有坚实的基础知识、系统的研究方法、高水平的研究能力和创新能力，在社会各个领域从事研究工作和创新工作的人才。

● 研究型人才要面向计算机科学技术的发展前沿，满足人类不断认识和进入新的未知领域的要求；要能够预测计算机科学技术发展的趋势并在基础性、战略性、前瞻性的科学技术问题的发现和创新上有所突破。

● 研究型人才要有良好的智力因素，具备敏锐的观察力、较好的记忆力、高度的注意力、丰富的想象力和严谨的思维能力，以及在这些能力之上形成的个人创造力，具备能够主动发现并解决问题的能力。

● 研究型人才同样要具备必要的非智力因素，包括强烈的求知欲和创造欲、好奇和敢于怀疑的精神，必须勤奋好学，有恒心和坚强的毅力，不畏艰险，追求真理。

● 研究型人才必须具备深厚和宽泛的计算机基础知识，掌握科学的研究方法、具有不断创新的能力，具备宽广的科学视野，具有高尚的情操和较高的科学精神、人文精神。

● 研究型人才要勤于探索，不断创新，坚持真理，勇于承担时代和社会赋予的责任，积极推动社会重大进步与变革。

（2）"工程应用型"人才计算机专业的要求。工程素质的形成并非是知识的简单综合，而是一个复杂的渐进过程，将不同学科的知识和素质要素融合在工程实践活动中，使素质要素在工程实践活动中综合化、整体化和目标化。学生工程素质的培养，体现在教育的全过程中，渗透到教学的每一个环节。不同工程专业的工程素质，具有不同的要求和不同的工程环境，要因地制宜、因人制宜、因环境和条件差异进行综合培养。

所谓计算机专业的应用型人才是指能将专业知识和技能应用于所从事的计算机实践的一种专门的人才类型，是熟练掌握社会生产或社会活动的基础知识和基本技能，主要从事计算机一线生产的技术或专业人才，其具体内涵是随着高等教育历史的发展而不断发展的。应用型人才就是把成熟的技术和理论应用到实际的生产生活中的技能型人才。

计算机专业"工程应用型"人才的素质应该是：有敏捷的反应能力、有学识和修养、身体状况良好、有团队精神、有领导才能、高度敬业、创新观念强、求知欲望高、对人和蔼可亲、有良好的职业操守、有良好的生活习惯、能适应环境和改善环境。

习　题　1

一、选择题

1．1946 年世界上有了第一台数字计算机，奠定了至今仍然使用的计算机（　　）。

（A）外型结构　　　（B）总线结构　　（C）存取结构　　（D）体系结构

2．奔腾 IV 计算机属于（　　）计算机。

（A）第二代　　　　（B）第三代　　　　（C）第四代　　　　（D）第五代

3．2016 年 6 月 20 日下午 3 点，TOP500 组织在法兰克福世界超算大会（ISC）上宣布，我国超级计算机系统（　　）登顶榜单之首。

（A）神威·太湖之光　　　　　　　　（B）天河二号

（C）曙光 5000A　　　　　　　　　　（D）银河超级计算机

4．与计算机相近专业很多，下列不是与计算机相近的专业是（　　）。

（A）生物工程　　　　　　　　　　　（B）通信工程

（C）信息工程和自动化　　　　　　　（D）信息资源管理

5．根据我国 2015 版《普通高等学校本科专业目录》，可将信息学科划分为三大类，不包括（　　）。

（A）计算机类专业　　　　　　　　　（B）计算机相近专业

（C）电子信息专业　　　　　　　　　（D）计算机交叉专业

6．计算机专业人才的"专业基本能力"归纳为 4 个方面，不包括（　　）。

（A）计算思维能力　　　　　　　　　（B）算法设计与分析能力

（C）计算机硬件开发、设计能力　　　（D）计算系统的认知、开发及应用能力

二、填空题

1．计算机具有记忆（存储）能力、_____和可靠性能的数字化信息处理能力。

2．第二代计算机主要采用_____为基本元件，体积缩小、功耗降低，提高了速度（每秒运算可达几十万次）和可靠性。

3．计算机网络技术是_____与计算机技术相结合的产物，是第三次科技革命最突出的核心技术。

4．计算机学科除了具有较强的科学性外，还具有较强的_____。

5．计算机科学的课程大致分为计算机理论、计算机硬件、计算机软件和_____4 部分。

6．计算机专业的应用型人才能够将专业_____和技能应用于所从事的计算机实践。

三、简答题

1．什么是计算机？

2．计算机的发展经历了哪几个阶段，各有什么特征？

3．计算机有哪些特点？

4．举例说明计算机在人们日常生活中的具体应用和作用。

5．简述计算机专业应用人才应具备哪些能力。

6．你如何定位自己的发展方向？

第2章
计算机基础知识

在计算机中，由于使用电子器件的不同状态来表示数据，而电信号一般只有两种状态，如高电平和低电平，通路和短路，因此，计算机内部是一个二进制数字世界。计算机之所以具有逻辑处理能力，是由于计算机内部具有能够实现各种逻辑功能的逻辑电路，逻辑代数是进行逻辑电路设计的数学基础。

2.1　数字技术基础

数字技术是采用有限个状态（主要是用 0 和 1 两个数字）来表示、处理、存储和传输数据的技术。采用数字技术实现数据处理是电子数据技术的发展趋势。电子计算机从一开始就采用了数字技术，通信和数据存储领域也已经大量采用数字技术，广播电视领域正在走向全面数字化。下面对数字技术的基本知识做简单的介绍。

2.1.1　数据处理的基本单位

1. 什么是比特

数字技术的处理对象是"比特"（bit），中文意译为"二进位数字"或"二进位"，在不会引起混淆时也可以简称为"位"。比特只有两种取值（状态），它或者是数字 0，或者是数字 1。

比特既没有颜色，也没有大小和重量。如同 DNA 是人体组织的最小单位，比特是组成数字数据的最小单位。许多情况下比特只是一种符号而没有数量的概念。比特在不同场合有不同的含义，有时候使用它表示数值，有时候用它表示文字和符号，有时候则表示图像，有时候还可以表示声音。

一个比特可以表示两个状态，如开关的开或关，继电器的接通或断开，灯泡的亮或暗，电平的高或低，电流的有或无等。其中的一个状态表示 1，另一个状态表示 0。以当前计算机中某些中央处理器为例，2V 左右为高电平，表示 1；0.4V 左右为低电平，表示 0。

比特是计算机和其他所有数字系统处理、存储和传输数据的最小单位，一般用小写的字母"b"表示，如二进制数 0101 就可以用 4 比特位存储。但是，比特这个单位太小了，每个西文字符需要用 8 个比特表示，每个汉字至少需要用 16 个比特才能表示，而图像和声音则需要更多的比特才能表示。因此，另一种稍大些的数字数据的计量单位是"字节"（Byte），它用大写字母"B"表示，每个字节包含 8 个比特（注意：小写的 b 表示 1 个比特）。

2. 比特的存储

存储 1 个比特需要使用具有两种稳定状态的器件，如开关、继电器、灯泡等。在计算机等数字系统中，比特的存储经常使用一种称为触发器的双稳态电路来完成。触发器有两个稳定状态，可分别用来表示 0 和 1，在输入信号的作用下，它可以记录 1 个比特。使用集成电路制成的触发器工作速度极快，其工作频率可达到 GHz 的水平（$1GHz=10^9Hz$）。

一个触发器可以存储 1 个比特，一组（如 8 个或 16 个）触发器可以存储 1 组比特，它们称为"寄存器"。计算机的中央处理器中就有几十个甚至上百个寄存器。

另一种存储二进位数据的方法是使用电容器。当电容的两极被加上电压，电容将被充电，电压撤销以后，充电状态仍会保持一段时间。这样，电容的充电和未充电状态就可以分别表示 0 和 1。现代微电子技术已经可以在一块半导体芯片上集成以亿计的微小的电容，它们构成了可存储大量二进位数据的半导体存储器。

磁盘是利用磁介质表面区域的磁化状态来存储二进位数据的，光盘则通过"刻"在盘片光滑表面上的微小凹坑来记录二进位数据。有关磁盘存储器和光盘存储器的原理将在第 3 章再进行介绍。

寄存器和半导体存储器在电源切断以后所存储的数据会丢失，它们称为易失性存储器。而磁盘和光盘即使断电以后也能保持所存储的数据不变，属于非易失性存储器，可用来长期存储数据。

存储容量是存储器的一项很重要的性能指标。计算机的内存储器容量通常使用 2 的幂次作为单位，因为这有助于内存储器的设计。经常使用的单位有如下几个。

千字节（kilobyte，简写为 KB），$1KB=2^{10}$ 字节=1024Byte

兆字节（megabyte，简写为 MB），$1MB=2^{20}$ 字节=1024KB

吉字节（gigabyte，简写为 GB，即千兆字节），$1GB=2^{30}$ 字节=1024MB

太字节（terabyte，简写为 TB，即兆兆字节），$1TB=2^{40}$ 字节=1024GB

拍字节（petabyte，简写为 PB，即千万亿字节），$1PB=2^{50}$ 字节=1024TB

艾字节（exabyte，简写为 EB，即百亿亿字节），$1EB=2^{60}$ 字节=1024PB

然而，由于在其他领域（如距离、速率、频率）的度量单位都是以 10 的幂次来计算的，因此磁盘、U 盘、光盘等外存储器制造商也采用 1MB=1000KB，1GB=1 000 000KB 来计算其存储容量。因此当我们查看外存储设备的容量时，计算机显示的容量常与其宣传的容量不一致。

3. 比特的传输

数据是可以传输的，数据也只有通过传输和交流才能发挥它的作用。在数字通信技术中，数据的传输是通过比特的传输来实现的。近距离传输比特时可以直接进行传输（如计算机读出或者写入移动硬盘中的文件，通过打印机打印某个文档的内容等），在远距离或者无线传输比特时，就需要用比特对载波进行调制，然后才能传输至目的地（详见第 5 章 5.1 节中的介绍）。

需要注意的是，在数据通信和计算机网络中传输二进位数据时，由于是一位一位串行传输的，传输速率的度量单位是每秒多少比特，经常使用的传输速率单位如下。

比特/秒（bit/s），也称"bit/s"，如 2400 bit/s、9600bit/s 等。

千比特/秒（kbit/s），$1kbit/s=10^3$ 比特/秒=1000bit/s（小写 k 表示 1000）。

兆比特/秒（Mbit/s），$1Mbit/s=10^6$ 比特/秒=1000kbit/s

吉比特/秒（Gbit/s），$1Gbit/s=10^9$ 比特/秒=1000Mbit/s

太比特/秒（Tbit/s），$1Tbit/s=10^{12}$ 比特/秒=1000Gbit/s。

2.1.2　进位计数制

计算机使用的是二进制，由于二进制中只有两个数字 0 和 1，而二进制具有硬件上容易实现、运算规则简单、便于机器执行等优点。但同时也存在着位数长、书写和阅读都不方便且容易出错等缺点。因为八进制和十六进制能方便地与二进制实现转换，所以常用八进制或十六进制进行输入或输出。

1. 进制与表示法

按进位（当某一位的数字达到某个固定值时，就向高位产生进位）的原则进行计数的方法称为进位计数制，简称进制。在日常生活中，人们使用最多的是十进制。此外也适用许多非十进制的计数方法，例如，时间采用的是六十进制，即 60 秒为 1 分钟，60 分钟为 1 小时；月份采用的是十二进制，即 1 年有 12 个月；我国过去使用十六两一斤的秤（直到 1959 年 6 月 25 日，国务院才规定十两一斤），所以也有"半斤八两"之说。

进位计数制采用位置计数法（数码按顺序排列）表示数，位置计数法有两个要点，一是按基数进位或借位，二是用位权值计数。

不同的进制以基数来区分，若以 r 代表基数，则有：

$r=10$ 为十进制，可使用 0，1，2，…，9 共 10 个数码；

$r=2$ 为二进制，可使用 0，1 共 2 个数码；

$r=8$ 为八进制，可使用 0，1，2，…，7 共 8 个数码；

$r=16$ 为十六进制，可使用 0，1，2，…，9，A，B，C，D，E，F 共 16 个数码。

所谓按基数进位和借位，就是在执行算术运算时，遵守"逢 r 进 1，借 1 当 r"的规则。如十进制"逢 10 进 1，借 1 当 10"，二进制"逢 2 进 1，借 1 当 2"。二进制的算术运算规则非常简单，如表 2.1 所示。

表 2.1　　　　　　　　　　　　　　二进制的算术运算规则

加	减	乘	除
0+0=0	0−0=0	0×0=0	0÷0（没有意义）
0+1=1	0−1=1（向高位借 1）	0×1=0	0÷1=0
1+0=1	1−0=1	1×0=0	1÷0（没有意义）
1+1=0（向高位进 1）	1−1=0	1×1=1	1÷1=1

例 2.1　计算 1010+10 和 1010−100 的值。

解：

```
    1010              1010
 +    10           −   100
 ────────          ────────
    1100               110
```

则：1010+10=1100，1010−100=110

例 2.2　计算 1010×101 和 10101÷100 的值。

解：

```
      1010                  101
 ×     101          100)10101
 ────────                 100
      1010               ────
      0000                101
     1010                 100
 ─────────               ────
    110010                  1
```

则：$1010 \times 101 = 110010$，$10101 \div 100 = 101$ 余 1。

在任何一种进制中，处于不同位置上的数码代表不同的值，例如，在十进制中，数码 8 在个位上表示 8，在十位上表示 80，在百位上表示 800，而在小数点后 1 位表示 0.8，所以，每个位置都对应一个位权值。对于 r 进制数 $a_n \cdots a_1 a_0 . a_{-1} \cdots a_{-m}$，小数点左边的位权值依次为 r^0，$r^1 \cdots r^n$，小数点右边的位权值依次为 $r^{-1} \cdots r^m$。每个位置上的数码所表示的数值等于该位置的位权值。例如，十进制数 198.63 可以表示成：

$$198.63 = 1 \times 10^2 + 9 \times 10^1 + 8 \times 10^0 + 6 \times 10^{-1} + 3 \times 10^{-2}。$$

二进制数 1101.11 可以表示成：

$$1101.11 = 1 \times 2^3 + 1 \times 2^2 + 0 \times 2^1 + 1 \times 2^0 + 1 \times 2^{-1} + 1 \times 2^{-2}。$$

2. 二进制数与十进制数之间的转换

由于人们习惯使用十进制，而计算机内部使用的是二进制，所以，计算机系统需要进行十进制数和二进制数之间的转换。

将十进制数转换为二进制数需要将十进制数分解为整数部分和小数部分，分别进行转换，然后相加得到转换的最终结果。

将十进制整数转换为二进制整数的规则是，除基取余，逆序排列。即将十进制整数逐次除以二进制的基数 2，直到商为 0，然后将得到的余数逆序排列，先得到的余数为低位，后得到的余数为高位。

将十进制小数转换为二进制小数的规则是，乘基取整，正序排列，即将十进制小数逐次乘以二进制的基数 2，直到积的小数部分为 0，然后将得到的整数正序排列，先得到的整数为高位，后得到的整数为低位。

例 2.3 将十进制数 46.375 转换为二进制数。

解：先将 46.375 分成整数部分 46 和小数部分 0.375 分别转换，最后将转换的结果相加。

被除数	商	余数	
46	23	0	
23	11	1	
11	5	1	逆序排序
5	2	1	
2	1	0	
1	0	1	

可以得到整数部分的转换：$(46)_{10} = (101110)_2$。

乘数	积	整数	
0.375	0.75	0	
0.75	1.5	1	正序排序
0.5	1.0	1	

可以得到小数部分的转换：$(0.375)_{10} = (0.011)_2$。

综合整数和小数两部分的转换可得：$(46.375)_{10} = (101110.011)_2$。

并不是所有的十进制小数都可以精确地转换为二进制小数，如果乘基取整后的小数部分始终不为 0，则可以根据精度要求转换到一定的位数为止。由于十进制小数转换为二进制小数有可能存在精度上的误差，所以，在程序设计中要尽量避免处理小数。如果必须处理小数，有时可以先将小数变为整数，运算后再将整数变为小数。

将二进制数转换为十进制数只需将二进制数按位权值展开然后求和，所得结果即为对应的十进制数。

例 2.4　将二进制数 1101.11 转换为十进制数。

解： $1101.11 = 1 \times 2^3 + 1 \times 2^2 + 0 \times 2^1 + 1 \times 2^0 + 1 \times 2^{-1} + 1 \times 2^{-2} = 13.75$

$\qquad (1101.11)_2 = (13.75)_{10}$

一般十进制数与二进制数之间的转换方法可以推广到任意进制。

3. 二进制数与八进制数和十六进制数之间的转换

二进制数的位数太长，不便于书写和表示，而八进制数和十六进制数与二进制数具有较为直观的对应关系（$2^3 = 8$，$2^4 = 16$），因而在计算机程序中通常采用八进制数或十六进制数。表 2.2 给出了二进制数与八进制数和十六进制数之间的对应关系。

表 2.2　　　　　　　　　　二进制数与八进制数和十六进制数的对应关系

二进制数	八进制数	十六进制数	二进制数	八进制数	十六进制数
000	0	0	1000	10	8
001	1	1	1001	11	9
010	2	2	1010	12	A
011	3	3	1011	13	B
100	4	4	1100	14	C
101	5	5	1101	15	D
110	6	6	1110	16	E
111	7	7	1111	17	F

由于 3 位二进制数恰好是 1 位八进制数，所以，将二进制数转换为八进制数只需以小数点为界，将整数部分自右向左、小数部分自左向右每 3 位一组（不足 3 位用 0 补足）转换为对应的 1 位八进制数，反之，将八进制数转换为二进制数只需把每 1 位八进制数转换为对应的 3 位二进制数。

例 2.5　将八进制数 345.67 转换为二进制数。

解： $(345.67)_8 = (\underline{011}\,\underline{100}\,\underline{101}.\underline{110}\,\underline{111})_2 = (11100101.110111)_2$

例 2.6　将二进制数 11100101.110111 转换为八进制数。

解： $(11100101.110111)_2 = (\underline{011}\,\underline{100}\,\underline{101}.\underline{110}\,\underline{111})_2 = (345.67)_8$

同理，由于 4 位二进制数恰好是 1 位十六进制数，所以，将二进制数转换为十六进制数只需以小数点为界，将整数部分自右向左、小数部分自左向右每 4 位一组（不足 4 位用 0 补足）转换为对应的 1 位十六进制数，反之，将十六进制数转换为二进制数只需把每 1 位十六进制数转换为对应的 4 位二进制数。

例 2.7　将十六进制数 6AC.57 转换为二进制数。

解： $(6AC.57)_{16} = (\underline{0110}\,\underline{1010}\,\underline{1100}.\underline{0101}\,\underline{0111})_2 = (11010101100.01010111)_2$

例 2.8　将二进制数 11010101100.01010111 转换为十六进制数。

解： $(11010101100.01010111)_2 = (\underline{0110}\,\underline{1010}\,\underline{1100}.\underline{0101}\,\underline{0111})_2 = (6AC.57)_{16}$

另外如果想实现八进制数和十六进制数之间的转换，只需要先将其转换为二进制数，然后再利用上述二进制数转换为八进制数和十六进制数的方法就很容易实现了。

2.1.3　数值数据的表示方法

在计算机中表示一个数值数据，需要考虑三个问题，数的长度、符号的表示方法和小数点的表示方法。

1. 数的长度

在数学中，数的长度是指该数所占的实际位数，例如在十进制中，整数 12 345 的长度为 5。在计算机中，数的长度是指该数所占的二进制位数，由于存储单元通常以字节为单位，因此，数的长度也指该数所占的字节数。

在数学中，数的长度不是固定的，例如，135 的长度是 3，5 的长度是 1，实际应用时有几位就写几位，但在计算机中，同类型的数据长度一般是固定的，由机器的字长确定，不足部分用 0 补足。换言之，计算机中同一类型的数据具有相同长度，与数据的实际长度无关。例如，某 16 位计算机，其整数占两个字节（即 16 位二进制），所有整数的长度都是 16 位，则 $(68)_{10}=(1000100)_2=(00000000\ 01000100)_2$。

当一个数的二进制位数确定后，其表示范围也就确定了，如果一个数超出了这个范围，这种现象称为溢出。例如，16 位二进制数表示的正整数范围是 0～65 536（2^{16}），超出表示范围的上界称为上溢。上溢时计算机将不能进行运算。超出表示范围的下界称为下溢。下溢时计算机将该数作为机器零来处理。

在以下讨论中，为简单起见，不失一般性，假设用八位二进制数表示一个整数。

2. 数的原码、反码和补码

数值数据有正数和负数之分，由于计算机中使用二进制 0 和 1，因此，可以采用一位二进制数表示数值数据的符号，通常用"0"表示正号，用"1"表示负号，也就是对数值数据的符号进行编码。

（1）原码。原码是一种最简单的表示方法，其编码规则为，数的符号用一位二进制数表示（称为符号位），数的绝对值与符号位一起编码。

例 2.9　X=+1000101　　$[X]_原$=01000101

　　　　　X=-1000101　　$[X]_原$=11000101

原码表示法虽然简单直接，但存在如下缺点。

① 零的表示不唯一。由于 $[+0]_原$=00000000，$[-0]_原$=10000000，从而给机器判零带来困难。

② 进行四则运算时，符号位需单独处理。例如加法运算，若两数同号，则两数相加，结果取共同的符号；若两数异号，则要用大数减去小数，结果取大数的符号。

③ 硬件实现困难。如减法需要单独的逻辑电路来完成。

正是原码表示法的不足之处，促使人们去寻找更好的编码方案。

（2）反码。反码很少使用，但它是求补码的中间码，其编码规则为，正数的反码与原码相同，负数的反码其符号位与原码相同，其余各位取反。

例 2.10　X=+1000101　　$[X]_反$=01000101

　　　　　X=-1000101　　$[X]_反$=10111010

（3）补码。补码是一种使用最广泛的表示方法，其理论基础是模数的概念。例如，钟表的模数是 12，如果现在的准确时间是 3 点，而你的手表显示时间是 8 点，怎样把手表拨准呢？可以有两种方法，把时针往后拨 5 小时或往前拨 7 小时，之所以这两种效果相同，是因为 5 和 7 对模数 12 互为补数。模数系统有这样一个结论，一个数 A 减去另一个数 B，等价于 A 加上 B 的补数。

用补码表示数值，有如下优点。

① 减法运算可以用加法进行。

② 用补码做加法，出现的进位就是模，此时的进位就应该忽略不计。

如：12 小时的时间制，9 点钟再过 5 个小时就是 2 点钟，即（5+9）mod 12=2。

③ 二进制下，有多少位数参加运算，模就是在 1 的后面加上多少个 0。

如：字节数运算中，模为 100000000。

④ 补码就是按照这个要求来定义的：正数不变，负数即用模减去绝对值。

如：X=−101011 的补码为［X］$_补$=100000000−101011=11010101。

其实补码的计算也可以这样：

［X］$_补$=100000000−00101011=（11111111+00000001）−101011

　　　　=（11111111−00101011）+00000001

　　　　=11010100+00000001　　//反码加 1

　　　　=11010101

从而可得补码的编码规则：正数的补码与原码相同，负数的补码其符号位与原码相同，其余各位取反再在最末位加 1（即为反码加 1）。PC 采用补码存储数据，因此 CPU 只需有加法器即可。

补码的加法为：［X+Y］$_补$=［X］$_补$+［Y］$_补$

补码的减法为：［X−Y］$_补$=［X］$_补$−［Y］$_补$=［X］$_补$+［−Y］$_补$

补码的乘法为：［X×Y］$_补$=［X］$_补$×［Y］$_补$

例 2.11　　X=+1000101　［X］$_补$=01000101

　　　　　　X=−1000101　［X］$_补$=10111011

由于［+0］$_补$=00000000，［−0］$_补$=［−0］$_反$+1=11111111+1=00000000，因此，补码表示法的优点之一就是零的表示唯一。

例 2.12　　［+127］$_补$=01111111，［−127］$_补$=11111111，［−128］$_补$=10000000

例 2.13　　计算 68−12 的值。

解：68=+1000100　　［68］$_补$=01000100

　　−12=−0001100　　［−12］$_补$=［−12］$_反$+1=11110011+1 = 11110100

$$\begin{array}{r} 01000100\ [68]_补 \\ +\quad 11110100\ [-12]_补 \\ \hline 1\ 00111000\ [56]_补 \end{array}$$

由于八位二进制数表示一个整数，所以最高位的进位自然丢失，同时得到正确的结果。

例 2.14　　计算 12−68 的值。

解：12=+0001100　　［12］$_补$=00001100

　　−68=−1000100　　［−68］$_补$=［−68］$_反$+1=10111011 + 1 = 10111100

$$\begin{array}{r} 00001100\ [12]_补 \\ +\ 10111100\ [-68]_补 \\ \hline 11001000\ [-56]_补 \end{array}$$

例 2.15　　计算 68+61 的值。

解：68=+1000100　　［68］$_补$=01000100

　　61=+0111101　　［61］$_补$=00111101

$$
\begin{array}{r}
01000100 \quad [12]_{\text{补}} \\
+ \;\; 00111101 \quad [68]_{\text{补}} \\
\hline
10000001 \quad [-127]_{\text{补}}
\end{array}
$$

位串（补码）	所表示的数
0111	7
0110	6
0101	5
0100	4
0011	3
0010	2
0001	1
0000	0
1111	−1
1110	−2
1101	−3
1100	−4
1011	−5
1010	−6
1001	−7
1000	−8

但是，68+61=129，这种错误称为溢出。产生溢出的原因是所要表示的值超过了系统能够表示的值的范围，例如，4 位二进制数表示的整数范围是 $2^{-8}\sim2^{+7}$（注意有一位是符号位），如图 2.1 所示。两个正数相加或两个负数相加都可能出现溢出，如果两个正数相加得到负数或两个负数相加得到正数，则说明产生了溢出。

图 2.1　4 位二进制数表示的整数范围

3. 无符号整数和带符号整数

无符号数，指字节、字或双字整数操作数中，对应的 8 位、16 位或 32 位二进制数全部用来表示数值本身，无表示符号的位，因而是正整数。

若机器字长为 n，则无符号整数数值范围为 $0\sim2^n-1$，无符号整数的类型（unsigned）、取值范围如表 2.3 所示。

表 2.3　　　　　　　　　　　　无符号整数类型取值范围

整数位数	C++中类型表示	取值范围
8 位整数	unsigned char	0～255
16 位整数	unsigned short	$0\sim2^{16}-1$（0～65 535）
32 位整数	unsigned long	$0\sim2^{32}-1$（0～4 294 967 295）

在计算机中最常用的无符号整数是表示地址的数。

在当前广泛使用的 PC 的数据处理中，除了无符号整数之外，还有 4 种常用的带符号数，带符号数的表示方法是把二进制数的最高位定义为符号位，其余各位表示数值本身。占有 n 个二进制位的带符号数的取值范围是 $-2^{n-1}\sim2^{n-1}-1$。表 2.4 是不同整数类型所占的字节数及可表示的范围。

表 2.4　　　　　　　　　　　　四种带符号类型整数

整数类型	字节数	C++中类型表示	取值范围
字节数	1	char	−128～127
短整数	2	short	−32 768～32 767
长整数	4	long	−2 147 483 648～2 147 483 647
长长整数	8	Long long	−9 223 372 036 854 775 808～9 223 372 036 854 775 807

有符号数在计算机中以补码的形式存储，无符号数其实就是正数，存储形式是十进制真值对应的二进制数。所以可以这样说，无论有符号数还是无符号数，都是以补码（相对真值来说）的形式来存储的，补码在运算时符号位也会参与。

其实对计算机来说，它根本没有所谓的无符号有符号这样的约定机制，无符号有符号只不过是我们（程序员、学习者）看待二进制数据的方式，比如，对于 16 位的寄存器（如 ax）有符号数-1 的存储形式是 0FFFFH（即 16 个 1，−1 的补码，最高位符号位），而同时无符号数 65 535 的存储形式也是 0FFFFH。所以对计算机来说，它仅仅是存储了一串二进制，至于是有符号数还是无符号，只需要程序员心中有数。

4. 数的定点表示和浮点表示

数值数据既有正数和负数之分，又有整数和小数之分。在计算机中，对于数值数据小数点的表示方法，根据小数点的位置是固定不变的还是浮动变化的，有定点表示法和浮点表示法。

（1）定点表示法

定点表示法是由计算机设计者在机器的内部结构中指定一个不变的位置作为小数点的位置。常用的有定点整数和定点小数两种格式。定点整数表示法是将小数点的位置固定在表示数值的最低位之后，如在微型计算机中指令运算的操作数是定点整数。其一般格式如图 2.2 所示；定点小数表示法是将小数点的位置固定在符号位和数值位之间，其一般格式如图 2.3 所示。

图 2.2　定点整数表示法的一般格式

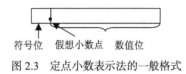

图 2.3　定点小数表示法的一般格式

定点整数表示法只能表示整数，定点小数表示法只能表示纯小数（绝对值小于 1 的小数），因此，如果计算机采用定点整数表示法，则要求参加运算的数都是整数。如果参加运算的数为小数，则在计算机表示之前需乘以一个比例因子，将其放大为整数；同样道理，如果计算机采用定点小数表示法，则要求参加运算的数都是纯小数，如果参加运算的数为整数或绝对值大于 1 的小数，则在计算机表示之前需除以一个比例因子，将其缩小为纯小数。

对于定点表示法，由于小数点始终固定在一个确定的位置，所以计算机不必将参加运算的数对齐位即可直接进行加减运算，因此，对于参与运算的数值数据本身就是定点数形式时，计算简单方便。但是，定点表示法需要对参加运算的数进行比例因子的计算，因而增加了额外的计算量。

（2）浮点表示法

在科学计算和数据处理中，经常需要处理非常大的数或非常小的数。在计算机的高级语言设计中，通常采用浮点方式表示实数。一个实数 X 的浮点形式（即科学计数法）表示为

$$X = M \times r^E \tag{1}$$

其中，r 表示基数，由于计算机采用二进制，因此，基数为 2。E 为 r 的幂，称为数 X 的阶码，其值确定了数 X 的小数点的位置。M 为数 X 的有效数字，称为数 X 的尾数，其位数反映了数据的精度。

从式（1）可以看出，尾数 M 中的小数点可以随 E 值的变化而左右浮动，所以，这种表示法称为浮点表示法。目前，大多数计算机都把尾数 M 规定为纯小数，把阶码 E 规定为整数。

一旦计算机定义好了基数就不能再改变了，因此，浮点表示法无须表示基数，是隐含的。这样，计算机中浮点数的表示由阶码和尾数两部分组成，其中阶码一般用定点整数表示，尾数用定点小数表示。浮点表示法的一般格式如图 2.4 所示。

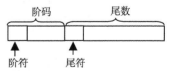

图 2.4　浮点表示法的一般格式

在浮点表示法中，阶码和尾数可以采用不同的码制表示，例如尾数多采用原码或补码表示，阶数多采用补码表示。

例 2.16　设 X＝3.625，假设用 12 位二进制数表示一个浮点数，其中阶码占 4 位，尾数占 8 位，则其浮点表示如下：

$$(3.625)_{10}=(11.101)_2=0.11101×2^{10}$$

阶码为+10，其补码为010，由于阶码占4位，则阶码表示为0010，尾数为+0.11101，其补码为011101，由于尾数占8位，则尾数表示为01110100。最后，X的浮点表示为：001001110100。

例2.17 设X=3.625，假设用8位二进制数表示一个浮点数，其中阶码占3位，尾数占5位，则其浮点表示如下：

$$(3.625)_{10}=(11.101)_2=0.11101×2^{10}$$

阶码为+10，其补码为010，尾数为+0.11101，其补码为011101，由于尾数占5位，空间不够，则尾数表示为01110。最后，X的浮点表示为01001110。但是01001110是3.5的浮点表示，也就是说，由于尾数的空间不够大，从而产生了截断误差。使用较长的二进制位表示尾数可以减少截断误差的产生，事实上，今天所用的大多数计算机都使用32位二进制数来表示一个浮点数。

2.2 逻辑电路

计算机是电子设备，计算机的硬件中需要使用许多功能电路，例如触发器、寄存器、计数器、译码器、比较器、半加器、全加器等。这些功能电路都是使用基本的逻辑电路经过逻辑组合而成，再把这些功能电路有机地集成起来，就可以组成一个完整的计算机硬件系统。

2.2.1 基本逻辑运算

逻辑运算又称布尔运算，和普通代数运算一样也用字母表示变量，但变量的值只有"1"和"0"两种，所谓逻辑值"1"（表示"真"或"对"）和逻辑值"0"（表示"假"或"错"），代表两种相反的逻辑状态，在计算机中，可以用电位的高与低、脉冲的有或无来表示。在基本逻辑运算中，逻辑乘（"与"运算）用符号"AND"或"∧"表示；逻辑加（"或"运算）用符号"OR"或"∨"表示；逻辑非（"反"运算）用符号"NOT"或"－"表示，如图2.5（a）、（b）、（c）所示。

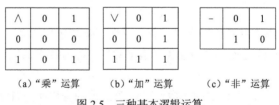

∧	0	1
0	0	0
1	0	1

∨	0	1
0	0	1
1	1	1

－	0	1
	1	0

（a）"乘"运算　　　　（b）"加"运算　　　　（c）"非"运算

图2.5 三种基本逻辑运算

当两个多位的二进制数进行运算时，它们按位独立进行，即每一位不受同一数的其他位影响。例如，两个4位二进制数0101和1100进行逻辑加和逻辑乘的结果分别如下。

$$
\begin{array}{r}
0101 \\
∨\ \ 1100 \\
\hline
1101
\end{array}
\qquad
\begin{array}{r}
0101 \\
∧\ \ 1100 \\
\hline
0100
\end{array}
$$

而对0101、1100取逻辑非后，其结果分别为1010和0011。

为了对二进制数据进行处理（如加、减、乘、除等），需要用逻辑代数这个数学工具。逻辑代数是20世纪30年代由英国数学家乔治·布尔（George Boole）提出的，也称为布尔代数，并在电路系统上获得应用。随后，由于电子技术与计算机的发展，出现各种复杂的大系统，它们的变换规律也遵守布尔所揭示的规律。逻辑运算通常用来测试真假值。最常见到的逻辑运算就是循环的处理，用来判断是否该离开循环或继续执行循环内的指令。

2.2.2　逻辑运算的硬件实现

1. 逻辑门

逻辑门是对电信号执行基础运算的设备，是处理二进制数的基本电路，是构成数字电路的基本单元。一个逻辑门接收一个或多个输入信号，生成一个输出信号。由于逻辑门处理的是二进制信息，所以，每个门的输入和输出只能是 0（对应低电平，一般指 0~2V 范围的信号）或 1（对应高电平，一般指 2~5V 范围的信号）。

最初，逻辑运算是使用开关电路来实现的。假设开关接通表示"1"，断开表示"0"，灯泡亮表示"1"，暗表示"0"，如图 2.6 所示，那么，把 A、B 两个开关串联在一起就实现了"与"运算（a），并联在一起就实现了"或"运算（b），如果开关 A 按（c）那样连接，就实现了"非"运算。

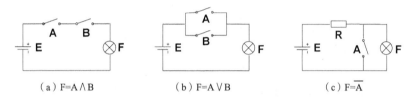

（a）F=A∧B　　　　　　　（b）F=A∨B　　　　　　　（c）F=$\overline{A}$

图 2.6　使用开关电路实现逻辑运算

但是，用机械开关或机电式开关（如继电器）实现逻辑运算时，它的操作速度太慢，而且工作也很不可靠。20 世纪 40 年代出现了晶体管。晶体管在控制端 G 的控制下，可以工作在两种状态（见图 2.7），导通状态或者绝缘状态，效果相当于 A 和 B 之间的接通或断开。这样，晶体管就成了一个电子开关。由于没有任何机械动作，它以电子运动的速度进行工作，所以速度极快，这也是为什么计算机可以高速度进行信息处理的原因所在。

图 2.7　MOS 晶体管是一种电子开关

用几个晶体管链接起来可以实现各种基本运算，这样的电路称为"逻辑门"电路。若干个逻辑门电路可组合成运算器，完成各种算数逻辑运算。逻辑门的表示方法有 3 种：（1）逻辑表达式，即逻辑函数的数学表示法；（2）逻辑框图，即每种类型的逻辑门由一个特定的图形符号表示，在以下的门示意图中，上面的逻辑框图是国家标准规定的符号，下面的逻辑框图是国际上通常采用的符号；（3）真值表，即列出所有可能的输入组合和相应输出的表。

基本的逻辑门是逻辑与门、逻辑或门和逻辑非门，分别简称为与门、或门和非门。其他复杂的逻辑门都可以由这 3 种逻辑门组合而成。其他常用的门还有异或门、与非门和或非门。

图 2.8 所示的是一个"与门"逻辑表达式、国标符号、真值表，"与门"具有逻辑乘法的功能。

图 2.9 所示的是一个"或门"逻辑表达式、国标符号、真值表，"或门"具有逻辑加法的功能。

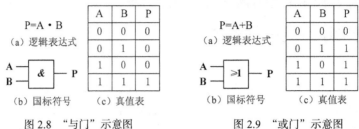

图 2.8　"与门"示意图　　　　图 2.9　"或门"示意图

图 2.10 所示的是一个"非门"逻辑表达式、国标符号、真值表，"非门"具有取反的功能。

图 2.11 所示的是一个"异或门"逻辑表达式、国标符号、真值表，"异或门"具有"相同取 0，相异取 1"的功能。

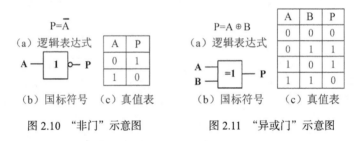

图 2.10　"非门"示意图　　　　图 2.11　"异或门"示意图

"与非门"和"或非门"分别是"与门"和"或门"的对立门，换言之，"与非门"是让"与门"的输出再经过一个"非门"，如图 2.12 所示。"或非门"是让"或门"的输出再经过一个"非门"，如图 2.13 所示。

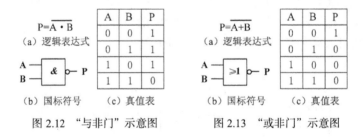

图 2.12　"与非门"示意图　　　　图 2.13　"或非门"示意图

需要说明的是，门可以设计为接收 3 个或更多的输入，其定义与具有两个输入的门是一致的。

2. 电路

逻辑门为计算机的各种功能电路提供了构件。电路是由多个逻辑门组合而成，可以执行算术运算、逻辑运算、存储数据等各种复杂操作。在电路中，一个逻辑门的输出通常作为另一个逻辑门（或多个逻辑门）的输入。

电子计算机由具有各种逻辑功能的逻辑部件组成，这些逻辑部件按其结构可分为两大类，一类是组合电路，输入值明确决定了输出；另一类是时序电路，它的输出是输入值和电路现有状态的函数。有了组合电路和时序电路，再进行合理的设计，就可以表示和实现逻辑代数的基本运算。

（1）组合电路

把一个逻辑门的输出作为另一个逻辑门的输入，就可以把门组合成组合电路。在图 2.14（a）中，两个与门的输出被用作一个或门的输入（图中的连接点表示两条线是相连的）。在图 2.14（b）

中，或门的输出被用作一个与门的输入。这两个不同的电路对应的真值表是相同的，如图 2.14（c）所示，即对于每个输入的组合，两个电路生成完全相同的输出。

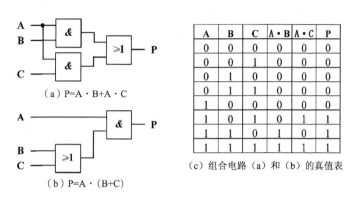

（a）P=A·B+A·C

（b）P=A·（B+C）

A	B	C	A·B	A·C	P
0	0	0	0	0	0
0	0	1	0	0	0
0	1	0	0	0	0
0	1	1	0	0	0
1	0	0	0	0	0
1	0	1	0	1	1
1	1	0	1	0	1
1	1	1	1	1	1

（c）组合电路（a）和（b）的真值表

图 2.14　组合电路示例

（2）时序电路

虽然组合电路能够很好地处理像加、减等这样的操作，但是要单独使用组合电路，使操作按照一定的顺序执行，需要串联起许多组合电路，而要通过硬件实现这种电路代价是很大的，并且灵活性也很差。为了实现一种有效而且灵活的操作序列，我们需要构造一种能够存储各种操作之间的信息的电路，我们称这种电路为时序电路（见图 2.15）。

在数字电路理论中，时序电路是指电路任何时刻的稳态输出不仅取决于当前的输入，还与前一时刻输入形成的状态有关。也就是说时序电路一定有记忆功能的元件，如各种触发器，寄存器等。

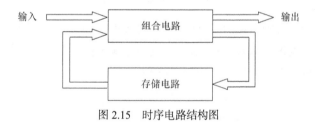

图 2.15　时序电路结构图

时序电路与组合电路的区别如下。

时序电路具有记忆功能，它的输出不仅取决于当时的输入值，而且还与电路过去的状态有关。

组合电路在逻辑功能上的特点是任意时刻的输出仅仅取决于该时刻的输入，与电路原来的状态无关。

3. 加法器

各种算术运算可归结为相加和移位这两个最基本的操作，因而运算器以加法器为核心。对二进制数执行加法的电路称为加法器，功能较强的计算机具有专门的乘除部件和浮点运算部件，这些部件是以加法器为核心增加了一些移位逻辑和控制逻辑。

两个二进制数相加的结果可能产生进位值，计算两个一位二进制数的和并生成正确进位的电路称为半加器。两个一位二进制数相加的真值表如图 2.16（a）所示，得到的是两个输出——和与进位，所以半加器电路应该有两个输出，并且和对应的是异或门，进位对应的是与门，如图 2.16（b）所示。

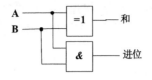

A	B	和	进位
0	0	0	0
0	1	1	0
1	0	1	0
1	1	0	1

（a）半加器的真值表　　　　　　　（b）半加器的逻辑电路

图 2.16　半加器示意图

半加器的逻辑电路为：和$=A \oplus B$，进位$=A \cdot B$。

半加器没有把进位（即进位输入）考虑在计算之内，所以，半加器只能计算两个 1 位二进制数的和，而不能计算两个多位二进制数的和。考虑进位输入的电路称为全加器。可以用两个半加器构造一个全加器，把半加器的和再与进位输入相加，如图 2.17 所示。

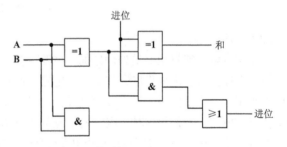

A	B	进位（输入）	和	进位（输出）
0	0	0	0	0
0	0	1	1	0
0	1	0	1	0
0	1	1	0	1
1	0	0	1	0
1	0	1	0	1
1	1	0	0	1
1	1	1	1	1

（a）全加器真值表　　　　　　　　　（b）全加器的逻辑电路

图 2.17　全加器示意图

要实现两个 4 位的二进制数相加，只需复制 4 次全加器电路，一个位的进位输出将作为下一位的进位输入，最左边的进位输入是 0，最右边的进位输出作为溢出被舍弃。

用加法器计算 0001+0011 的过程，如图 2.18 所示。

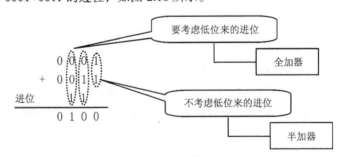

图 2.18　加法器进行 4 位二进制数相加的过程

4. 触发器

触发器在计算机中可用于临时存储信息，每个触发器存储一个二进制位数据，若干触发器组合成一个寄存器，即可存储一组二进制数据（如一个整数、一个浮点数或一条指令等），这样的寄存器在 CPU 中有很多个。

使用逻辑门电路不仅可以完成逻辑运算和算数运算，而且还能构造触发器（双稳态电路），用来存储二进位数据。最简单的触发器是由两个或非门组成的。当输入 A=1、B=0 时，触发器将置为 0 状态；当输入端 A=0、B=1 时，触发器将被置 1 状态；如果 A 和 B 都保持为 0，则触发器将维持原状态不变，如图 2.19 所示。

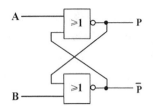

A	B	P	$\overline{P}$	说　　　明
1	0	0	1	置 0（使触发器的状态为 0）
0	1	1	0	置 1（使触发器的状态为 1）
0	0	不变	不变	保持原状态不变
1	1	不定	不定	不正常状态，触发器状态不定（不使用）

图 2.19　触发器的构成及其原理

2.3　集成电路及其发展

集成电路（Integrated Circuit，IC）是 20 世纪 50 年代后期至 60 年代发展起来的一种新型半导体器件。它是经过氧化、光刻、扩散、外延、蒸铝等半导体制造工艺，把构成具有一定功能的电路所需的半导体、电阻、电容等元件与它们之间的连接导线全部集成在一小块硅片（也称为芯片）上，其中内嵌了多个逻辑门，然后焊接封装在一个管壳内的电子器件中。其封装外壳有圆壳式、扁平式或双列直插式等多种形式。集成电路技术包括芯片制造技术与设计技术，主要体现在加工设备，加工工艺，封装测试，批量生产及设计创新的能力上。

2.3.1　集成电路分类

集成电路有多种分类方法，这里只介绍几种常用的分类方法。

1. 功能

按其功能不同可分为模拟集成电路和数字集成电路两大类。前者用来产生、放大和处理各种模拟电信号，后者则用来产生、放大和处理各种数字电信号。所谓模拟信号，是指幅度随时间连续变化的信号。例如，人对着话筒讲话，话筒输出的音频电信号就是模拟信号，收音机、音响设备及电视机中接收、放大的音频信号、电视信号，也是模拟信号。所谓数字信号，是指在时间上和幅度上离散取值的信号，例如，电报电码信号，按一下电键，产生一个电信号，而产生的电信号是不连续的。这种不连续的电信号，一般叫作电脉冲或脉冲信号，计算机中运行的信号是脉冲信号，但这些脉冲信号均代表着确切的数字，因而又叫作数字信号。在电子技术中，通常又把模拟信号以外的非连续变化的信号，统称为数字信号。目前，在家电维修中或一般性电子产品制作中，所遇到的主要是模拟信号，那么，接触最多的将是模拟集成电路。模拟集成电路与数字集成电路如图 2.20 所示。

（a）模拟电路（飞利浦放大器芯片）　　　　　（b）数字电路（三星公司发布的首款 65nm 数字电视芯片）

图 2.20　集成电路示意图

2. 制作工艺

集成电路按其制作工艺不同，可分为半导体集成电路、膜集成电路和混合集成电路三类。半导体集成电路是采用半导体工艺技术，在硅基片上制作包括电阻、电容、三极管、二极管等元器件并具有某种电路功能的集成电路，膜集成电路是在玻璃或陶瓷片等绝缘物体上，以"膜"的形式制作电阻、电容等无源器件。无源元件的数值范围可以做得很宽，精度可以做得很高。但目前的技术水平尚无法用"膜"的形式制作晶体二极管、三极管等有源器件，因而使膜集成电路的应用范围受到很大的限制。在实际应用中，多半是在无源膜电路上外加半导体集成电路或分立元件的二极管、三极管等有源器件，使之构成一个整体，这便是混合集成电路。根据膜的厚薄不同，膜集成电路又分为厚膜集成电路（膜厚为 1～10μm）和薄膜集成电路（膜厚为 1μm 以下）两种。在家电维修和一般性电子制作过程中遇到的主要是半导体集成电路、厚膜电路及少量的混合集成电路，如图 2.21 所示。

（a）半导体集成电路　　　　　　　　　　　　（b）膜集成电路

图 2.21　膜集成电路示意图

3. 集成度

根据数字集成电路中包含的门电路或元器件数量，可将数字集成电路分为小规模集成（Small Scale Integration, SSI）电路、中规模集成（Medium Scale Integration, MSI）电路、大规模集成（Large Scale Integrated, LSI）电路、超大规模集成（Very Large Scale Integration, VLSI）电路和特大规模集成（Ultra Large Scale Integration, ULSI）电路。小规模集成电路包含的门电路在 10 个以内，或元器件数不超过 100 个；中规模集成电路包含的门电路在 10～100 个，或元器件数在 100～1000 个；大规模集成电路包含的门电路在 100 个以上，或元器件数在 1000～100 000 个；超大规模集成电路包含的门电路在 1 万个以上，或元器件数在 100 000～1 000 000 个；特大规模集成电路包含的门电路在 10 万个以上，或元器件数在 1 000 000～10 000 000 个。元器件及集成电路如图 2.22 所示。

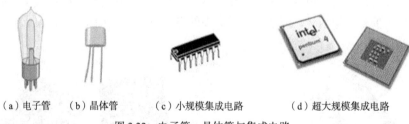

（a）电子管　　（b）晶体管　　（c）小规模集成电路　　　（d）超大规模集成电路

图 2.22　电子管、晶体管与集成电路

4. 导电类型

按导电类型不同，分为双极型集成电路和单极型集成电路两类，如图 2.23 所示。前者频率特性好，但功耗较大，而且制作工艺复杂，绝大多数模拟集成电路以及数字集成电路中的 TTL、ECL、

HTL、LSTTL、STTL 型属于这一类；后者工作速度低，但输入阻抗高、功耗小、制作工艺简单、易于大规模集成，其主要产品为 MOS 型集成电路。MOS 电路又分为 NMOS、PMOS、CMOS 型。

 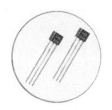

（a）双极型集成电路（jrc455）　　　　　　（b）单极型集成电路（霍尔开关电路 Oh37）

图 2.23　双、单极型集成电路

2.3.2　集成电路的发展

集成电路的发展经历了一个漫长的过程，以下以时间为序，简述一下它的发展过程。1906 年，第一个电子管诞生；1912 年前后，电子管的制作日趋成熟，引发了无线电技术的发展；1918 年前后，逐步发现了半导体材料；1920 年，发现半导体材料所具有的光敏特性；1932 年前后，运用量子学说建立了能带理论研究半导体现象；1956 年，硅台面晶体管问世；1960 年 12 月，世界上第一块硅集成电路制造成功；1966 年，美国贝尔实验室使用比较完善的硅外延平面工艺制造成第一块公认的大规模集成电路；1988 年，16M 动态随机存取存储器（DRAM）问世，1 平方厘米大小的硅片上集成有 3500 万个晶体管，标志着进入超大规模集成电路阶段的更高阶段；1997 年，300MHz 奔腾 II 问世，采用 0.25μm（微米）的制造工艺，奔腾系列芯片的推出让计算机的发展如虎添翼，发展速度让人惊叹；2009 年，intel 酷睿 i 系列全新推出，采用了领先的 32nm（纳米）的制造工艺；之后进入 22nm（纳米）的制造工艺时代。集成电路制作工艺的日益成熟和各集成电路厂商的不断竞争，使集成电路发挥了它更大的功能，更好地服务于社会。由此集成电路从产生到成熟大致经历了如下过程：电子管→晶体管→集成电路→超大规模集成电路。

集成电路的集成度从小规模到大规模、再到超大规模的迅速发展，关键就在于集成电路的布图设计水平的迅速提高，集成电路的布图设计由此而日益复杂且精密。这些技术的发展，使得集成电路的发展进入了一个新的里程碑。相信随着科技的发展，集成电路还会有更大的发展。

2.3.3　我国集成电路的发展

我国的集成电路产业起步于 20 世纪 60 年代中期，1976 年，中国科学院计算机研究所研制成功的 1000 万次大型电子计算机所使用的电路为中国科学院 109 厂研制的 ECL 型电路；1986 年，"七五"期间，我国提出集成电路技术"531"发展战略，即推进 5 微米技术，开发 3 微米技术，进行 1 微米技术科技攻关；1995 年，我国提出"九五"集成电路发展战略——以市场为导向，以 CAD 为突破口，产学研用相结合，以我为主，开展国际合作，强化投资；在 2003 年，我国半导体占世界半导体销售额的 9%，电子市场达到 860 亿美元，中国成为世界第二大半导体市场，中高技术产品的需求将成为国民经济新的增长动力。目前，我国的集成电路已经初具规模，形成了产品设计、芯片制造、电路封装共同发展的态势。我们相信，随着经济的发展和对集成电路的重视程度的提高，我国集成电路事业也会有更大的发展！

2.3.4　集成电路发展对世界经济的影响

在 20 世纪 80 年代初期，消费类电子产品（立体声收音机、彩色电视机和盒式录像机）是半导体需求的主要推动力。从 20 世纪 80 年代末开始，个人计算机成为半导体需求强大的推动力。至今，PC 仍然推动着半导体产品的需求。

从 20 世纪 90 年代至今，通信与计算机一起占领了世界半导体需求的三分之二。其中，通信的增长最快。信息技术正在改变我们的生活，影响着我们的工作。信息技术在提高企业竞争力的同时，已成为世界经济增长的新动力。

自 2004 年起，亚太地区已成为世界最大的半导体市场，其主要的推动力是中国国内需求的增长和中国作为世界生产基地所带来的快速增长。电子终端产品的生产将不断从日本和亚洲其他地区转移到中国。

2.4　集成电路的应用领域

2.4.1　在计算机中的应用

随着集成了上万个甚至上万个电子元件的大规模集成电路和超大规模集成电路的出现，电子计算机发展进入了第四代。第四代计算机的基本元件是大规模集成电路，甚至是超大规模集成电路，集成度很高的半导体存储器替代了磁芯存储器，运算速度可达每秒几百万次，甚至上亿次基本运算。

计算机主要部分几乎都和集成电路有关，CPU、显卡、主板、内存、声卡、网卡、光驱等，无不与集成电路有关。并且科学家通过最新技术把越来越多的元件集成到一块集成电路板上，并使计算机拥有了更多功能。在此基础上产生许多新型计算机，如掌上电脑、指纹识别电脑、声控电脑等，如图 2.24 所示。随着高新技术的发展，必将会有越来越多的新型计算机出现在我们面前。

（a）微软指纹识别鼠标　　　　　　　　　　（b）声控计算机

图 2.24　指纹识别鼠标和声控计算机示意图

2.4.2　在通信中的应用

集成电路在通信中应用广泛，如通信卫星，手机，雷达等。我国自主研发的"北斗"导航系统就是其中典型一例。

北斗卫星导航系统是中国自行研制的全球卫星定位与通信系统（BDS），和美国 GPS、俄罗斯格洛纳斯、欧盟伽利略系统并称为全球 4 大卫星导航系统。系统由空间端、地面端和用户端组成，可在全球范围内全天候、全天时为各类用户提供高精度、高可靠定位、导航、授时服务，并具短报文通信能力，已经初步具备区域导航、定位和授时能力，定位精度优于 20m，授时精度优于 100ns。2008 年 2 月 21 日，我国自主开发了完全国产化的北斗卫星导航系统核心芯片"领航一号"，并替代"北斗"系统内的国外芯片。"领航一号"还可广泛应用于海陆空交通运输、有线和无线通信、地质勘探、资源调查、森林防火、医疗急救、海上搜救、精密测量、目标监控等领域。2012 年 12 月 27 日，北斗系统空间信号接口控制文件正式版 1.0 正式公布，北斗导航业务正式对亚太地区提供无源定位、导航、授时服务。2013 年 12 月 27 日，北斗卫星导航系统正式发布了《北斗卫星导航系统公开服务性能规范》和《北斗卫星导航系统空间信号接口控制文件》两个系统文件。北斗卫星导航系统和美国全球定位系统、俄罗斯格洛纳斯系统及欧盟伽利略定位系统一起，成为联合国卫星导航委员已认定的供应商。

近年来，随着高新技术的迅猛发展，雷达技术有了较大的发展空间，雷达与反雷达的相对平衡状态不断被打破。有源相控阵是近年来正在迅速发展的雷达新技术，它将成为提高雷达在恶劣电磁环境下对付快速、机动及隐身目标的一项关键技术。有源相控阵雷达是集现代相控阵理论、超大规模集成电路、高速计算机、先进固态器件及光电子技术为一体的高新技术产物。

相比之下毫米波雷达具有导引精度高、抗干扰能力力强、多普勒分辨率高、等离子体穿透能力强等特点，因此其广泛地用于末制导、引信、工业、医疗等方面。无论是军用还是民用，都对毫米波雷达技术有广泛的需求，远程毫米波雷达在发展航天事业上有广泛的应用前景，是解决对远距离、多批、高速飞行的空间目标的精细观测和精确制导的关键手段。可以预料各种战术、战略应用的毫米波雷达将逐渐增多。有源相控阵雷达和毫米波雷达如图 2.25 所示。

（a）有源相控阵雷达　　　　　　　　　　（b）武装直升机 10 毫米波雷达

图 2.25　有源相控阵雷达和毫米波雷达示意图

2.4.3　在医学中的应用

随着集成电路越来越多地渗入现代医学，现代医学也有了长足进步。在医学管理方面，集成电路卡（IC 卡）医疗仪器管理系统就是典型代表。IC 卡医疗仪器管理系统集 IC 卡、监控、计算机网络管理于一体，凭卡检查，电子自动计时计次，可实现充值、打印、报表的功能。系统性能稳定，运行可靠；控制医疗外部关键部位，不与医疗仪器内部线路连接，不影响医疗仪器性能，不产生任何干扰；管理机与智能床有机结合，分析计次；影像系统自动识别，有效解决病人复查问题；轻松实现网络化管理，可随时查阅档案记录，统计任意时间内的就医人数。

在健康应用方面，临时心脏起搏器作为治疗各种病因导致的缓慢型心律失常及植入永久心脏起搏器前的过渡性治疗，已广泛应用于临床工作，技术成熟。在非心脏的外科手术患者中合并窦性心动过缓及传导阻滞者，在围手术期可因为麻醉、药物及手术的影响，加重心动过缓及传导阻滞，增加了手术风险，限制了外科手术的开展，而植入临时心脏起搏器可有效解决上述问题，增加此类患者在手术期的安全性。心脏起搏器如图 2.26 所示。

磁振造影仪（Magnetic Resonance Imaging，MRI）是一种新型医疗设备，对治疗许多疾病有独特的功效。磁振造影仪是利用磁振造影的原理，将人体置于强大均匀的静磁场中，透过特定的无线电波脉冲来改变区域磁场，借此激发人体组织内的氢原子核产生共振现象，而发生磁矩变化信号。因为身体中有不同的组织及成分，性质也各异，所以会产生大小不同的信号，再经由计算机运算及变换为影像，将人体的剖面组织构造及病灶呈现为各种切面的断层影像。

身体几乎任何部位皆可执行 MRI 检查，影像非常清晰与细腻，尤其是对软组织的显影，不是任何其他医学影像系统所能比拟的。目前常用的 MRI 影像是依据各组织内核磁共振信号所建立的，氢是人体组织中最多的成分，因此 MRI 影像可诊断各种疾病，包括脑部癌病、水肿、血梗，神经的脱鞘与脂肪不正常分布，铁成分的沉积性疾病、出血，以及心肌不正常收缩等。

MRI 的优点除了不需要侵入人体即可得人体各种结构组织之任意截面剖面图，还可获取其他众多的物理参数信息。MRI 检查在国内外临床应用十几年来至今尚未发现对人体有任何副作用。磁振造影仪如图 2.27 所示。

图 2.26　心脏起搏器

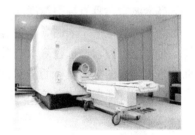

图 2.27　磁振造影仪

2.4.4　在生活中的应用

在日常生活中与集成电路有关的产品（手机、电视、数码相机、摄像机等）随处可见，都与我们的生活关系越来越近。

随着技术的进步和社会的发展，手机以其独特的传播功能，日益成为人们获取信息、学习知识、交流思想的重要工具，成为文化传播的重要平台。目前，我国已有手机用户 5 亿多，形成了以手机为载体的网站、报纸、出版物等新的文化。手机功能和手机款式也在不断更新，以适应现代人们生活的要求。各种各样的手机接连问世，从小灵通到具有摄像功能的高新手机，手机行业正在以惊人的发展速度冲击着人们的思维和眼界。

在科学技术与信息同步变革的社会发展过程中，电视传播对整个社会的支配影响作用十分明显。由于电视是一种变化多端的实践、技巧和技术，于是家庭本身通过电视、计算机及电信技术与外部世界构建多重联系，重组了家庭的时间、空间。因此，电视传播逐步地融入了大众生活，使人们的生活方式和价值观均发生了深刻的变化。伴随着现代社会节奏的加快，外界娱乐费用的增长，电视传播的普及，已经为人们在家中提供了充足的理由和条件，足不出户却可以感受社会交谈带来的人际交际感觉。此外，电视传播对于农村家庭的经济发展、社会的信息流通和大众家庭的教育都有很大的作用。电视传播也影响了家庭的装修风格与布局，由于电视装置在家庭中占据空间的原因，出现了电视装修墙以求美观。

2.4.5 在 IC 卡中的应用

IC 卡（Integrated Circuit Card，集成电路卡），也称智能卡（Smart Card）、智慧卡（Intelligent Card）、微电路卡（Microcircuit Card）或微芯片卡等。它是将一个微电子芯片嵌入符合 ISO 7816 标准的卡基中，做成卡片形式。IC 卡与读写器之间的通信方式可以是接触式，也可以是非接触式。根据通信接口把 IC 卡分成接触式 IC 卡、非接触式 IC 和双界面卡（同时具备接触式与非接触式通信接口）。

IC 卡由于其固有的信息安全、便于携带、比较完善的标准化等优点，在身份认证、银行、电信、公共交通、车场管理等领域正得到越来越多的应用，如二代身份证，银行的电子钱包，电信的手机 SIM 卡，公共交通的公交卡、地铁卡，用于收取停车费的停车卡等，都在人们日常生活中扮演重要角色。

IC 卡按卡中所镶嵌的集成电路芯片可分为两大类：①存储器卡。这种卡封装的集成电路为存储器，其容量大约为几 KB 到几十 KB，信息可长期保存，也可通过读卡器改写。存储器卡结构简单，使用方便，读卡器不需要联网就可工作。这种 IC 卡除了存储器外，还专设有写入保护和加密电路，因此安全性强，主要用于电话卡、水电费卡、公交卡、地铁卡、医疗卡等。②CPU 卡，也叫智能卡。卡上集成了中央处理器（CPU）、程序存储器和数据存储器，还配有操作系统，其功能相当于一台微型计算机。这种卡处理能力强，保密性更好，常用于作为证件和信用卡使用的重要场合，如小额支付行业（如公交卡、社保卡等）。二代身份证芯片采用智能卡技术，内含有射频识别（Radio Frequency Identification，RFID）技术芯片，此芯片无法复制，高度防伪。优点是芯片存储容量大，写入的信息可划分安全等级，分区存储，包括姓名、地址、照片等信息。手机中使用的 SIM 卡就是一种特殊的 CPU 卡，它不但存储了用户的身份信息，而且可将电话号码、短消息等也存储在卡上。

IC 卡按使用方式可分为两种，①接触式 IC 卡（如电话 IC 卡）如图 2.28 所示，其表面有一个方形镀金接口，共有 8 个或 6 个镀金触点。使用时必须将 IC 卡插入读卡机卡口内，通过金属触点传输数据。这种 IC 卡多用于存储信息量大、读写操作比较复杂的场合。接触式 IC 卡易磨损、怕油污，寿命不长。②非接触式 IC 卡（如图 2.29 所示），又叫射频卡、感应卡，它采用电磁感应方式无线传输数据，解决了无源（卡中无电源）和免接触这一难题，操作方便、快捷。这种 IC 卡记录的信息简单，读写数据不多，常用于身份验证等场合。由于采用全密封胶固化，防水、防污，所以使用寿命很长。

图 2.28　接触卡

图 2.29　非接触式 IC 卡

习　题　2

一、选择题

1. 下面关于比特的叙述中，错误的是（　　　）。

（A）比特是组成数字数据的最小单位

（B）比特只有"1"和"0"两个符号

（C）比特"1"大于比特"0"

（D）比特既可以表示数值、文字和符号，也可以表示图像和声音

2. 存储容量是存储器的一项很重要的性能指标。计算机的内存储器容量通常使用2的幂次作为单位，其中2GB等于多少字节？（　　　）

（A）2^{11}字节　　　（B）2^{21}字节　　　（C）2^{31}字节　　　（D）2^{30}字节

3. 与十六进制（2AF）$_{16}$等值的八进制数是（　　　）。

（A）687　　　　（B）1257　　　（C）5271　　　（D）2532

4. 如果 X = −32，Y = 5，那么 X+Y 的补码是（　　　）。

（A）011100101　　　（B）11100101　　　（C）10011011　　　（D）11100100

5. 假设有两个4位的二进制信息 A=1011，B=1100，下面对 A、B 进行逻辑运算的结果，其中错误的是（　　　）。

（A）A∧B=1000　　　（B）A∨B=1111　　　（C）$\overline{A}$∧$\overline{B}$=0100　　　（D）$\overline{A}$∨$\overline{B}$=0111

6. 触发器在计算机中可用于临时存储信息，每个触发器能够存储多少个二进制位数据？（　　　）。

（A）1个　　　　（B）2个　　　　（C）8个　　　　（D）16个

7. 下面关于集成电路的叙述中，错误的是（　　　）。

（A）按集成电路的功能不同可分为模拟集成电路和数字集成电路两大类

（B）集成电路的元器件都集中在一小块硅片上

（C）集成电路具有体积小，重量轻，寿命长，可靠性高，成本低，性能好等优点

（D）目前集成电路的集成度主要取决于集成电路的功能

二、填空题

1. 将十进制数值（236.145）$_{10}$转换为二进制数值为_____。

2. 在计算机中广泛采用补码来表示数值，−21的补码是_____。

3. 计算机中浮点数的表示由_____和_____两部分组成。

4. 加法器是一种最基本的算术运算电路，其中的半加器是只考虑本位两个二进制数进行相加不考虑_____的加法器。

5. IC 卡按卡中所镶嵌的集成电路芯片可分为_____和_____两大类，按使用方式可分为接触式和非接触式两种。

三、简答题

1. 简述无符号数与有符号数有什么差别？

2. 什么是组合逻辑电路？

3. 根据电路中包含的门电路或元器件数量，简述数字集成电路的分类。

4. 集成电路在 IC 卡上的应用主要有哪些？

第3章
计算机硬件子系统

一个完整的计算机系统由硬件系统和软件系统组成，没有配备任何软件的计算机称为裸机。硬件是计算机的物质基础，软件的运行最终都被转换为对硬件设备的操作，硬件系统的发展给软件系统提供了良好的开发环境。

3.1 计算机硬件系统的基本组成

随着集成电路技术的成熟，处理器的运行速度和存储器的存储容量成倍增长，使得计算机的性能不断提高。然而，高质量的器件不是产生高性能计算机的唯一因素，如何设计和配置计算机系统使其具有更高的性能价格比，适应不同用户的要求，成为亟待解决的问题。

3.1.1 计算机的体系结构

计算机体系结构是构成计算机硬件系统主要部件的总体布局、部件的主要性能以及这些部件之间的连接方式。虽然计算机家族的不同成员在规模、性能、应用等方面存在很大差别，但就其本质而言，大都服从冯·诺依曼体系结构，如图 3.1 所示。冯·诺依曼计算机主要由运算器、控制器、存储器、输入设备、输出设备五部分组成。计算机各组成部件的主要功能如图 3.1 所示。

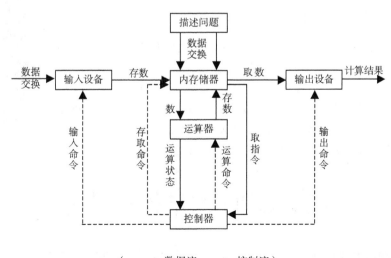

（ —▶ 数据流 - -▶ 控制流 ）

图 3.1 冯·诺依曼体系结构

（1）运算器：是计算机对数据进行加工处理的部件，完成对二进制数的加、减、乘、除等基本运算，以及与、或、非等基本逻辑运算。

（2）控制器：用于控制计算机的各部件协调工作。控制器从内存中读取指令并根据该指令向有关部件发出控制命令，从而使整个处理过程有条不紊地进行。

（3）存储器：是计算机的记忆装置，用于存放程序和数据。

（4）输入设备：用于从外界将程序和数据输入计算机，供计算机处理。

（5）输出设备：用于将计算机处理后的结果转换成外界能够识别和使用的数字、文字、图形、声音、电压等形式的信息并输出给用户。

冯·诺依曼体系结构的主要特征是：①存储程序——数据和操作数的指令在逻辑上是一致的，而且它们都存储在计算机的存储器中；②处理与存储独立——处理信息的部件（运算器和控制器）独立于存储信息的部件（存储器）。

需要注意的是，计算机内部有两种信息在流动，数据信息和控制信息。数据信息包括源程序、原始数据、中间结果和最终结果，这些信息从存储器读入运算器进行运算，计算结果再送入存储器或传送到输出设备。控制信息是由控制器对指令进行分析译码后向各部件发出的控制命令，指挥各部件协调工作。

在计算机硬件系统中，通常把内存储器、运算器和控制器合称为主机，而主机以外的装置称为外部设备（简称外设），外部设备包括输入/输出设备和外存储器等。

在大规模集成电路制作工艺出现后，通常把运算器和控制器集成在一块芯片上，构成中央处理器（Central Processing Unit，CPU）。计算机硬件系统的基本组成如图 3.2 所示。

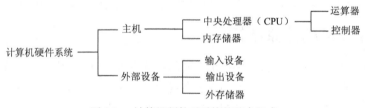

图 3.2　计算机硬件子系统的基本组成

3.1.2　计算机主机

计算机主机是指计算机硬件系统中用于放置主板及其他主要部件的容器。计算机主机通常包括 CPU、内存、硬盘、光驱、电源，以及其他输入/输出控制器和接口，如 USB 控制器、显卡、网卡、声卡等。位于主机箱内的部件通常称为内设，而位于主机箱（如图 3.3 所示）之外的部件通常称为外设（如显示器、键盘、鼠标、外接硬盘、外接光驱等）。通常主机自身（装上软件后）已经是一台能够独立运行的计算机系统。

图 3.3　计算机主机箱

3.2　CPU 的结构与性能

CPU 是一块超大规模的集成电路，是一台计算机的运算核心和控制核心。CPU 所有组成部分被制作在一块面积仅为几平方厘米的半导体芯片上，体积很小，因此也常称为微处理器

（Microprocessor）。CPU 主要包括运算器（Arithmetic Logical Unit，ALU）和控制器（Control Unit，CU）两大部件。此外，还包括若干个寄存器和高速缓冲存储器及实现它们之间联系的数据、控制及状态的总线。CPU 与内部存储器和输入/输出设备合称为电子计算机三大核心部件。

3.2.1　CPU 的组成部分及功能

CPU 作为是整个微机系统的核心，它往往是各种档次微机的代名词，如 Intel 的酷睿系列 Core i3、Core i5、Core i7（2770、3770 和 6700 等）、Core i9，AMD 的锐龙系列 AMD Ryzen、速龙 AMD Athlon 等。CPU 的型号大致上也就反映出了它所配置的微机档次。下面给出 Core i7 6700K 的背面图和正面图，如图 3.4 与图 3.5 所示。

图 3.4　Core i7 6700K 背面图　　　　图 3.5　Core i7 6700K 正面图

1. 程序执行过程

要用计算机求解某个特定问题，必须事先编写程序，告诉计算机需要做什么，按什么步骤去做，有序地指令集合构成程序。每个程序最终在计算机上执行时采用的都是用机器语言编写的指令，机器语言指令是内置在计算机电路中的指令，固化在计算机的硬件中，每一条指令的操作码规定了处理器可以执行的一个非常低级的操作（记住这一点很重要，计算机所做的每一件事情都被分解为一系列极其简单又极其快速的算术运算或逻辑运算）。

在计算机系统中，硬件和软件的结合点是计算机指令系统，计算机硬件系统最终只能执行由机器指令组成的程序，所以任何程序必须转换成计算机的硬件系统能够执行的一系列指令，才能够被执行。

程序在执行时首先被装入内存，CPU 负责从内存中逐条取出指令，分析识别指令然后执行指令，指令的执行过程构成了一个"读取—译码—执行"周期，称为机器周期，如图 3.6 所示。

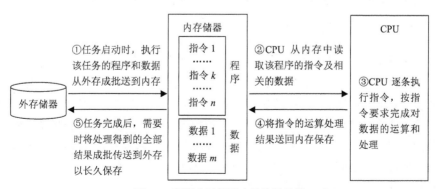

图 3.6　程序在计算机中的执行过程

2. 指令与指令系统

指令是构成程序的基本单位。指令采用二进位表示，它用来规定计算机执行什么操作。大多数情况下，指令由两个部分组成，如图 3.7 所示。

操 作 码	操 作 数 地 址

图 3.7　指令的格式

操作码：指计算机执行某种操作的一个命令词（例如，加、减、乘、除、逻辑加、逻辑乘、取数、存数等）的二进制代码。

操作数地址：指该指令所操作（处理）的数据或者数据所在位置。操作数地址可能是 1 个、2 个甚至 3 个，这需要由操作码决定。

尽管计算机可以运行非常复杂的程序完成多种多样的功能，然而，任何复杂程序的运行总是由 CPU 一条一条地执行指令来完成的。CPU 执行每一条指令都还要分成若干步，每一步仅仅完成一个或几个非常简单的操作（称为微操作）。

每一种 CPU 都有它自己独特的一组指令。CPU 所能执行的全部指令称为该 CPU 的指令系统。通常，指令系统中有数以百计的不同的指令，它们分成许多类，例如，在 Core 2 处理器中共有七大类指令，即数据传送类、算术运算类、逻辑运算类、移位操作类、位（位串）操作类、控制转移类、输入/输出类。每一类指令（如数据传送类、算术运算类）又按照操作数的性质（如整数、实数）、长度（16 位、32 位、64 位、128 位等）等区分为许多不同的指令。

不同公司生产的 CPU 各有自己的指令系统，它们未必互相兼容。例如，现在大部分 PC 都使用 Intel 公司的微处理器作为 CPU，而许多平板计算机、智能手机使用的则是英国 ARM 公司设计的微处理器，它们的指令系统有很大差别，再加上操作系统也不相同，因此 PC 上的程序代码不能直接在平板电脑和智能手机上运行，反之也是如此。但有些 PC 使用 AMD 公司的微处理器，它们与 Intel 处理器的指令系统基本一致，因此这些 PC 相互兼容。

3.2.2　CPU 的主要性能指标

一般来说，CPU 的主要性能指标基本上反映出了它所配置的计算机的整体性能，因此 CPU 的性能指标十分重要。

1. 主频、外频和倍频

主频也叫时钟频率（Clock Speed），表示在 CPU 内数字脉冲信号震荡的速度，单位是 MHz、GHz 等，它与 CPU 实际的运算能力并没有直接关系。一般来说，主频越高，一个时钟周期里面完成的指令数也越多，当然 CPU 的速度也就越快了。

CPU 的外频为 CPU 与周边设备传输数据的频率，通常为系统总线的工作频率，具体是指 CPU 到芯片组之间的总线速度，单位也是 MHz。在早期的计算机中，内存与主板之间的同步运行的速度等于外频，其实现在绝大部分计算机系统中外频仍是内存与主板之间的同步运行的速度。因此，人们也习惯这样认为，CPU 的外频决定着整块主板的运行速度。但对于计算机系统来说，两者完全可以不相同，但是外频的意义仍然存在，计算机系统中大多数的频率都是在外频的基础上乘以一定的倍数来实现，这个倍数可以是大于 1 的，也可以是小于 1 的。

倍频是指 CPU 主频与外频之间的相对比例关系。

主频、外频和倍频三者之间的关系为，主频=外频×倍频。因此，在相同的外频下，倍频越高，CPU 的频率也越高。

通常所说的超频（Over Clock）简单来说就是人为提高 CPU 的外频或倍频，使之运行频率得到大幅提升，即 CPU 超频。例如，一颗 AMD 羿龙 II X4955 黑盒处理器，它的额定工作频率是 3.2GHz，其作为一款原生四核处理器，可以通过软件方式稳超 4GHz 极限频率。如系统总线、显卡、内存等都可以超频使用。

超频会影响系统稳定性，缩短硬件使用寿命，甚至烧毁硬件设备，所以没有特殊原因最好不要超频。

2. 前端总线频率

前端总线（Front Side Bus，FSB）频率（即总线频率）是将 CPU 连接到北桥芯片的总线频率。计算机的前端总线频率是由 CPU 和北桥芯片（北桥芯片负责联系内存、显卡等数据吞吐量大的部件）共同决定的。因此，它的大小直接影响 CPU 与内存直接数据交换速度。例如，现在的支持 64 位的至强 Nocona，前端总线是 800MHz，按照公式，它的数据传输最大带宽是 6.4Gbit/s。目前 PC 上所能达到的前端总线频率有 266MHz、333MHz、400MHz、533MHz、800MHz，甚至更高。前端总线频率越大，代表着 CPU 与北桥芯片之间的数据传输能力越大，更能充分发挥出 CPU 的功能。

数据传输最大带宽取决于所有同时传输的数据的宽度和传输频率，即数据带宽＝（总线频率×数据位宽）÷8。例如，100MHz 外频是指数字脉冲信号在每秒钟震荡一千万次，而 100MHz 前端总线指的是每秒钟 CPU（64 位）可接受的数据传输量。

100MHz×64bit=6400Mbit/s=800MB/s（1Byte=8bit）。

外频与前端总线（FSB）的区别：前端总线的速度指的是数据传输的速度，外频是 CPU 与主板之间同步运行的速度。

3. 位和字长

位：在数字电路和计算机技术中采用二进制，代码只有 "0" 和 "1"，其中无论是 "0" 或是 "1"，在 CPU 中都是一 "位"。字长：CPU 中整数寄存器和定点运算器的宽度（即二进制整数运算的维数）。由于存储器地址是整数，整数运算是定点运算器完成的，因而定点运算器的宽度也就大体决定了地址码长度的多少。地址码的长度又决定了 CPU 可访问的存储空间的最大空间，是影响 CPU 的一个重要因素。字长的长度是不固定的，对于不同的 CPU、字长的长度也不一样。多年来个人计算机使用的 CPU 大多是 32 位机和 64 位机。

4. 缓存

CPU 缓存（Cache Memory）大小也是 CPU 的重要指标之一，是位于 CPU 与内存之间的临时存储器，它的容量比内存小得多但是交换速度却比内存要快得多。缓存的出现主要是为了解决 CPU 运算速度与内存读写速度不匹配的矛盾，因为 CPU 运算速度要比内存读写速度快很多，这样会使 CPU 花费很长时间读取数据或把数据写入内存。在缓存中的数据是内存中的一小部分，但这一小部分是短时间内 CPU 即将访问的，当 CPU 调用大量数据时，就可避开内存直接从缓存中调用，从而加快读取速度。但是从 CPU 芯片面积和成本的因素来考虑，缓存都很小。

L1 Cache（一级缓存）是 CPU 第一层高速缓存，分为数据缓存和指令缓存。内置的 L1 高速缓存的容量和结构对 CPU 的性能影响较大，不过高速缓存均由静态 RAM 组成，结构较复杂，在 CPU 管芯面积不能太大的情况下，L1 级高速缓存的容量不可能做得太大。一般服务器 CPU 的 L1 缓存的容量通常在 32～256KB。

L2 Cache（二级缓存）是 CPU 的第二层高速缓存，分内部和外部两种芯片。内部的芯片二级缓存运行速度与主频相同，而外部的二级缓存则只有主频的一半。L2 高速缓存容量也会影响 CPU

的性能，原则是越大越好，现在家庭用计算机的 CPU 容量最大的是 512KB，而服务器和工作站上的 CPU 的 L2 高速缓存高达 256KB～1MB，有的高达 2MB 或者 3MB。

L3 Cache（三级缓存）是为读取二级缓存后未命中的数据设计的一种缓存，在拥有三级缓存的 CPU 中，只有约 5%的数据需要从内存中调用，这进一步提高了 CPU 的效率。三级缓存分为两种，早期的是外置，从 2012 年开始都是内置的。L3 缓存的应用可以进一步降低内存延迟，同时提升大数据量计算时处理器的性能。降低内存延迟和提升大数据量计算能力对游戏软件的运行都很有帮助。而在服务器领域增加 L3 缓存在性能方面仍然有显著的提升。比如，具有较大 L3 缓存的配置的 CPU 利用物理内存会更有效，故它比行动较慢的磁盘 I/O 子系统可以处理更多的数据请求。具有较大 L3 缓存的处理器能提供更有效的文件系统缓存行为及较短消息和处理器队列长度。

其实最早的 L3 缓存被应用在 AMD 发布的 K6-3 处理器（1998 年）上，当时的 L3 缓存受限于制造工艺，并没有被集成进芯片内部，而是集成在主板上。在只能够和系统总线频率同步的 L3 缓存同主内存其实差不了多少。Intel 于 2002 年 7 月推出含有 3MB L3 缓存的 Itanium 2（安腾 2）处理器。

L3 缓存对 CPU 的性能提高显得不是很重要，一般来说，前端总线的增加，要比缓存增加带来更有效的性能提升。

5. 内核个数

为提高 CPU 芯片的性能，目前 CPU 芯片往往包含 2 个、4 个、6 个或更多个 CPU 内核，每个内核都是一个独立的 CPU，有各自的一级、二级 Cache，共享三级 Cache 和前端总线。在操作系统支持下，多个 CPU 内核并行工作，内核越多，CPU 芯片的整体性能越高。

6. 多线程和超线程

CPU 线程（Simultaneous Multithreading，SMT）可通过复制处理器上的结构状态，让同一个处理器上的多个线程同步执行并共享处理器的执行资源，可最大限度地实现宽发射、乱序的超标量处理，提高处理器运算部件的利用率，缓和由于数据相关或 Cache 未命中带来的访问内存延时。

多线程技术则可以为高速的运算核心准备更多的待处理数据，减少运算核心的闲置时间。Intel从 3.06GHz Pentium 4 开始，所有处理器都将支持 SMT 技术。

超线程技术是指在一颗 CPU 同时执行多个程序而共同分享一颗 CPU 内的资源，理论上要像两颗 CPU 一样在同一时间执行两个线程，即把单核心的 CPU 虚拟成双核心，双核心的 CPU 虚拟成四核心。Intel 表示，超线程技术可以让（P4）处理器效能提升 15%～30%。

CPU 的线程目前分两种，每核心一线程和每核心双线程。按照 Intel 的理论来讲，支持双线程的 CPU 效能要强于单线程。

例如，Intel Atom N270（主频 1600MHz）是单核心双线程的 CPU，而 Atom 是单核心单线程的 CPU。

3.2.3 目前流行的 CPU

1. CPU 架构

CPU 架构是 CPU 厂商给属于同一系列的 CPU 产品定的一个规范，主要目的是为了区分不同类型 CPU 的重要标示。目前市面上的 CPU 主要分有两大阵营，一个是 Intel 系列 CPU，另一个是AMD 系列 CPU。两个不同品牌的 CPU，其产品的架构也不相同，现在 Intel 系列 CPU 产品常见的架构有 Socket1366、Socket1156（第 1 代 i3/i5/i7）、Socket1155（第 3 代 i3/i5/i7）、Socket2011、

Haswell（第 4 代 i3/i5/i7）；而 AMD CPU 产品常见的架构有 SocketAM2、AM2+、AM3、AM3+ 几种架构。平板电脑处理器共有四大类，苹果 A7 处理器、NVIDIA Tegra4 处理器、Intel 平板处理器和通用 ARM 处理器，国产的平板一般都是 ARM 处理器的全志系列。

IA-32 或 IA-64 都是 Intel 处理器架构的通称，IA 的意思是"英特尔架构"（Intel Architecture），而 32、64 等数字分别代表 32 位与 64 位处理器。

2. CPU 系列

一般来说，个人计算机从机型上可分为桌面、移动和平板电脑。目前流行的个人计算机的 CPU 系列有如下几类。

桌面电脑系列：如 Intel 公司有赛扬（Celeron）系列、奔腾（Pentium）系列、酷睿（Core）系列；AMD 公司有速龙（Athlon）系列、锐龙（Ryzen）系列、闪龙（Sempron）系列、羿龙（Phenom）系列等。

移动电脑系列：如 Intel 公司有赛扬（Celeron）系列、奔腾（Pentium）系列、酷睿（Core）系列、凌动（Atom）系列；AMD 公司有速龙（Athlon）系列、闪龙（Sempron）系列、羿龙（Phenom）系列、炫龙（Turion）系列等。

3.3　主板、芯片组与 BIOS

3.3.1　主板

主板，又叫主机板（Mainboard）、系统板（Systemboard）或母板（Motherboard），它安装在机箱内，是微机最基本的也是最重要的部件之一。主板一般为矩形电路板，上面安装了组成计算机的主要电路系统，一般有 BIOS 芯片、I/O 控制芯片、键盘和面板控制开关接口、指示灯插接件、扩充插槽、主板及插卡的直流电源供电接插件等元件。结构如图 3.8 所示。

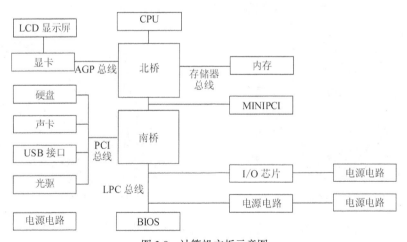

图 3.8　计算机主板示意图

主板采用了开放式结构。主板上大都有 6～15 个扩展插槽，供 PC 外围设备的控制卡（适配器）插接。通过更换这些插卡，可以对微机的相应子系统进行局部升级，使厂家和用户在配置机型方面有更大的灵活性（如图 3.9 所示）。总之，主板在整个微机系统中扮演着举足轻重的角色。可以说，主板的类型和档次决定着整个微机系统的类型和档次。主板的性能影响着整个微机系统的性能。

目前 DIY 市场中有很多品牌、型号各异的主板，大部分厂商都有着一套完善的命名规则，能够直接反映出一款主板的部分或者全部信息。下面就以华硕主板的 2013 年新版命名方式为例说明主板的命名规则。

命名公式："芯片组名称" + "主板尺寸" + "−" + "所属系列"。

主板尺寸只有 4 种：空（ATX）、V（具有显示输出接口的 ATX）、M（Micro ATX）、I（Mini ITX）。

图 3.9　华硕 H110M-A/M.2 主板

主板所属系列：PREMIUM（高品质版）、DELUXE（豪华版）、EXPERT（专家版）、PRO（专业版）、PLUS（加强版）、A/C/E/G/K（超值版）、P/R/T/U/Y/Z（入门版）。

例如，华硕 H61M-E 是一款基于 H61 芯片组的 Micro ATX 版型超值版主板。

3.3.2　芯片组

芯片组（Chipset）是 PC 各组成部分相互连接和通信的枢纽，存储器控制、I/O 控制功能几乎都集成在芯片组内，它既实现了 PC 总线的功能，又提供了各种 I/O 接口及相关的控制。没有芯片组，CPU 就无法与内存、扩充卡、外设等交换信息。

芯片组一般由两块超大规模集成电路组成——北桥芯片和南桥芯片。北桥芯片是存储控制中心（Memory Controller Hub，MCH），用于高速连接 CPU、内存条、显卡，并与南桥芯片互连，如图 3.10 所示。南桥芯片是输入/输出控制中心（I/O Controller Hub，ICH），主要与 PCI 总线槽、USB 接口、硬盘接口、音频编解码器、BIOS 和 CMOS 存储器等连接，并借助 Super I/O 芯片提供对键盘、鼠标、串行口和并行口等的控制，如图 3.11 所示。CPU 的时钟信号也由芯片组提供。

图 3.10　VIA K8T400 北桥芯片组

图 3.11　VIA PT800 南桥芯片组

需要注意的是，CPU 的功能和速度，需要与芯片组（特别是北桥芯片）相匹配。芯片组决定了主板上所能安装的内存最大容量、速度及可使用的内存条的类型。此外，随着显卡、硬盘等设备性能的提高，芯片组中的控制接口电路也要相应变化。所以，芯片组是与 CPU 芯片及外设同步发展的。

随着集成电路技术的发展，CPU 芯片的组成越来越复杂，功能越来强大。例如，这两年广泛使用的 Core i3/i5/i7 CPU 芯片，它们中有些已经将北桥芯片的存储器控制器和图形处理器功能集成在 CPU 芯片之中,使用这些芯片的计算机主板上的北桥芯片已经消失,只需一块南桥芯片即可。

到目前为止，能够生产芯片组的厂家有：Intel(美国英特尔)、AMD(美国超威半导体)、nVIDIA（美国英伟达)、VIA（中国台湾地区威盛)、SiS（中国台湾地区矽统科技)、ULI（中国台湾地区宇力)、Ali（中国台湾地区扬智)、ServerWorks（美国)、IBM（美国)、HP（美国惠普)。

其中以 Intel 和 AMD 的芯片组最为常见。在笔记本电脑方面，Intel 平台具有绝对的优势，所以 Intel 笔记本电脑芯片组占据了最大的市场份额。

3.3.3　BIOS 和 CMOS

BIOS 的中文名叫作基本输入/输出系统，它是存放在主板上 Flash ROM 芯片中的一组机器语言程序。由于存放在闪存中，即使机器关机，它的内容也不会改变。每次机器加电时，CPU 总是首先执行 BIOS 程序，它具有诊断计算机故障及加载操作系统并引导其运行的功能。

BIOS 主要包含 4 个部分的程序：加电自检程序，系统盘主引导记录的装入程序（简称"引导装入程序"），CMOS 设置程序和基本外围设备的驱动程序。

CMOS（Complementary Metal Oxide Semiconductor）是微机主板上的一块可读写的 RAM 芯片，用来保存当前系统的硬件配置和用户对某些参数的设定。CMOS 可由主板的电池供电，即使系统断电，信息也不会丢失。CMOS RAM 本身只是一块存储器，只有数据保存功能，而对 CMOS 中各项参数的设定要通过专门的程序。

现在多数厂家将 CMOS 设置程序做到了 BIOS 芯片中，在开机时通过按下某个特定键（一般是 Del 键）就可进入 CMOS 中对各项参数进行设定和更新，因此这种 CMOS 设置又通常被叫作 BIOS 设置，如图 3.12 所示（不同厂家界面有所不同）。

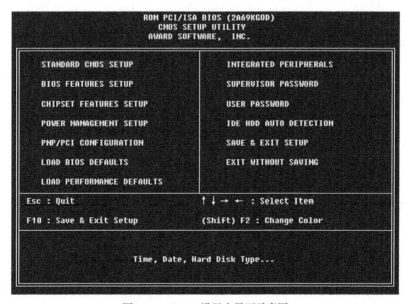

图 3.12　CMOS 设置主界面示意图

CMOS 参数大致包含如下的内容。

（1）Standard CMOS Setup：标准参数设置，包括日期，时间和软、硬盘参数等。

（2）BIOS Features Setup：设置一些系统选项。

（3）Chipset Features Setup：主板芯片参数设置。

（4）Power Management Setup：电源管理设置。

（5）PnP/PCI Configuration Setup：即插即用及 PCI 插件参数设置。

（6）Integrated Peripherals：整合外设的设置。

（7）其他：硬盘自动检测，系统口令，加载缺省设置，退出等。

目前市面上较流行的主板 BIOS 主要有 Award BIOS、AMI BIOS、Phoenix BIOS（Phoenix 后被 Award 收购）3 种类型，进入这 3 种 BIOS 方法分别为按<Del>键、按<ESC>键、按<F2>键。

3.4 内存储器

3.4.1 概述

计算机中的存储器分为内存和外存两大类。内存的存取速度快而容量相对较小，它与 CPU 高速相连，用来存放已经启动运行的程序和正在处理的数据。外存储器的存取速度较慢而容量相对很大，它与 CPU 不直接连接，用于持久地存放计算机中几乎所有的信息。

通常，存取速度较快的存储器成本较高，速度较慢的存储器成本较低。为了使存储器的性能价格比得到提高，计算机中各种内存储器和外存储器往往组成一个层状的塔式结构（如图 3.13 所示），它们相互取长补短，协调工作。

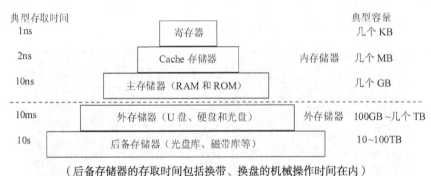

（后备存储器的存取时间包括换带、换盘的机械操作时间在内）

图 3.13 存储器的层次结构

内存储器包括寄存器、高速缓冲存储器（Cache）和主存储器。寄存器在 CPU 芯片的内部，高速缓冲存储器也制作在 CPU 芯片内，而主存储器由插在主板内存插槽中的若干内存条组成。内存条的质量好坏与容量大小会影响计算机的运行速度。

3.4.2 内存储器的分类

一般常用的微型计算机的存储器有磁芯存储器和半导体存储器，微型机的内存都采用半导体存储器。半导体存储器从使用功能上分为：随机存储器（Random Access Memory，RAM，又称读写存储器）和只读存储器（Read Only Memory，ROM）。

1. RAM

RAM 是一种可以随机读/写数据的存储器，也称为读/写存储器。RAM 有以下两个特点：

（1）可以读出，也可以写入。读出时并不损坏原来存储的内容，只有写入时才修改原来所存储的内容。

（2）只能用于暂时存放信息，一旦断电，存储内容立即消失，即具有易失性。

RAM 目前多采用 MOS 型半导体集成电路芯片制成，根据其保存数据的机制又可分为动态（Dynamic RAM）和静态（Static RAM）两大类。

（1）动态随机存取存储器（DRAM）。芯片的电路简单，集成度高，功耗小，成本较低，适用于内存储器的主体部分（称为主存储器或主存）。但是它的速度较慢，一般要比 CPU 慢得多，因此出现了许多不同的 DRAM 结构，以改善其性能。

（2）静态随机存取存储器（SRAM）。与 DRAM 相比，它的电路较复杂，集成度低，功耗较大，制造成本高，价格贵，但工作速度很快，与 CPU 速度相差不多，适合用作高速缓冲存储器 Cache（目前大多已经与 CPU 集成在同一芯片中）。

2. ROM

ROM 是一种能够永久或半永久性地保存数据的存储器，即使计算机断电（或关机）后，存放在 ROM 中的数据也不会丢失，所以也叫作非易失性存储器。目前使用最多的是 Flash ROM（快擦除 ROM，或闪烁存储器，简称闪存），这是一种新型的非易失性存储器，但又像 RAM 一样能方便地写入信息。它的工作原理是：在低电压下，存储的信息可读不可写，这时类似于 ROM；而在较高的电压下，所存储的信息可以更改和删除，这时又类似于 RAM。因此，Flash ROM 除了用于存储 BIOS 程序外，它还可以用于存储卡、U 盘和固态硬盘中。

3. FLASH

FLASH 存储器又称闪存，它结合了 ROM 和 RAM 的长处，不仅具备电子可擦除可编程（EEPROM）的性能，还不会断电丢失数据同时可以快速读取数据（NVRAM 的优势），U 盘和 MP3 里用的就是这种存储器。在过去的 20 年里，嵌入式系统一直使用 ROM（EPROM）作为它们的存储设备，然而近年来 Flash 全面代替了 ROM（EPROM）在嵌入式系统中的地位，用作存储 Bootloader 以及操作系统或者程序代码或者直接当硬盘（或 U 盘）使用。

目前 Flash 主要有两种 NOR Flash（或非型）和 NAND Flash（与非型）。前者以字节为单位进行随机存取，存储在其中的程序可以直接执行，相当于内存储器；后者以页（行）为单位进行存取，读出速度稍慢，通常应将程序或数据预先读入到 RAM 中再使用，但它在容量、使用寿命和成本方面有较大优势，所以大多作为外存储器使用。

一般小容量的用 NOR Flash，因为其读取速度快，多用来存储操作系统等重要信息，而大容量的用 NAND Flash，最常见的 NAND Flash 应用是嵌入式系统采用的 DOC（Disk On Chip）和我们通常用的"闪盘"，可以在线擦除。目前市面上的 FLASH 主要来自 Intel、AMD、Fujitsu 和 Mxic 等公司，而生产 NAND Flash 的主要厂家有 Samsung（三星）和 Toshiba（东芝）及 Hynix（海力士）和 SanDisk（闪迪）。

NOR Flash 占据了容量为 1MB～16MB 闪存市场的大部分，而 NAND Flash 只是用在 8MB～128MB 的产品当中，这也说明 NOR 主要应用在代码存储介质中，NAND 适合于数据存储，在 Compact Flash（CF 卡）、Secure Digital（SD 卡）和 Multi Media Card（MMC 存储卡）市场上所占份额最大。

4. CMOS

互补金属氧化物半导体内存（Complementary Metal Oxide Semiconductor Memory，CMOS）是一种只需要极少电量就能存放数据的芯片。由于耗能极低，CMOS 内存可以由集成到主板上的一个小电池供电，这种电池在计算机通电时还能自动充电。因为 CMOS 芯片可以持续获得电量，所以即使在关机后，它也能保存有关计算机系统配置的重要数据。

3.4.3　内存芯片和内存条

内存之所以能存储数据，就是因为有内存芯片。内存条是由若干内存芯片焊接在一定规格 4 层或 6 层印刷电路板上的，板的一侧有一排插脚，用于连接 CPU 和其他设备的通道。

1. 内存芯片

为了更好地对内存芯片安放、固定、密封、保护和增强导热性能的作用，并进行芯片内部与外部电路的沟通，必须对内存芯片进行封装。因此，我们实际看到的内存芯片体积和外观是内存芯片经过打包即封装后的产品，如图 3.14 所示。

图 3.14　三星内存芯片

主要参数如下。

（1）芯片容量：也称芯片的密度，是指该芯片存储的最大二进制位数。

（2）芯片的位宽：是在一个时钟周期内所能传送数据的位数，位数越大则瞬间所能传输的数据量越大。内存的位宽有 32、64、128、256 这几种型号。

（3）BANK：在芯片的内部，内存的数据是以位（bit）为单位写入一张大的矩阵中，每个单元称为 CELL，只要指定一个行（Row），再指定一个列（Column），就可以准确地定位到某个 CELL，这就是内存芯片寻址的基本原理。这个阵列就称为内存芯片的 BANK，也称之为逻辑 BANK（Logical BANK）。由于工艺上的原因，这个阵列不可能做得太大，所以一般内存芯片中都是将内存容量分成几个阵列来制造，也就是说内存芯片中存在多个逻辑 BANK，随着芯片容量的不断增加，逻辑 BANK 数量也在不断增加，目前从 32MB 到 1GB 的芯片基本都是 4 个。内存条的物理 BANK 是内存和主板上的北桥芯片之间用来交换数据的通道。以 SDRAM 系统为例，CPU 与内存之间（就是 CPU 到 DIMM 槽）的接口位宽是 64bit，也就是 CPU 一次会向内存发送或从内存读取 64bit 的数据，那么这一个 64bit 的数据集合就是一个内存条 BANK，很多厂家的产品说明里称之为物理 BANK（Physical BANK），目前绝大多数的芯片组都只能支持一根内存包含两个物理 BANK。

（4）工作速率：北桥读取内存数据时，在发出信号到第一批数据输出的这段时间，这个参数对于内存的性能有比较大的影响。tCAS：列寻址所需要的时钟周期（周期的数量表示延迟的长短）。tRCD：行寻址和列寻址时钟周期的差值。tRP：在下一个存储周期到来前，预充电需要的时钟周期。tRAS：对某行的数据进行存储时，从操作开始到寻址结束需要的总时间周期。

除此之外还会有封装类型、刷新设置、接口、电压等方面的信息。

不同生产厂家内存芯片型号的识别的规则不同，下面以三星内存芯片为例来说明内存芯片的型号。

目前使用三星的内存芯片来生产内存条的厂家非常多，在市场上有很高的占有率。由于其产品线庞大，所以三星内存芯片的命名规则非常复杂。三星内存芯片的型号采用一个 15 位数字编码来命名。其中用户最关心的应该是内存容量和工作速率的识别。

编码规则如下：

位数	1	2	3	4	5	6	7	8	9	10	11	12	13	14	15
型号	K	4	X	X	X	X	X	X	X	X	-	X	X	X	X

主要含义如下。

第 1 位——芯片功能 K，代表是内存芯片。

第 2 位——芯片类型 4，代表 DRAM。

第 3 位——芯片的更进一步的类型说明，S 代表 SDRAM、H 代表 DDR、G 代表 SGRAM，B 代表 DDR3。

第 4、5 位——容量和刷新速率，容量相同的内存采用不同的刷新速率，也会使用不同的编号。64、62、63、65、66、67、6A 代表 64Mbit 的容量；28、27、2A 代表 128Mbit 的容量；56、55、57、5A 代表 256Mbit 的容量；51 代表 512Mbit 的容量。

第 6、7 位——数据线引脚个数，08 代表 8 位数据；16 代表 16 位数据；32 代表 32 位数据；64 代表 64 位数据。

第 8 位——表示内存排数（即 Bank 数）：1——1Bank；2——2Bank；3——4Bank；4——8Bank。

第 10 位——表示技术年代：C 表示第 4 代技术。

第 11 位——连线 "-" 没有意义。

第 14、15 位——芯片的速率，"CC" 表示 DDR2-400（200MHz@ CL=3、tRCD=3、tRP=3），"D5" 表示 DDR2-533（266MHz@ CL=4、tRCD=4、tRP=4），"E6" 表示 DDR2-667（333MHz@ CL=5、tRCD=5、tRP=5），"E7" 表示 DDR2-800（400MHz@ CL=5、tRCD=5、tRP=5）等。

例如三星内存芯片型号为：K4T51163QG-HCE7。

目前有实力生产内存芯片的厂商仅有三星（Samsung，KM）、现代（Hyundai，HY）、镁光（Micron，MT）、东芝（Toshiba，TC）等几家。

2. 内存条

主存储器在物理结构上由若干内存条组成，内存条是把若干片 DRAM 芯片焊在一小条印制电路板上做成的部件。内存条必须插入主板中相应的内存条插槽中才能使用。DDR2 和 DDR3 均采用双列直插式（DIMM）内存条。PC 主板中一般都配备有 2 个或 4 个 DIMM 插槽。

内存条是连接 CPU 和其他设备的通道，起到缓冲和数据交换的作用。由于我们平常使用的程序，如 Windows XP 系统、Windows 7、打字软件、游戏软件等，一般都是安装在硬盘等外存上的，这样就不能直接使用其功能，必须把它们调入内存中运行，才能使用其功能，我们平时输入一段文字，或玩一个游戏，其实都是在内存中进行的。通常我们把要永久保存的、大量的数据存储在外存上，而把一些临时的或少量的数据和程序放在内存上。内存条示意图如图 3.15 所示。

图 3.15　广州镁光 DDR3 内存条

SDRAM 和 DDR SDRAM 内存条近两年在计算机中已经使用得很少了，目前广泛使用的是 DDR3 和 DDR4 内存条。

内存的主要技术指标如下。

（1）存取时间：存取时间（Memory Access Time）又称存储器访问时间，是指从启动一次存储器操作到完成该操作所经历的时间。内存的速度一般用存取时间衡量，即每次与CPU间数据处理耗费的时间，以纳秒（ns）为单位。目前大多数SDRAM和DDR内存存取时间为3.1ns、2.5ns、1.5ns、1.0ns等。

（2）容量：一根内存条可以容纳的二进制信息量。它是内存条的关键性参数。内存容量目前以GB作为单位，内存的容量一般都是2的整次方倍。目前台式机中主要采用的内存容量为1GB、2GB、4GB、8GB、16GB等，一般而言，内存容量越大越有利于系统的运行。2010年6月三星公司开发出全球第一款单条容量高达32GB的LRDIMM型内存条，主要面向服务器应用。

（3）内存带宽：内存带宽是指内存与南桥芯片之间的数据传输率，单位一般为"MB/s"或"GB/s"。

其计算公式为：内存带宽=内存总线频率×数据总线位数/8。

数据总线位数一般是64位。

例如，DDR3 1066内存带宽=1066×64/8=8528MB/s，大约是8.3GB/s。

由于AMD720的HT总线为1800MHz，所以它需要的内存带宽为1800×64/8=14 400MB/s，大约是14GB/s。而双通道的DDR31066的内存带宽为8.3×2=16.6GB/s，所以可以满足AMD720的需求。

（4）内存主频：内存主频表示该内存所能达到的最高工作频率。内存主频是以MHz（兆赫）为单位来计量的。内存主频越高在一定程度上代表着内存所能达到的速度越快。目前流行的DDR3内存的主频有1066MHz、1333MHz、1600MHz、2000MHz、2200MHz、2133MHz等。

（5）CL延迟：CL（CAS Latency，CL）延迟是指内存存取数据所需的延迟时间，即内存接到CPU的指令后的反应速度。用数值2，3，…，8，9等表示，数字越小，代表反应所需的时间越短。DDR3的优势在于高频率，但代价是高延迟。如DDR3-1333的CL延迟是8，DDR3-1600的CL延迟是9。

（6）内存的电压：内存正常工作所需要的电压值，不同类型的内存电压也不同，但各自均有自己的规格，超出其规格，容易造成内存损坏，如DDR3内存标准电压是1.5V。

目前市场上主要的成品内存包括金士顿（Kingston）、威刚（Adata）、海盗船（Corsair）、宇瞻（Apacer）、现代（Hyundai）、胜创（Kingmax）、金邦（Geil）、三星（Samsung）等品牌。

对于内存标签，我们只需要知道一些基本信息即可，如图3.16所示的标签。

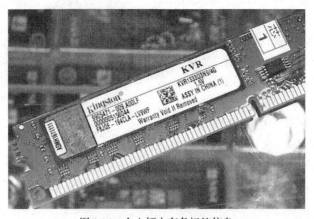

图3.16 金士顿内存条标签信息

其中，"9905471-009.AOOLF"和"0000005156044"是出厂编号和生产编号。

相关内存参数"KVR1333D3N9/4G"表达的意义如下："KVR"是金士顿的标示，全称为 Kingston 的 ValueRAM 系列内存产品；"1333"代表频率；"D3"代表为 DDR 3 代内存；"N"代表 Non-ECC 校验；"9"代表 CL 延迟为 9；"4G"代表单条是 4GB 容量。

需要注意的是安装内存条时不要强行插入，要确保安装完全到位后再按主机电源开关，以避免因插反而造成内存条金手指烧坏。

3.5　I/O 总线与 I/O 接口

3.5.1　I/O 操作

输入/输出设备（又称 I/O 设备或外设）是计算机系统的重要组成部分，没有 I/O 设备，计算机就无法与外界（包括人、环境、其他计算机等）交换信息。

I/O 操作的任务是将输入设备输入的信息送入内存的指定区域，或者将内存指定区域的内容送出到输出设备。通常，每个（类）I/O 设备都有各自专用的控制器（I/O 控制器），它们的任务是接受 CPU 启动 I/O 操作的命令后，独立地控制 I/O 设备的操作，直到 I/O 操作完成。

I/O 控制器是一组电子线路，不同设备的 I/O 控制器结构与功能不同，复杂程度相差也很大。有些设备（如键盘、鼠标器、打印机等）的 I/O 控制器比较简单，它们已经集成在主板上的芯片内。有些设备（如音频、视频设备等）的 I/O 控制器比较复杂，且设备的规格和品种也比较多样，这些 I/O 控制器就制作成扩充卡（也叫作适配卡或控制卡），插在主板的 PCI 扩充槽内。随着芯片组电路集成度的提高，越来越多原先使用扩充卡的 I/O 控制器，如声卡、网卡等，也已经包含在芯片组内，这既缩小了机器的体积，提高了可靠性，同时也降低了机器的成本。

大多数 I/O 设备都是一个独立的物理实体，它们并不包含在 PC 的主机箱里。因此，I/O 设备与主机之间必须通过连接器（也叫作接插件或插头/插座）实现互连。主机上用于连接 I/O 设备的各种插头/插座，统称为 I/O 接口。为了连接不同的设备，PC 有多种不同的 I/O 接口，它们不仅外观形状不同，而且电气特性及通信规程也各不相同。图 3.17 所示为 PC 中 I/O 设备、I/O 接口、I/O 控制器、I/O 总线等相互间关系的示意图。

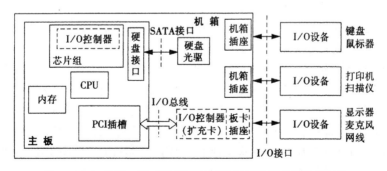

图 3.17　I/O 总线、I/O 控制器、I/O 接口与 I/O 设备的连接方式

3.5.2　I/O 总线

总线（Bus）指的是计算机部件之间传输信息的一组公用的信号线及相关控制电路。CPU 芯

片与北桥芯片相互连接的总线称为 CPU 总线（前端总线 FSB），I/O 设备控制器与 CPU、存储器之间相互交换信息、传输数据的一组公用信号线称为 I/O 总线，也叫作主板总线，因为它与主板上扩充插槽中的各扩充板卡（I/O 控制器）直接连接。

总线上有三类信号——数据信号、地址信号和控制信号。传输这些信号的线路分别是数据线、地址线和控制线，协调与管理总线操作的是总线控制器（在 CPU 或芯片组内）。

总线最重要的性能是它的数据传输速率，也称为总线的带宽（Bandwidth），即单位时间内总线上可传输的最大数据量。总线带宽的计算公式如下。

总线带宽（MB/s）=（数据线宽度/8）× 总线工作频率（MHz）× 每个总线周期的传输次数

20 世纪 90 年代初开始，PC 一直采用一种称为 PCI 的 I/O 总线，它的工作频率是 33 MHz，数据线宽度是 32 位（或 64 位），传输速率达 133 MB/s（或 266 MB/s），可以用于挂接中等速度的外部设备，但性能已经跟不上实际使用要求。

PCI-Express（简称 PCI-E）是 PC 的 I/O 总线的一种新标准，它采用高速串行传输以点对点的方式与主机进行通信。PCI-E 包括 x1、x4、x8 和 x16 等多种规格，分别包含 1、4、8 或 16 个传输通道，每个通道的数据传输速率为 250 MB/s（2.0 版本为 500 MB/s，3.0 版本将达到 1 GB/s），n 个通道可使总的传输速率提高 n 倍，以满足不同设备对数据传输速率的不同需求。例如，PCI-E x1（250 MB/s）已经可以满足主流声卡、网卡和多数外存储器对数据传输带宽的需求，而 PCI-E x16 能提供 4GB/s 的带宽，可更好地满足独立显卡对数据传输速率的需求。现在，PCI-E x16 接口的显卡已经越来越多地取代了曾经流行的 AGP 接口的显卡。

除了数据传输速率高的优点之外，由于是串行接口，PCI-E 插座的针脚数目也大为减少，这样就降低了 PCI-E 设备的体积和生产成本（如图 3.18 所示）。另外，PCI-E 也支持高级电源管理和热插拔。目前 PCI-E x1 和 PCI-E x16 已经成为 PCI-E 的主流规格，大多数芯片组生产厂商在北桥芯片中添加了对 PCI-E x16 的支持，在南桥芯片中添加了对 PCI-E x1 的支持。

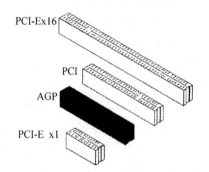

图 3.18　AGP、PCI 与 PCI-E 插座示意图

3.5.3　I/O 设备接口

前面已经说过，I/O 设备与主机一般需要通过连接器实现互联，计算机中用于连接 I/O 设备的各种插头/插座以及相应的通信规程及电气特性，就称为 I/O 设备接口，简称 I/O 接口。

PC 可以连接许多不同种类的 I/O 设备，所使用的 I/O 接口分成多种类型。从数据传输方式来分，有串行（一位一位地传输数据，一次只传输 1 位）和并行（8 位、16 位或 32 位一起进行传输）之分；从数据传输速率来分，有低速和高速之分；从是否能连接多个设备来分，有总线式（可串接多个设备，被多个设备共享）和独占式（只能连接 1 个设备）之分；从是否符合标准来分，有标准接口与专用接口之分。表 3.1 所示为当前 PC 常用 I/O 接口的一览表及其性能的对比。

需要特别加以说明的是通用串行总线（Universal Serial Bus，USB），它是一种可以连接多个设备的总线式串行接口，由 Compaq、IBM、Intel、Microsoft、NEC 等公司共同开发而成，现在已经在 PC、数码相机、MP3 播放器等许多设备中普遍使用。USB 接口所使用的连接器的标识和引脚如图 3.19 所示。

表 3.1 　　　　　　　　　　　　　　　　PC 常用 I/O 接口

名称	传输方式	数据传输速率	插头/插座形式	连接设备数目	通常连接的设备
PS/2 接口	串行，双向	低速	圆形 6 针	1	鼠标器，键盘
USB 2.0	串行，双向	60 MB/s（高速）	矩形 4 线	最多 127	几乎所有外围设备
USB 3.0	串行，双向	400 MB/s（超高速）	矩形 8 线	最多 127	几乎所有外围设备
IEEE 1394	串行，双向	12.5 MB/s, 25 MB/s, 50 MB/s, 100 MB/s	矩形 6 线	最多 63	数字视频设备，光驱，硬盘
ATA	并行，双向	66 MB/s, 100 MB/s, 133 MB/s	（E-IDE）40/80 线	1～4	硬盘，光驱，软驱
SATA（串行 ATA）	串行，双向	150 MB/s 300 MB/s 600 MB/s	7 针插头/插座		硬盘，光盘
eSATA	串行，双向	300 MB/s	连接线 最长 2 m	1	外置的 SATA 接口，连接移动硬盘
显示器接口 VGA	并行，单向	200～500 MB/s	HDB15	1	显示器
显示器接口 DVI	并行，单向	3.7 Gbit/s, 7.6 Gbit/s	24 针插座		显示器
高清晰多媒体接口 HDMI	并行，单向	10.2 Gbit/s	19 针插座	1	显示器、电视机

USB 标识

USB 3.0 标识

引脚	信号	名称	导线颜色
1	V_{CC}	电源	红
2	−DATA	数据−	白
3	+DATA	数据+	绿
4	GND	地	黑

图 3.19　USB 连接器的标识和 USB 2.0 的引脚

在 USB 接口中，数据的高速串行传输是使用差分信号来实现的。早先的 USB 1.0 和 USB 1.1 用于连接中低速设备，现在已很少使用。现在广泛使用的 USB 2.0 的最高数据传输速率可达 480Mbit/s（60MB/s），用来连接硬盘等高速设备。性能更好的 USB 3.0 有效传输速率可达 3.2Gbit/s（400MB/s），正在被越来越多地采用。

USB 2.0 接口使用 4 线连接器（有 A 型、B 型、Mini 型之分），USB 3.0 接口使用 8 线连接器，它们的插头比较小，不用螺钉连接，可方便地进行插拔。USB 接口符合"即插即用"（PnP）规范，在操作系统的支持下，用户无须手动配置系统就可以插上或者拔出使用 USB 接口的外围设备，计算机会自动识别该设备并进行配置，使其正常工作。同时 USB 接口还支持热插拔，即在计算机运行时（不需要关机）就可以插拔设备。

借助"USB 集线器"可以扩展机器的 USB 接口数目，一个 USB 接口理论上能连接 127 个设备。

带有 USB 接口的 I/O 设备可以有自己的电源，也可通过 USB 接口由主机提供电源（+5V，100～500mA）。

由于 USB 接口的上述优点，它的使用已非常普遍。目前不论是台式机 PC 还是便携式 PC，几乎都把 USB 接口作为连接外部设备的主要接口，传统的串行口、并行口等已经很少使用。为了便于将使用传统接口（如串行口和并行口）的 I/O 设备连接到 USB 接口，市场上有多种转接器销售，如 USB-串口转接器、USB-并口转接器、USB-PS/2（标准键盘和鼠标接口）转接器等。

还有一种 IEEE-1394 接口（简称 1394，又称 i.Link 或 FireWire），主要用于连接需要高速传输大量数据的音频和视频设备，其数据传输速率可达 50～100 MB/s。与 USB 一样，它也支持即插即用和热插拔。

最后需要说明的是，有些设备（如鼠标器、扫描仪、移动硬盘等）可以连接在主机的不同接口上，这取决于该设备本身使用的接口是什么。另外，一些传统的 I/O 接口，如串行口和并行口，现在已越来越多地改用 USB 接口了。

3.6 常用输入设备

输入设备用于向计算机输入命令、数据、文本、声音、图像和视频等信息，它们是计算机系统必不可少的重要组成部分。本节介绍键盘、鼠标器、触摸屏、扫描仪、数码相机等常用的输入设备。此外，条形码扫描器、磁卡阅读器、IC 卡读卡器等也是计算机常用的数据输入设备。

3.6.1 键盘

键盘是计算机最常用也是最主要的输入设备。用户通过键盘可以将字母、数字、标点符号等输入到计算机中，从而向计算机发出命令。

计算机键盘上有一组印有不同符号标记的按键，按键以矩形排列安装在电路板上。这些按键包括数字键（0～9）、字母键（A～Z）、符号键、运算键以及若干控制键和功能键。图 3.20 所示为用户主键盘区操作时的指法图。

图 3.20 主键盘区操作指法图

PC 键盘中部分常用控制键的主要功能如表 3.2 所示。

表 3.2   PC 键盘中部分常用控制键的主要功能

控制键名称	主要功能
Alt	Alternate 的缩写，它与另一个（些）键一起按下时，将发出一个命令，其含义由正在运行的程序决定
Break	用于终止或暂停一个 DOS 程序的执行
Ctrl	Control 的缩写，它与另一个（些）键一起按下时，将发出一个命令，其含义由正在运行的程序决定

控制键名称	主要功能
Delete	删除光标右面的一个字符，或者删除一个（些）已选择的对象
End	一般是把光标移动到行末
Esc	Escape 的缩写，经常用于退出一个程序或操作
F1～F12	共 12 个功能键，其功能由操作系统及运行的应用程序决定
Home	通常用于把光标移动到开始位置，如一个文档的起始位置或一行的开始处
Insert	在输入字符时可以有覆盖方式和插入方式两种，Insert 键用于在两种方式之间进行切换
Num Lock	数字小键盘可以像主键盘一样使用，也可作为光标控制键使用，由本键在两者之间进行切换
Page Up	使光标向上移动若干行（向上翻页）
Page Down	使光标向下移动若干行（向下翻页）
Pause	临时性地挂起一个程序或命令
Print Screen.	记录当时的屏幕映像，将其复制到剪贴板中

Windows 操作系统出现之后，由于操作系统增加了一些新的功能，比如支持高级配置和电源管理接口（Advanced Configuration and Power Management Interface，ACPI）规范，因此有些键盘增添了电源（Power）、睡眠（Sleep）、唤醒（Wake Up）等按键用以实现开/关机，或将机器从待机状态唤醒。还有些 PC 键盘增加了一些有关多媒体控制功能的快捷键，可以用来方便地进行音量控制、静音控制，音轨的前进和后退，节目的播放、暂停、停止，光盘的弹出等。这些快捷键的数量和功能各个键盘并不完全相同。笔记本电脑受到体积限制，按键数目要少一些。

键盘上的按键大多是电容式的。电容式键盘的优点是：击键声音小，无触点，不存在磨损和接触不良等问题，寿命较长，手感好。为了避免电极间进入灰尘，按键采用密封组装，键体不可拆卸。

用户按下每个按键时，它们会发出不同的信号，这些信号由键盘内部的电子线路转换成相应的二进制代码，然后通过键盘接口（PS/2 或 USB）送入计算机。

无线键盘采用无线通信技术，它与计算机主机之间没有直接的物理连线，而是通过 2.4 GHz 的无线电波将输入信息传送给主机上安装的专用接收器，距离可达 10m，因而使用比较灵活方便。

平板计算机和智能手机使用的是"软键盘"（虚拟键盘）。当用户需要使用键盘输入信息时，屏幕上会出现类似于 ASCII 键盘的一个图像，用户用手指触摸其中的按键即可输入相应的信息，完成输入操作之后，键盘图像便从屏幕上消失。

3.6.2　鼠标器

鼠标器（Mouse）简称鼠标，它能方便地控制屏幕上的鼠标箭头，准确地定位在指定的位置处，并通过按键进行各种操作。它的外型轻巧，操纵自如，尾部有一条连接计算机的电缆。形似老鼠，故得其名。由于价格低，操作简便，用途广泛，目前它已成为计算机必备的操作设备之一，如图 3.21 和图 3.22 所示。

图 3.21　极智 G3000 有线鼠标

图 3.22　罗技 M325 无线鼠标

从鼠标定位的原理和结构上来分，常见的鼠标分为机械式和光电式两种。光电式鼠标根据发射光线的不同，还有激光鼠标、红外线鼠标等更细致的命名和分类，都是根据发射、接收的光线不同而命名的，其基本原理是一样的。从鼠标轨迹数据传输的方式上分，鼠标可分为有线鼠标和无线鼠标，现在无线鼠标也已逐步流行，作用的距离可达 10m 左右。从鼠标与计算机主机之间相连接的接口方式上又可分为串口、PS/2 和 USB 三种类型，目前常见的是后两种类型。

鼠标器的结构经过了几次演变，现在流行的是光电鼠标。光电式鼠标是在鼠标的底部中央有一个发光器，通过发光器发射和接受反射的光线，实现对鼠标轨迹的定位。这种鼠标定位精度高、运转便捷，但对鼠标操作面有一定要求，如果是在玻璃等对光线有比较明显的折射作用的界面上，往往会有误操作甚至失灵。

鼠标器通常有两个按键，称为左键和右键，它们的按下和放开，均会以电信号形式传送给主机。至于按动按键后计算机做些什么，则由正在运行的软件决定。除了左键和右键之外，鼠标器中间还有一个滚轮，可以用来控制屏幕内容进行上、下移动，它与窗口右边框滚动条的功能一样。当你看一篇比较长的文章时，向后或向前转动滚轮，就能使窗口中的内容向上或向下移动。

有线鼠标是通过线缆与计算机主机相连，可靠性高、故障率少、信号传输及时快捷、不依赖电源；无线鼠标是通过无线信号传输与计算机主机通信，当前大多数都是通过插在微机上的专用蓝牙信号接收装置来接收信号。缺点是需要为鼠标单独装配电池供电，电池不足会导致鼠标失灵，同时由于无线信号传输总是有误差和延迟，因此在一些对定位精度和敏感度要求比较高的环境下不适用，比如对轨迹精度要求比较高的游戏（如射击游戏 CS、CF）往往不好用。

3.6.3　触摸屏

随着多媒体信息查询设备的与日俱增，人们越来越多地谈到触摸屏（如图 3.23 所示），因为触摸屏不仅适用于多媒体信息查询的国情，而且具有坚固耐用、反应速度快、节省空间、易于交流等许多优点。利用这种技术，用户只要用手指轻轻地触碰计算机显示屏上的图片、符号或文字就能实现对主机操作，从而使人机交互更为直截了当，这种技术大大方便了那些不懂计算机操作的用户。触摸屏在我国的应用范围非常广阔，主要应用在公共信息的查询，如电信局、税务局、银行、电力等部门的业务查询；城市街头的信息查询；此外还应用于办公、工业控制、军事指挥、电子游戏、点歌点菜、多媒体教学、房地产预售等领域。

图 3.23　触摸屏

触摸屏是在液晶面板上覆盖一层触摸面板，压感式触摸板对压力很敏感，当手指或塑料笔尖施压其上时会有电流产生以确定压力源的位置，并可以对其进行跟踪，用以取代机械式的按钮面板。透明的触摸面板附在液晶屏上，不需要额外的物理空间，具有视觉对象与触觉对象完全一致的效果，实现无损耗、无噪声的控制操作。

近两年开始流行一种所谓的"多点触摸屏"。与传统电阻型（压感式）的单点触摸屏不同，多点触摸屏大多基于电容传感器原理，可以同时感知屏幕上的多个触控点。用户除了能进行单击、双击、平移等操作之外，还可以使用双手（或多个手指）对指定的屏幕对象（如一幅图像、一个窗口等）进行缩放、旋转、滚动等控制操作。这种新鲜感十足的操控设计为苹果计算机公司的iPhone、iPod 和 iPad 等产品增色不少，成为吸引消费者的一个亮点。目前已经在平板计算机等许多智能数码产品中推广使用。

3.7　常用输出设备

输出设备（Output Device）是计算机的终端设备，用于接收计算机数据的输出显示、打印、声音、控制外围设备操作等。也是把各种计算结果数据或信息以数字、字符、图像、声音等形式表示出来。最常见的有显示器、打印机。

3.7.1　显示器与显示卡

显示器是计算机必不可少的一种图文输出设备，其作用是将数字信号转换为光信号，使文字与图形在屏幕上显示出来。没有显示器，用户便无法了解计算机的处理结果和所处的工作状态，也无法进行操作。

计算机显示器系统通常由两部分组成——显示器和显示控制器。显示器是一个独立的设备，显示控制器在 PC 中多半做成扩充卡的形式，所以也叫作显示卡（显卡）、图形卡或者视频卡。有些 PC 的 CPU 芯片或北桥芯片中已包含有显卡功能（集成显卡），这样做一方面成本较低，同时也节省了一个插槽。

1. 显示器的分类

目前计算机使用的显示器主要是液晶显示器（Liquid Crystal Display，LCD），如图 3.24 所示。液晶显示器（LCD）是借助液晶对光线进行调制而显示图像的一种显示器。液晶是介于固态和液态之间的一种物态，它既具有液体的流动性，又具有固态晶体排列的有向性。它是一种弹性连续体，在电场的作用下能快速地展曲、扭曲或者弯曲。

LCD 具有工作电压低，辐射危害小，功耗低，不闪烁，适于大规模集成电路驱动，体积轻薄，易于实现大画面显示等特点，现在已经广泛应用于计算机、手机、数码相机、数码摄像机、电视机等设备。LCD 显示器的一些主要性能参数如下。

图 3.24　LCD 显示器

（1）显示屏的尺寸。与电视机相同，计算机显示器屏幕大小也以显示屏的对角线长度来度量，目前常用的显示器有 17、19、22 英寸（1 英寸=2.54cm）等。现在多数液晶显示器的宽高比为 16：9 或 16：10，它与人眼视野区域的形状更为相符。

（2）显示器的分辨率。分辨率是衡量显示器的一个重要指标，它指的是整屏最多可显示像素的多少，一般用水平分辨率×垂直分辨率来表示，如有 1024×768、1280×1024、1600×1200、

1920×1080、1920×1200 等。

（3）响应时间。响应时间反映了 LCD 像素点对输入信号反应的速度，即由暗转亮或由亮转暗的速度。响应时间越小越好，一般为几毫秒到十几毫秒。响应时间小的显示器在观看高速运动画面时不会出现尾影拖曳的现象。

（4）色彩、亮度和对比度。液晶本身并不能发光，因此背光的亮度决定了它的画面亮度。一般而言，亮度越高，显示的色彩就越鲜艳，效果也越好。对比度是最亮区域与最暗区域之间亮度的比值，对比度小时图像容易产生模糊的感觉。

（5）背光源类型。背光灯是位于液晶显示器（LCD）背后的一种光源，它的发光效果将直接影响到液晶显示模块（Liquid Crystal Display Module，LCM）视觉效果。LED（Light Emitting Diode）背光是指用 LED（发光二极管）来作为液晶显示屏的背光源，它具有低功耗、低发热量、亮度高、寿命长等特点。

（6）辐射和环保。显示器在工作时产生的辐射对人体有不良影响，也会产生信息泄漏，影响信息安全。因此，显示器必须达到国家显示器能效标准和通过 MPR Ⅱ 和 TCO 认证（电磁辐射标准），以节约能源、保证人体安全和防止信息泄漏。

2. 显示控制器（显示卡）

PC 的显示控制器过去多半做成插卡的形式，它与显示器、CPU 及 RAM 的相互关系如图 3.25 所示。

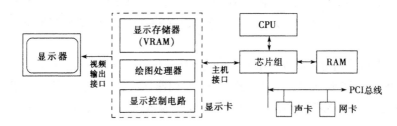

图 3.25　显示器、显示卡、CPU 及 RAM 的关系

显示卡主要由显示控制电路、绘图处理器、显示存储器和接口电路 4 个部分组成。显示控制电路负责对显示卡的操作进行控制，包括对液晶或 CRT 显示器进行控制，如光栅扫描、同步、画面刷新等。主机接口电路负责显示卡与 CPU 和内存的数据传输。由于经常需要将内存中的图像数据成批地传送到显示存储器，因此相互间的连接方法和传输速度十分重要。虽然许多显卡还使用 AGP 接口，但目前越来越多的显卡开始采用性能更好的 PCI-E×16 接口了。

（1）独立显卡

独立显卡（如图 3.26 所示）是指成为独立的板卡存在，需要插在主板的相应接口上的显卡。独立显卡中具有高速图像处理和图形绘制的绘图处理器（GPU），还有专门的显示存储器，不占用系统内存，能够提供更好的显示效果和运行性能。独立显卡作为计算机主机里的一个重要组成部分，对于喜欢玩游戏和从事专业图形设计的人来说，显得非常重要。

目前民用显卡图形芯片供应商主要包括 AMD 和 nVIDIA 两家。

图 3.26　独立显卡

显卡的主要技术参数如下。

① 显示芯片（型号、版本级别、开发代号、制造工艺、核心频率）。

② 显存（类型、位宽、容量、封装类型、速度、频率）。

③ 技术（像素渲染管线、顶点着色引擎数、3DAPI、RAMDAC 频率及支持 MAX 分辨率）。

④ PCB 板（PCB 层数、显卡接口、输出接口、散热装置）。

（2）集成显卡

现在显示控制器已经越来越多地集成在 CPU 或芯片组中，不再需要独立的显卡。如 Intel 将原来集成于北桥的显示核心移至处理器上，即 CPU 集成显卡 HD Graphics。

集成显卡中的 GPU 包含在 CPU 芯片或北桥芯片中，显示存储器则与主存储器合二为一。在价格方面较有优势，以满足一般的家庭娱乐和商业应用，节省用户购买显卡的开支。

集成显卡的优点如下。

① 主板芯片不再集成显卡，主板生产工艺简化，主板都改成单芯片了，价格会下降，惠及用户。

② CPU 和显卡芯片集成在同一块芯片中，同时设计，数据交流快，延时短，效率高。

集成显卡的缺点如下。

① 它占用系统内存，使 CPU 可用的物理内存减少。

② 在与系统内存的交互过程中它会占用总线周期。

③ 与系统内存的交互过程需要 CPU 来协调，占用 CPU 周期。

（3）独立显卡与集成显卡比较

从性能功耗说，集成显卡的特点是性能一般，但基本能满足一些日常应用，发热量和耗电量相对于独立显卡来说较低。独立显卡的性能虽强，但发热量和功耗比较高。在 3D 性能方面独立显卡要优于集成显卡。

（4）型号

显卡型号表示为 GTXXX，GTSXXX，GTXXXX。其中 GT、G 或无英文只有数字代表低端显卡，如 GT520、GT630、GeForce 310、GeForce 510 等；GTS 代表中等显卡，如 GTS560、GTS570 等；GTX 代表性能高的中高端显卡，如 GTX560、GTX570 等。

第一位数字代表显卡系列，体现新技术应用情况，散热和功耗，制程工艺的优势。例如 5 代表第 5 代显卡，40 nm 工艺，DX11 规范；6 代表第 6 代显卡，28 nm 工艺，DX11.1 规范，全新架构。第二位数字代表显卡的定位，也就是与性能直接联系，其中 1 定位入门（有时 2 也定位入门），2、3 一般定位低端，4、5 定位中端，6 定位中高端（也是 nVIDIA 历来人气最高的定位），7、8 定位高端，9 定位旗舰，定位与前面的英文往往搭配使用，例如 1 往往搭配 G 或无英文，2、3、4 一般搭配 GT，5 搭配 GTS 或 GTX，6 以上均为 GTX，所以说新一代的显卡不一定比前一代的性能强，例如 GTX480 与 GTX560，按数字表示后者更新，但性能是前者更强，因为前者在 4 系列定位高端，而后者在 5 系列定位只是中高端，但定位一样的两代显卡中，后一代性能必定比前者强，例如 GTX460 与 GTX560 相比，必然后者更强，GTX570 与 GTX670 比，必然后者更强。第三位数字是修订版本序号。如 "5" 代表改良版（加强版），"0" 代表加强版，例如，GT525 对应为 GT520 的加强版，加强版不一定是加强性能，有可能会加强节能特性或者是加强位宽之类的。

（5）分类

按显示芯片分为 GT240、G210、HD5750、HD5550、HD5670、9800GT，按显卡的显存容量分为 256MB、512MB、1GB、384MB、768MB、896MB，按显卡显存类型分为 GDDR2、GDDR3、

GDDR4、GDDR5，按显卡的显存位宽分为128bit、256bit、512bit、192bit、384bit、448bit等。

独立显卡的芯片厂商基本是二分天下，一是 nVIDIA，二是 ATI。像七彩虹、影驰、双敏、Msi 微星、索泰、翔昇、盈通、蓝宝石、耕昇等显卡厂商均是采用上面两家芯片核心。

GeForce 是 nVIDIA 的民用显卡系列，专业级显卡是Quadro。

M = Mobile，意思是移动版，专门供应笔记本电脑或者是上网本等移动设备，台式机的显卡后面没有 M 标记，一般说来，型号一样的笔记本电脑和台式机显卡，笔记本电脑显卡的性能约为台式机显卡性能的一半，例如GTX260M 与 GTX260，GTX670M 与 GTX670，当然能耗也会大大低于台式机显卡的能耗。

（6）查看显卡

在操作系统 Windows 7 中，右键单击桌面【计算机】→【管理】→【设备管理器】，如图 3.27 所示。

下载诸如 GPU-Z、Everest 之类的软件，可以看到很专业的显卡信息，如显示芯片、制程、芯片面积、显存类型、频率、处理单元、位宽等数据。

图 3.27　在 Windows 7 中查看显卡型号

3.7.2　打印机

打印机也是 PC 的一种主要输出设备，它能把程序、数据、字符、图形打印在纸上。目前使用较为广泛的打印机有针式打印机、激光打印机和喷墨打印机 3 种。

1. 针式打印机

针式打印机是依靠打印针击打所形成色点的组合来实现规定字符和汉字打印的。如图 3.28 所示。

在打印方式上，针式打印机采用字符打印和位图像两种打印方式，其中字符打印方式是按照计算机主机传送来的打印字符（ASCII 码形式），由打印机自己从所带的点阵字符库中取出对应字符的点阵数据（打印数据）经字型变换（如果需要的话）处理后，送往打印针驱动电路进行打印；而位图像打印方式则是由计算机进行要打印数据的生成，并将生成的数据送往打印机，打印机不需要进行打印数据的处理，可以直接将其打印出

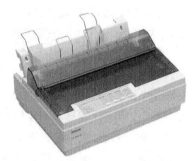

图 3.28　Epson 针式打印机

来；在位图像方式下，计算机生成的打印数据可以是一幅图像或图形，也可以是汉字。现在针式打印机常用于银行、超市等票单打印。品牌有：爱普生、映美、富士通、得实、OKI、联想、实达、佳博、明基、东芝等。

选购针式打印机时应该注意以下几点。

（1）了解需要应用的领域，不同的应用领域需要选购不同的针式打印机。针式打印机已经分为通用针式打印机和专用针式打印机两大类。通用针式打印机就是最为常见的滚筒式打印机，而专用打印机则是指有专门用途的平推式打印机，如：存折打印机、票据打印机等。

（2）考虑它的可靠性。在打印头寿命方面，好的针打一般采用全新高密度、高耐磨打印头，

这种打印头结构设计紧凑，并加强了散热功能，具有高复制能力和长寿命的特点，好的打印头的使用寿命可高达 4 亿次/针，而整机平均无故障时间长，也代表着打印机的可靠性高，好的针式打印机的整机平均无故障时间一般可达 10 000 小时。

（3）检查性能指标。一般在打印票据或报表的时候，票据或报表往往需要一式数份，同时要打印多联，需要复制能力强的针式打印机。在一些窗口行业，打印业务高强度、高负荷，打印速度高的打印机就能提升工作效率，用户应根据实际的应用情况进行选择。

（4）耐用性。针式打印机的使用寿命是所有用户都非常关心的问题，色带的寿命也是用户应考虑的因素，大容量、长寿命色带能够降低耗材费用。影响色带寿命的因素有色带芯的质量、色带盒的大小、色带的长短等。打印头的长寿命可以避免更多的再投资，从而能降低总体运营成本。

（5）除去产品的品质和价格问题，厂家的售前、售中、售后服务质量，往往关系到设备能否长期良好地运行，因此这也是选购时应着重考虑的一项指标。

2. 激光打印机

激光打印机（如图 3.29 所示）是将激光扫描技术和电子照相技术相结合的打印输出设备。其基本工作原理是由计算机传来的二进制数据信息，通过视频控制器转换成视频信号，再由视频接口/控制系统把视频信号转换为激光驱动信号，然后由激光扫描系统产生载有字符信息的激光束，最后由电子照相系统使激光束成像并转印到纸上，如图 3.30 所示。较其他打印设备，激光打印机有打印速度快、成像质量高等优点，但使用成本相对高昂。

选购激光打印机时应该注意以下几点。

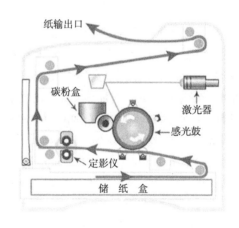

图 3.29　惠普 Laserjet 1020　　　　　　　图 3.30　激光打印机工作原理

（1）输出幅面。激光打印机目前有 A3、A4 两种输出幅面，一般 A4 幅面完全可以满足办公要求。而 A3 幅面算是大幅面产品，从价格上看，A3 比 A4 差不多要贵一倍左右。

（2）打印分辨率。打印分辨率的单位是 dpi，即指每英寸打印多少个点，它直接关系到打印机输出图像和文字的质量好坏。目前市面上绝大多数产品都已采用 600dpi，还有少数产品达到了 2400dpi。一般来说，分辨率越高打印质量也越好。选购打印机最好选择 600dpi 及以上分辨率。

（3）打印速度。打印速度指的是打印机每分钟可打印的页数（指该台打印机允许使用的最大值），单位是 ppm，即指每分钟输出页数。个人家庭用户由于打印业务量少，这个指标似乎不是很重要，但作为需大量打印业务的公司企业，这个指标则是至关重要的。

（4）内存的大小。打印机中内存的作用是用于临时储存从计算机主机中传过来的打印文件数据。因为计算机向打印机传送文件数据的速度快，而打印机的打印速度要慢得多，打印业务不可能一下子就结束，而是要一个过程。彩色激光打印机一般都自带内存，内存的大小直接关系到可容纳打印队列的长度。目前选购的彩色激光打印机的自带内存至少应在32MB以上。

（5）网络连接技术。彩色激光打印机一般都是为企业中的多台计算机所共享的，通常都与局域网相接，因此，选购时必须将网络接口设备考虑在内。一些机型是自带网卡的，如不自带网卡的话则应注意一下，是否有网络连接设备接口或插槽，安装是否方便，以免带来不必要的麻烦。

除以上几点之外，用户在选购时还应考虑是否支持双面打印，纸盒的大小，是否自带字库，是否自带硬盘的问题，以及工作电压要求，工作时的噪音水平等。用户可根据自己的实际情况合理选择。

近几年市场上流行影印一体机，它是集传真、打印与复印等功能为一体的机器。很适合于家用和办公。

市场上常见的激光打印机品牌有：爱普生（Epson）、富士施乐、方正、联想（Lenovo）、利盟（Lexmark）、佳能（Canon）、惠普（HP）、三星（Samsung）、柯尼卡美能达等。

3. 喷墨打印机

喷墨打印机（如图3.31所示）也是一种非击打式输出设备，它的优点是能输出彩色图像，经济，低噪音，打印效果好，使用低电压不产生臭氧，有利于保护办公室环境等。在彩色图像输出设备中，喷墨打印机已占绝对优势。

喷墨打印机按工作原理可分为固体喷墨和液体喷墨两种（现在又以后者更为常见），而液体喷墨方式又可分为气泡式（Canon和Hp）与液体压电式（Epson）。气泡技术（Bubble Jet）是通过加热喷嘴，使墨水产生气泡，喷到打印介质上的。与此相似，Hp采用的热感应式喷墨技术（Thermal Inkjet Technology）是利用一个薄膜电阻器，在墨水喷出区中将小于0.5%的墨水加热，形成一个汽泡。这个汽泡以极快的速度（小于10微秒）扩展开来，迫使墨滴从喷嘴喷出。汽泡再继续成长数微秒，便消失回到电阻器上。当汽泡消失，喷嘴的墨水便缩回。接着表面张力会产生吸力，拉引新的墨水去补充到墨水喷出区中，如图3.32所示。热感应式喷墨技术，便是由这样一个整合的循环技术程序所建构出来

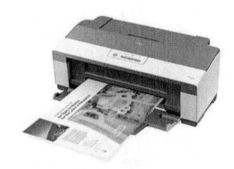

图3.31　喷墨打印机

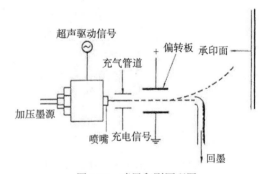

图3.32　喷墨印刷原理图

的。而在压电式喷墨技术中，墨水是由一个和热感应式喷墨技术类似的喷嘴所喷出，但是墨滴的形成方式是借由缩小墨水喷出的区域来形成的。而喷出区域的缩小，是借由施加电压到喷出区内一个或多个压电板来控制的。由于墨水在高温下易发生化学变化，性质不稳定，所以打出的色彩真实性就会受到一定程度的影响；另一方面由于墨水是通过气泡喷出的，墨水微粒的方向性与体积大小不好掌握，打印线条边缘容易参差不齐，一定程度地影响了打印质量，这都是它的不足之处。微压电打印头技术是利用晶体加压时放电的特性，在常温状态下稳定地将墨水喷出。它有着对墨滴控制能力强的特点，容易实现1440dpi的高精度打印质量，且微压电喷墨时无须加热，墨

水就不会因受热而发生化学变化，故大大降低了对墨水的要求。

喷墨打印机的关键技术是喷头。要使墨水从喷嘴中以每秒近万次的频率喷射到纸上，这对喷嘴的制造材料和工艺要求很高。喷墨打印机所使用的耗材是墨水，理想的墨水应不损伤喷头，能快干但又不在喷嘴处结块，防水性好，不在纸张表面扩散或产生毛细渗透现象，在普通纸张上打印效果要好，不因纸张种类不同而产生色彩偏移现象，黑色要纯，色彩要艳，图像不会因日晒或久置而褪色，墨水应无毒、不污染环境、不影响纸张再生使用。由于有上述许多要求，因此墨水成本高，而且消耗快，这是喷墨打印机的不足之处。喷墨打印机作为目前使用最广泛的一种外设输出设备，其普及度已经相当高，已经成为众多 SOHO（Small Office and Home Office）用户以及普通家庭用户的必备设备。

喷墨打印机的性能指标主要如下。

（1）打印幅面：打印幅面指的是喷墨打印机最大能够支持打印纸张的大小。它的大小是用纸张的规格来标识或是直接用尺寸来标识的。具体有 A3、A4、A5 幅面。

（2）打印速度：是指打印机每分钟可打印多少页。一般分为彩色文稿打印速度和黑白文稿打印速度，单位为 ppm 或者"页/分"。评价一台打印机是否优劣，不仅要看打印图像的品质，还要看它是否有良好的打印速度。打印速度还与打印时设定的分辨率有直接的关系，打印分辨率越高，打印速度也就越慢。通常打印速度的测试标准为 A4 标准打印纸，300dpi 分辨率，5%覆盖率。

（3）打印分辨率：打印机分辨率又称为输出分辨率，是指在打印输出时横向和纵向两个方向上每英寸最多能够打印的点数，通常以"点/英寸"即 dpi（Dot Per Inch）表示。喷墨打印机在纵向和横向两个方向上的输出分辨率相差很大，一般情况下我们所说的喷墨打印机分辨率就是指横向喷墨表现力。如 800×600dpi，其中 800 表示打印幅面上横向方向显示的点数，600 则表示纵向方向显示的点数。分辨率不仅与显示打印幅面的尺寸有关，还要受打印点距和打印尺寸等因素的影响，打印尺寸相同，点距越小，分辨率越高。

市场上常见的喷墨打印机品牌有，爱普生（Epson）、佳能（Canon）、惠普（HP）、联想（Lenovo）、索尼（Sony）、三星（Samsung）、戴尔（Dell）、利盟（Lexmark）、富士施乐、明基（BenQ）等。

4. 3D 打印机

3D 打印机，即快速成形技术的一种机器，它是以一种数字模型文件为基础，运用粉末状金属或塑料等可黏合材料，通过逐层打印的方式来构造物体的技术。这种技术的特点在于其几乎可以造出任何形状的物品。

3D 打印与激光成型技术一样，采用了分层加工、叠加成型来完成 3D 实体打印。每一层的打印过程分为两步，首先在需要成型的区域喷洒一层特殊胶水，胶水液滴本身很小，且不易扩散。然后是喷洒一层均匀的粉末，粉末遇到胶水会迅速固化黏结，而没有胶水的区域仍保持松散状态。这样在一层胶水一层粉末的交替下，实体模型将会被"打印"成型，打印完毕后只要扫除松散的粉末即可"刨"出模型，而剩余粉末还可循环利用，如图 3.33 所示。

 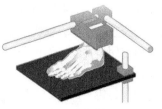

　（a）实物模型　　　　　　　　（b）分层加工　　　　　　　　（c）最后成型

图 3.33　3D 打印机分层打印过程

打印机打出的截面的厚度（即 Z 方向）以及平面方向（即 X-Y 方向）的分辨率是以 dpi（像素每英寸）或者微米来计算的。一般的厚度为 100 微米，即 0.1 毫米，也有部分打印机如 Objet Connex 系列还有三维 Systems Projet 系列可以打印出 16 微米薄的一层。

图 3.34 实物

下面用实例简单说明 3D 打印机打印模型（如图 3.34 所示）底部第 1 层的工作过程。

（1）使用喷墨喷嘴直接喷射模型材料和支撑材料以兼做第 1 层模型，如图 3.35（a）所示；

（2）向粉末材料需要造型的部分喷射黏合剂以及黏合粉末，如图 3.35（b）所示；

（3）利用内置加热器的可动式喷嘴喷射热可塑性树脂，使材料硬化，如图 3.35（c）所示。

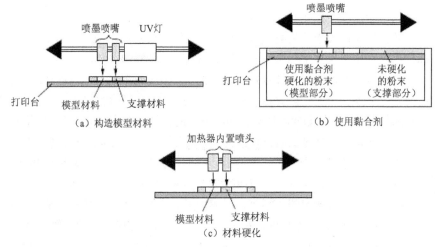

图 3.35　图 3.34 实物模型第一层打印的工作过程

3D 打印机可以应用在任何行业中，只要这些行业需要模型和原型。需求量较大的行业有政府、航天、国防、医疗设备、高科技、教育业以及制造业。

大多数桌面级 3D 打印机的售价在 2 万元人民币左右，它使用材料的价格便宜的有几百元一千克，最贵的要 4 万元左右一千克。一些复杂铸件的生产周期需要 10 天左右，因此，若生产同样精度的产品，同传统的大规模工业生产相比，没有成本上的优势，尤其是时间成本和规模成本。

3D 打印机的主要品牌有朗信 LXMaker 3D、Ultimaker 3D、Makerbot 3D 等。

5. 家用多功能一体机

大多数多功能一体机是从两个方向发展起来，第一种是以打印机为主体，进行功能扩展，配备扫描仪，从而实现打印、扫描、复印功能集于一体。这类一体机打印质量、打印速度非常突出，又被称为多功能打印机。另一种则是从传真机发展而来的，传统传真机的扫描和打印功能无法单独使用，将它们分开独立使用，就成了多功能的一体机。

目前家用多功能一体机分别有传真、复印二合一一体机；打印、复印、扫描三合一一体机；打印、复印、扫描、传真四合一一体机，按照其工作原理的不同可分为喷墨的、激光的、热敏和热转印的一体机。如图 3.36 所示。

图 3.36　HP/惠普 M1136 黑白激光多功能一体机

现在市面上的一体机品牌分别有：惠普、佳能、爱普生、三星、施乐、联想、兄弟、松下。

3.8　外存储器

计算机传统的外存储器是硬盘（Hard Disk Drive，HDD）、各种光盘、U 盘和存储卡等，为大容量信息存储提供了更多的选择。

3.8.1　硬盘存储器

几十年来，硬盘存储器一直是计算机最重要的外存储器。由于微电子、材料、机械等领域的先进技术不断地应用到新型硬盘中，硬盘的性能不断提高，其容量每过几个月就能翻一番。下面介绍硬盘的组成、原理、与主机的接口和主要性能指标等内容。

1. 组成与原理

硬盘存储器由磁盘盘片（存储介质）、主轴与主轴电机、移动臂、磁头和控制电路等组成，它们全部密封于一个盒状装置内（如图 3.37、图 3.38 所示），这就是通常所说的硬盘。

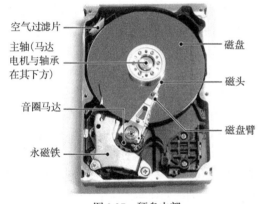

图 3.37　硬盘内部

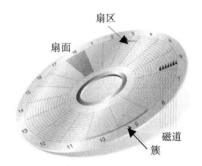

图 3.38　磁道、扇区和簇

硬盘的盘片由铝合金或玻璃材料制成，盘片的上下两面都涂有一层很薄的磁性材料，通过磁性材料粒子的磁化来记录数据。磁性材料粒子有两种不同的磁化方向，分别用来表示记录的是 "0" 和 "1"。盘片表面由外向里分成许多同心圆，每个圆称为一个磁道，盘面上一般都有几千个磁道，每条磁道还要分成几千个扇区，每扇区的容量一般为 512 字节或 4 KB（容量超过 2TB 的硬盘）。盘片两侧各有一个磁头，两面都可记录数据。如图 3.39 所示。

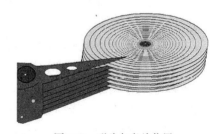

图 3.39　磁头与盘片位置

通常，一块硬盘由 1～5 张盘片（1 张盘片也称为 1 个单碟）组成，所有盘片上相同半径处的一组磁道称为"柱面"。所以，硬盘上的数据需要使用 3 个参数来定位——柱面号、扇区号和磁头号。硬盘中的所有单碟都固定在主轴上。主轴底部有一个电机，当硬盘工作时，电机带动主轴，主轴带动盘片高速旋转，其速度为每分钟几千转甚至上万转。盘片高速旋转时带动的气流将盘片两侧的磁头托起。磁头是一个质量很轻的薄膜组件，它负责盘片上数据的写入或读出。移动臂用来固定磁头，并带动磁头沿着盘片的径向高速移动，以便定位到指定的磁道。

由于盘片转动速度特别快，信息记录密度很高，磁头悬浮在高速转动的盘片两侧，距离很小（大约 0.01μm），又不能与盘片接触，这就要求硬盘在无灰尘、无污染的环境中工作。因此，硬盘的盘片、磁头、驱动机构及其控制电路等全部密封在一起构成一个密封的组合件。

磁盘盘片的直径有 3.5 英寸、2.5 英寸和 1.8 英寸等，有些甚至更小。3.5 英寸和 2.5 英寸的硬盘用于台式 PC，微型硬盘用于笔记本电脑、数码摄像机、MP3 和 MP4 播放器等设备。

硬盘上的数据读写速度与机械运动有关，因此完成一次读写操作较慢，大约需要 10 ms。为此，硬盘通过将数据暂存在一个比其速度快得多的缓冲区中来加快它与主机交换数据的速度，这个缓冲区就是硬盘的高速缓存（Cache）。硬盘的高速缓存由 DRAM 芯片构成。在读硬盘中的数据时，磁盘控制器先检查所需数据是否在缓存中，如果在的话就由缓存送出所需的数据，这样就不必访问硬盘了，只有当缓存中没有该数据时，才向硬盘查找并读出数据。由于 DRAM 的速度比磁介质快很多，因此也就加快了数据传输的速度。

硬盘与主机的接口是主机与硬盘驱动器之间的信息传输通道。PC 使用的硬盘接口多年来大多采用 IDE 接口，也称为并行 ATA 接口（PATA），如 Ultra ATA100 或 Ultra ATA133 接口，传输速率分别为 100 MB/s 和 133 MB/s。这几年流行的是一种串行 ATA（简称 SATA）接口，它以高速串行的方式传输数据，其传输速率高达 150 MB/s（SATA 1.0）、300 MB/s（SATA 2.0）或 600 MB/s（SATA 3.0）。由于它是串行传输，大大缩减了线缆数目，有利机箱内散热，目前已被广泛使用。还有一种 eSATA 接口，它是 SATA 接口的外置形式，用来连接移动硬盘，传输速率可达 300 MB/s，是 USB 2.0 接口速率的两倍。

2. 主要性能指标

衡量硬盘存储器性能的主要技术指标有以下几个。

（1）容量。硬盘的存储容量以千兆字节（GB）为单位，目前 PC 硬盘单碟容量大多在 500 GB 以上，硬盘中的存储碟片一般有 1～4 片，其存储容量为所有单碟容量之和。作为 PC 的外存储器，硬盘容量自然是越大越好。

（2）平均存取时间。硬盘存储器的平均存取时间由硬盘的旋转速度（PC 硬盘大多为每分钟 15 000 转、10 000 转或 7200 转）、磁头的寻道时间和数据的传输速率所决定。硬盘旋转速度越高，磁头移动到数据所在磁道越快，对于缩短数据存取时间越有利。目前这两部分时间大约在几毫秒至几十毫秒之间，如西部数据"猛禽 Raptor/74G/10000 转/16M/串口（WD740ADFD）"的平均寻道时间为 4.6ms。

（3）缓存容量。高速缓冲存储器能有效地改善硬盘的数据传输性能，理论上讲 Cache 是越快越好、越大越好。目前硬盘的缓存容量大多已达到 8MB 以上。

（4）数据传输速率。数据传输速率分为外部传输速率和内部传输速率。外部传输速率（接口传输速率）指主机从（向）硬盘缓存读出（写入）数据的速度，它与采用的接口类型有关，现在采用的 SATA 接口一般为 150～300 MB/s。内部传输速率指硬盘在盘片上读写数据的速度，通常远小于外部传输速率。一般而言，当单碟容量相同时，转速越高内部传输速率也越快。

总之，在选购硬盘时，存储容量、平均存取时间、缓存大小、内部传输速率、接口类型等都是需要考虑的因素。

3. 移动硬盘

除了固定安装在机箱中的硬盘之外，还有一类硬盘产品，它们的体积小，重量轻，采用 USB 接口或者 eSATA 接口，可随时插入计算机或从计算机上拔下，非常方便携带和使用，称为"移动硬盘"。

移动硬盘通常采用微型硬盘加上特制的配套硬盘盒构成。一些超薄型的移动硬盘，厚度仅 1 厘米多，比手掌还小一些，重量只有 200～300g，存储容量可以达到 500GB 甚至更高。硬盘盒中的微型硬盘噪声小，工作环境安静。

移动硬盘的优点如下。

（1）容量大。非常适合携带大型图库、数据库、音像库、软件库的需要。

（2）兼容性好，即插即用。由于采用了 PC 的主流接口 USB 或 IEEE - 1394，因此移动硬盘可以与各种计算机连接。而且在 Windows 7 操作系统中不用安装驱动程序，即插即用，并支持热插拔（注意，需要在停止其工作之后）。

（3）速度快。USB 2.0 接口传输速率是 60MB/s，eSATA 接口的传输速率高达 150MB/s～300 MB/s，与主机交换数据时，读写一个 GB 数量级的大型文件只需要几分钟就可完成，特别适合于视频和音频数据的存储与交换。

（4）体积小，重量轻。USB 移动硬盘体积仅手掌般大小，重量只有 200g 左右，无论放在包中还是口袋内都十分轻巧方便。

（5）安全可靠。具有防震性能，在剧烈震动的情况下盘片会自动停转，并将磁头复位到安全区，防止盘片损坏。

4. 使用硬盘的注意事项

硬盘的正确使用和日常维护非常重要，否则会出现故障或缩短使用寿命，甚至殃及所存储的信息，给工作带来不可挽回的损失。硬盘使用中应注意以下问题。

（1）硬盘正在读写时不能关掉电源，因为当硬盘高速旋转时，断电将导致磁头与盘片猛烈摩擦，从而损坏硬盘。

（2）保持使用环境的清洁卫生，注意防尘；控制环境温湿度，防止高温、潮湿和磁场对硬盘的影响。

（3）防止硬盘受震动。硬盘在进行读写操作时，一旦发生较大的震动，就可能造成磁头与盘片相撞，导致盘片数据区损坏（划盘），丢失硬盘内的文件信息。因此在工作时严禁搬运硬盘。

（4）及时对硬盘进行整理，包括目录的整理、文件的清理、磁盘碎片整理等。

（5）防止计算机病毒对硬盘的破坏，对硬盘定期进行病毒检测和数据备份。

5. 品牌

市场上最为常见的 3.5 英寸硬盘有希捷（Seagate）、西部数据（Western Digital）、三星（Samsung）、日立（Hitachi）等。

市场上最为常见的 2.5 英寸硬盘有三星（Samsung）、日立（Hitachi）、希捷（Seagate）、东芝（Toshiba）等。

查看计算机硬盘信息的方法如下。

（1）在 Windows 7 操作系统下有 2 种方式，使用鼠标右键点击桌面上【计算机】→【属性】→【设备管理器】→【磁盘驱动器】。

（2）在 CMOS 里面，开机→按<F2>或<Del>键（或其他进入方法）进入 CMOS→在第一项里就可以查到 HDD 的型号。

（3）查看硬盘正面标签。

也可以使用一些测试软件（如 HD Tune Pro 硬盘检测工具）查看。

3.8.2　U 盘、存储卡和固态硬盘

1. U 盘和存储卡

目前广泛使用的移动存储器除了移动硬盘之外，还有 U 盘（又称为优盘、闪存盘）和存储卡两种，如图 3.40 所示。

（a）U 盘　　　　　　　　（b）数码相机存储卡　　　　　　　（c）金士顿 SD 卡

图 3.40　U 盘和存储卡

U 盘和存储卡都是采用闪烁存储器（Flash Memory，简称闪存）做成的。闪烁存储器也是一种半导体集成电路存储器，其存储单元的工作原理基于隧道效应，即使断电后也能永久保存其中的信息。基于闪存的 U 盘和存储卡都被认为是一种固态存储设备，它们没有机械移动部件，信息存取速度比较快，工作时无噪音，尺寸更小、更轻便。

U 盘采用 USB 接口，它几乎可以与所有计算机连接。U 盘的容量可以从几百 MB 到几十 GB，有些容量还更大。它能安全可靠地保存数据，使用寿命长达数年之久。U 盘还可以模拟光驱和硬盘启动操作系统。当 Windows 操作系统受到病毒感染时，优盘可以同光盘一样起着引导操作系统启动的作用。

存储卡是闪存做成的另一种固态存储器，形状为扁平的长方形或正方形，可插拔。现在存储卡的种类较多，如 SD 卡（包括 Mini SD 卡和 Micro SD 卡）、CF 卡、 Memory Stick 卡（MS 卡）和 MMC 卡等，它们具有与 U 盘相同的多种优点，但只有配置了读卡器的 PC 才能对这些存储卡进行读写操作。

市场上常见的 U 盘品牌有金士顿（Kingston）、闪迪（SanDisk）、台电（Teclast）、必恩威（Pny）、东芝（Toshiba）、威刚（Adata）、惠普（HP）、飚王（SSK）、爱国者（Aigo）、朗科（Netac）等。

市场上常见的存储卡品牌有金士顿（Kingston）、闪迪（SanDisk）、索尼（Sony）、三星（Samsung）、威刚（Adata）、宇瞻（Apacer）等。

2. 固态硬盘

固态硬盘（Solid State Disk，SSD）是用固态电子存储芯片（主要是 NAND 型闪存储器）阵列而制成的硬盘，由控制单元和存储单元（FLASH 芯片、DRAM 芯片）组成，如图 3.41 所示。固态硬盘的接口规范和定义、功能及使用方法上与普通硬盘完全相同，在产品外形和尺寸上也完全与普通硬盘一致。广泛应用于军事、车载、工控、视频监控、网络监控、网络终端、电力、医疗、航空、导航设备等领域。

图 3.41　固态硬盘

市面上比较常见的固态硬盘有 LSISandForce、Indilinx、JMicron、Marvell、Goldendisk、Samsung以及 Intel 等多种主控芯片。主控芯片是固态硬盘的大脑，其作用一是合理调配数据在各个闪存芯

片上的负荷；二是承担了整个数据中转，连接闪存芯片和外部 SATA 接口。不同的主控芯片之间能力相差非常大，在数据处理能力和算法上，对闪存芯片的读取写入控制上会有非常大的不同，直接会导致固态硬盘产品在性能上差距高达数十倍。固态硬盘的主要优点如下。

（1）读写速度快：固态硬盘不用磁头，寻道时间几乎为 0。而最常见的 7200 转机械硬盘的寻道时间一般为 12～14ms，而固态硬盘可以轻易达到 0.1ms 甚至更低。

（2）防震抗摔性：因为 SSD 固态硬盘内部不存在任何机械部件，这样即使在高速移动甚至伴随翻转倾斜的情况下也不会影响到正常使用，而且在发生碰撞和震荡时能够将数据丢失的可能性降到最小。

（3）低功耗：固态硬盘在功耗上低于传统硬盘。

（4）无噪声、发热量小、散热快。

（5）工作温度范围大：典型的硬盘驱动器只能在 5℃～55℃范围内工作。而大多数固态硬盘可在-10℃～70℃工作。

（6）轻便：与常规 1.8 英寸硬盘相比，重量轻，只有 20～30g。

固态硬盘也有些不尽如意之处，具体表现如下。

（1）容量小：固态硬盘最大容量仅为 1.6TB。

（2）寿命限制：固态硬盘闪存具有擦写次数限制的问题，如 34nm 的闪存芯片寿命约是 5000 次 P/E（完全擦写一次叫作 1 次 P/E），而 25nm 的寿命约是 3000 次 P/E（普通用户正常使用，即使每天写入 50G，平均 2 天完成一次 P/E，3000 个 P/E 能用 20 年）。

（3）售价高：固态硬盘产品的价格要比传统机械硬盘价格高出数倍。

目前市场上的个人 PC 开始使用固态硬盘与硬盘相结合的方式（如华硕 S400E3317CA），这样可以实现迅速启动或切换一些应用程序。

3.8.3　光盘存储器

自 20 世纪 70 年代初光存储技术诞生以来，光盘存储器获得迅速发展，形成了 CD、DVD 和 BD 三代光盘存储器产品。

光盘存储器成本不高，容量较大，还具有很高的可靠性，不容易损坏，在正常情况下是非常耐用的。这是由于光盘的读出头离盘面有几毫米距离，这比磁头与磁盘表面的距离至少大 1000 倍，因此光盘不易划破。即使盘面有指纹或灰尘存在，数据仍然可以读出。光盘的表面介质也不易受温湿度的影响，便于长期保存。光盘存储器的缺点是读出速度和数据传输速度比硬盘慢得多。

1. 光盘存储器的结构与原理

光盘存储器由光盘片和光盘驱动器两个部分组成。光盘片用于存储数据，其基片是一种耐热的有机玻璃，直径大多为 120 mm（约 5 英寸），用于记录数据的是一条由里向外的连续的螺旋状光道。光盘存储数据的原理与磁盘不同，它通过在盘面上压制凹坑的方法来记录信息，凹坑的边缘处表示"1"，而凹坑内和凹坑外的平坦部分表示"0"，信息的读出需要使用激光进行分辨和识别。

光盘驱动器简称光驱，用于带动盘片旋转并读出盘片上的（或向盘片上刻录）数据，其性能指标之一是数据的传输速率。光驱与主机的接口大多为 IDE 接口或 SATA 接口，也可以使用 USB 接口与主机连接。

2. 光驱的类型

光盘存储器技术发展很快，近十多年时间中，就开发出许多不同的产品类型。目前，光盘驱动器按其信息读写能力分成只读光驱和光盘刻录机两大类型，按其可处理的光盘片类型又进一步分成 CD 只读光驱和 CD 刻录机（使用红外激光）、DVD 只读光驱和 DVD 刻录机（使用红色激光）、DVD 只读光驱与 CD 刻录机组合在一起的组合光驱（所谓的"康宝"）以及最新的大容量蓝色激光光驱 BD。

（1）CD 只读光驱（CD-ROM）。它只能读出 CD 光盘上的信息，不能抹除也不能再在光盘上写入信息。每张 CD 盘片的存储容量大约为 600～700 MB。CD 光盘驱动器的性能指标之一是数据的传输（读出）速率，它以第 1 代 CD-ROM 驱动器的速率（150 KB/s）为单位，目前主流产品的速率多在 50 倍速（7.5 MB/s）以上。

（2）DVD 只读光驱（DVD-ROM）。DVD 不仅用作计算机的外存储器，而且也是一种家用数字音像设备。DVD 只读光驱具有向下兼容性，它既能读 CD 光盘又能读 DVD 光盘，但不能在光盘上写入信息。

（3）CD 光盘刻录机。CD 光盘刻录机的功能比 CD 只读光驱强得多，它不仅可以读出 CD 光盘上的信息，还可以在 CD 光盘上写入信息，甚至对已写入的信息进行擦除和改写。

（4）DVD 光盘刻录机。与 CD 光盘刻录机类似，它能对 DVD 光盘进行信息读出和信息写入，而且还兼容 CD 光盘的读写。但 DVD 光盘刻录机的规格国际上并没有完全统一，它有 3 类共 5 种（DVD-RAM；DVD-R 和 DVD-RW；DVD+R 和 DVD+RW）。

（5）组合光驱（CD-RW/DVD-ROM COMBO），它既有 DVD 只读光驱的功能，可以读出 CD 和 DVD 盘片，又有 CD 光盘刻录机的功能，可以刻录 CD-R 和 CD-RW 盘片，在 PC 中也已经得到普遍使用。

（6）蓝光光驱（BD）。DVD 驱动器的光头是发出红色激光（波长为 650 nm）来读取或写入信息的，而蓝光光驱则利用波长更短（405 nm）的蓝色激光在光盘上读写信息。波长越短的激光，能够在单位面积上记录或读取更多的信息，因此，蓝光极大地提高了光盘的存储容量。目前，一张蓝光盘的存储容量可达 25GB，是现有单面单层 DVD 盘容量的 5 倍。蓝光光驱也有只读蓝光光驱（BD-ROM 光驱）和蓝光刻录机（BD 刻录机）之分，它们都可以兼容此前出现的 CD 和 DVD 光盘产品。

3. 光盘片的类型

光盘片是光盘存储器的信息存储载体，按其存储容量目前主要有 CD 盘片、DVD 盘片和蓝色激光 BD 盘片 3 大类，按其信息读写特性又可进一步分成只读盘片、一次可写盘片和可擦写盘片 3 种。

（1）CD 光盘片。CD 光盘片最早用来存储高保真数字立体声音乐（称为 CD 唱片），后来开始作为计算机的外存储器使用，它有只读（CD-ROM 盘）、可写一次（CD-R 盘）和可多次读写（CD-RW 盘）三种类型。

市场上那些已经在盘片上压制了软件或视听节目的成品 CD 盘是不能再添加或改写信息的，它们属于只读光盘。

使用光盘刻录机可以将信息写入 CD-R 光盘，但写过后只能读出信息不能擦除和修改。CD-RW 也叫可擦写盘片，在这种盘片上写入的信息可以多次改写，擦写次数可达几百次甚至上千次之多。

（2）DVD 光盘片。DVD 盘片与 CD 盘片的大小相同，但它有单面单层、单面双层、双面单层和双面双层共 4 个品种。DVD 的道间距比 CD 盘小一半，且信息凹坑更加密集，它利用聚焦更细（1.08 pm）的红色激光进行信息的读取，因而盘片的存储容量大大提高。表 3.3 所示为各种不同 DVD 光盘的存储容量及其名称。

表 3.3　　　　　　　　　　各种不同 DVD 光盘的存储容量

DVD 光盘类型	120mm DVD 存储容量（名称）	80mm DVD 存储容量（名称）
单面单层（SS/SL）	4.7GB（DVD-5）	1.46GB（DVD-1）
单面双层（SS/DL）	8.5GB（DVD-9）	2.66GB（DVD-2）
双面单层（DS/SL）	9.4GB（DVD-10）	2.92GB（DVD-3）
双面双层（DS/DL）	17GB（DVD-18）	5.32GB（DVD-4）

　　DVD 盘的每一面有一个或两个记录层。双层盘实际上是将两片盘重叠在一起，表面层是半透明半反射层，透过它可以读取隐藏层的数据。激光头在读不同记录层的数据时，其焦点会自动进行调整。

　　与 CD 光盘片一样，可刻录信息的 DVD 光盘片也分成一次性记录光盘（DVD-R 或 DVD+R）和可复写光盘（DVD-RAM、DVD-RW 或 DVD+RW）两大类。需要说明的是，可刻录 DVD 光盘片的规格国际上并没有完全统一，用户在购买 DVD 刻录光盘片时务必选择适合自己刻录机可刻录格式的盘片，否则将不能顺利工作。

　　（3）蓝光光盘。蓝光光盘（Blue-ray Disc，BD）是索尼、飞利浦、松下等公司设计和开发而成的，是目前最先进的大容量光盘片，单层盘片的存储容量为 25GB，双层盘片的容量为 50 GB，是全高清晰度影片的理想存储介质。飞利浦的蓝光光盘还采用高级真空连接技术，形成约 100um 厚度的一个安全层，以保护光盘上的数据记录，使它能经受住频繁的使用、触摸、划痕和污垢，确保蓝光光盘的存储质量和数据安全。与 DVD 盘片一样，BD 盘片也有 BD-ROM、BD-R 和 BD-RW 之分，它们分别适用于只读、单次刻录和多次刻录 3 种不同的应用。

习　题　3

一、选择题

1. 以下关于 CPU 的说法中错误的是（　　　）。
   - （A）CPU 是计算机的核心部件，计算机的性能在很大程度上由 CPU 决定
   - （B）CPU 的性能主要由字长和主频等因素决定，其中一台 Pentium4/2.0GHz 的 PC，它的速度应当正好是 Pentium4/1.0GHz PC 速度的 2 倍
   - （C）为缓解 CPU 与内存之间的速度差异，在计算机系统中增加了 Cache 存储器
   - （D）为加快指令处理速度，CPU 在执行当前指令的同时，可使用指令预取部件提前向主存或缓存取出一些准备要执行的指令

2. 下面关于 BIOS 的说法中错误的是（　　　）。
   - （A）BIOS 是存放在主板 ROM 芯片中的一组机器语言程序
   - （B）BIOS 主要包含 4 个部分的程序：POST 程序、系统自检程序、CMOS 设置程序和所有外围设备的驱动程序
   - （C）BIOS 具有启动计算机工作、诊断计算机故障及控制低级输入/输出操作的功能
   - （D）不同的 BIOS 在 PC 执行自检程序之前，规定用户启动 CMOS 设置程序的热键可能不同

3. 下面关于 ROM、RAM 的叙述中，正确的是（　　　）。

（A）ROM 是只读存储器，只能读不能写，所以其内容永远无法修改

（B）ROM 芯片掉电后，存放在芯片中的内容不会丢失，它内部有一块小电池在断电后供电

（C）RAM 是随机存取存储器，既能读又能写，但它的速度比 CPU 慢得多

（D）RAM 芯片掉电后，存放在芯片中的内容会在下次启动计算机时恢复

4. 存储器的存取时间是内存的一个重要指标，它是指（　　　　）。

（A）在存储器地址被选定后，存储器读出数据并送到 CPU 所需要的时间

（B）从选定存储器地址到从存储器读出数据并送入 CPU 所需要的时间

（C）在存储器地址被选定后，存储器读出数据并送到 CPU 以及把 CPU 数据写入存储器一共所需要的时间

（D）存储器存取时间的单位是毫秒，一般为几十毫秒

5. 下列叙述中，正确是（　　　　）。

（A）硬盘和 U 盘可永久保存信息，它们是计算机的主存储器

（B）内存储器可与 CPU 直接交换信息，与外存储器相比存取速度慢，但价格便宜

（C）RAM 和 ROM 在断电后都不能保存信息

（D）内存储器与 CPU 直接交换信息，与外存储器相比存取速度快，但价格贵

6. 一组连接计算机各部件的公共通信线路称为总线，它由（　　　　）组成。

（A）地址线和数据　　　　　　　　　（B）地址线和控制线

（C）数据线和控制线　　　　　　　　（D）地址线、数据线和控制线

7. 目前微机常用的 I/O 接口有多种，下面列出的 4 个缩写名中不属于描述 I/O 接口的是（　　　　）。

（A）SATA　　　　（B）VGA　　　　（C）IEEE 1394　　　　（D）RS-485

8. 关于指令的内容，下面说法中正确的是（　　　　）。

（A）指令是构成程序的基本单位，它用来规定计算机执行什么操作

（B）指令由操作码和操作数两个部分组成

（C）指令的执行过程构成了一个读取—译码—保存周期，称为机器周期

（D）不同公司生产的 CPU 各有自己的指令系统互相兼容

9. 为了读取硬盘存储器上的信息，必须对硬盘盘片上的信息进行定位，在定位一个物理记录块时，以下参数中不需要的是（　　　　）。

（A）柱面（磁道）号　　　　　　　　（B）盘片（磁头）号

（C）簇号　　　　　　　　　　　　　（D）扇区号

10. 在微机中，外存储器中的信息必须首先调入到哪里后然后才能供 CPU 使用？（　　　　）。

（A）内存储器　　　（B）运算器　　　（C）计算机系统　　　（D）主机

11. 下列关于打印机的说法，正确的是（　　　　）。

（A）24 针打印机是指打印机的打印头安装了 24 根针，只能打印 24×24 点阵的汉字

（B）喷墨打印机是一种非击打式输出设备，它的优点是能输出彩色图像，经济，低噪声，打印效果好

（C）针式打印机打印速度慢、质量低，目前已经完全被淘汰

（D）激光打印机是将激光扫描技术和电子照相技术相结合的打印输出设备，能够打印 3D 物品

12. 下面关于外存储器的说法，错误的是（　　　　）。

（A）固态硬盘和移动硬盘的工作原理是基本相同的

（B）容量、平均存取时间、缓存容量和数据传输速率是硬盘存储器的重要技术指标

（C）硬盘、U 盘、光盘三者中硬盘的容量相对比较大

（D）光盘存储器由光盘片和光盘驱动器两个部分组成，光驱与主机的接口多为 IDE
接口或 SATA 接口，也可以使用 USB 接口

二、填空题

1．冯·诺依曼计算机主要由_____、_____、存储器、输入设备、输出设备 5 部分组成。

2．前端总线频率为 800MHz，字长为 64 位的 CPU，其数据传输最大带宽是_____。

3．在目前的 PC 系统中，BIOS 是一组机器语言程序，它是计算机硬件与软件之间的接口，
也是操作系统的基础成分。BIOS 存储在 PC 的_____中。

4．存储器按照存取速度依次包括寄存器、_____、主存储器、外存储器和后备存储器。

5．USB 是一种可以连接多个设备的总线式串行接口，采用即插即用的方式，最多能连接
_____个设备。

6．计算机使用的显示器主要有两类，CRT 显示器和_____。

7．_____是扫描仪的重要性能指标，它反映了扫描仪扫描图像的清晰程度，用纵向和横向
每英寸的像素数目（dpi）来表示。

8．光盘片是光盘存储器的信息存储载体，按其存储容量目前主要有 CD 盘片、_____和蓝
色激光 BD 盘片 3 大类。

三、简答题

1．简述程序在计算机中的执行过程。

2．在购买计算机的时候要注意哪些性能参数？请查阅资料给出一台计算机的具体型号及性能
参数。

3．常用的存储器种类有哪些？

4．独立显卡和集成显卡有什么区别？

5．简述针式打印机、喷墨打印机和激光打印机 3 者的优缺点。

6．比较硬盘、移动硬盘、优盘的优缺点。

第4章
计算机软件子系统

软件（Software）是计算机的灵魂，没有软件，计算机的存在就毫无价值。没有配备任何软件的计算机向用户提供的界面只是机器指令，只有配备一定的软件，用户才能通过软件与计算机进行交流，软件是计算机系统设计的重要依据。

4.1　计算机软件概述

4.1.1　什么是计算机软件

软件是一个发展的概念，早期软件和程序（Computer Program）几乎是同义词，后来，软件的概念在程序的基础上得到了延伸。1983 年，IEEE 对软件给出了一个较为全面的定义："软件是计算机程序、方法、规范及其相应的文档以及在计算机上运行时所必需的数据。"

1. 程序

程序是告诉计算机做什么和如何做的一组指令（语句），这些指令（语句）都是计算机所能够理解并能执行的一些命令。它具有下述特点。

（1）完成某一特定的信息处理任务。

（2）使用某种计算机语言描述如何完成该任务。

（3）存储在计算机中，并在启动运行（被 CPU 执行）后才能起作用。

计算机的灵活性和通用性表现在两个方面：一方面，它通过执行不同的程序来完成不同的任务，如图 4.1 所示；另一方面，即使执行同一个程序，当输入数据不同时输出结果也不一样，如图 4.2 所示。因此，程序通常不是专门为解决某一个特定问题而设计的，而是为了解决某一类问题而设计开发的。

图 4.1　不同程序完成不同的任务

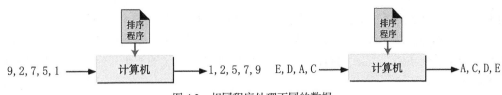

图 4.2　相同程序处理不同的数据

程序所处理的对象和处理后所得到的结果统称为数据，分别称为输入和输出数据。程序必须处理合理、正确的数据，否则不会产生有意义的输出结果。

2. 软件

软件的含义比程序更宏观、更物化一些。一般情况下，软件往往指的是设计比较成熟、功能比较完善、具有某种使用价值的程序。而且，人们常常把程序、与程序相关的数据和文档统称为软件。其中，程序当然是软件的主体，单独的数据或文档一般不认为是软件；数据指的是程序运行过程中需要处理的对象和必须使用的一些参数（如三角函数表、英汉词典等）；文档是指用自然语言或形式化语言所编写的用来描述程序的内容、组成、设计、功能规格、开发情况、测试数据和使用方法等的文字资料和图表。通过文档人们可以清楚地了解程序的功能、结构、运行环境、使用方法，从而方便人们使用软件、维护软件。通常，软件（特别是商品软件和大型软件）必须有完整、规范的文档作为支持。

3. 软件与程序的区别

软件是结果，程序是过程，也就是说软件是包含程序的有机集合体，程序是软件的必要元素。任何软件都有至少一个可运行的程序。例如，操作系统提供的工具软件，这些工具软件很多都只有一个可运行程序，而 Office 是一个办公软件包，因此它包含了很多可运行程序。软件是程序以及开发、使用和维护所需要的所有文档的总称，而程序只是软件的一部分。

其实软件和程序本质上是相同的。因此，在不会发生混淆的场合下，软件和程序两个名称经常可互换使用，并不严格加以区分。至于"软件产品"，则是软件开发厂商交付给用户用于特定用途的一整套程序、数据及相关的文档（一般是安装和使用手册），它们以光盘或磁盘作为载体，也可以免费或经过授权后从网上下载。

软件是智力活动的成果。作为知识作品，它与书籍、论文、音乐、电影一样受到知识产权（版权）法的保护。版权是授予软件作者某种独占权利的一种合法的保护形式，版权所有者唯一地享有该软件的复制、发布、修改、署名、出售等诸多权利。购买了一个软件之后，用户仅仅得到了该软件的使用权，并没有获得它的版权，因此随意进行软件复制和分发都是违法行为。

设立知识产权法的目的是为了确保脑力劳动受到奖励并鼓励发明创造。软件人员、发明家、科学家、作家、编辑、导演和音乐家等依靠他们在思想、观点和表达上的创新而获取收入。保护其权益就能充分发挥他们的创造能力，社会最终也将从他们的成果中受益。

4.1.2　软件的特性

在计算机软件系统中，软件是无形的，它具有许多特性。

（1）不可见性。软件是原理、规则、方法的体现，它不能被人们直接观察和触摸。程序和数据以二进位编码形式表示并通过电、磁或光的机理进行存储，人们能看到的只是它的物理载体，而不是软件本身。它的价值也不是以物理载体的成本来衡量的。

（2）适用性。一个成功的软件往往不是只满足特定应用的需要，而是可以适应一类应用问题的需要。例如，微软公司的文字处理软件 Word，它不仅可以协助用户撰写书稿、论文、简历，而且可以用来写作备忘录、网页、邮件等各种类型的文档，不但可以处理英文和中文，而且可以处理其他多国文字的文档。因此，软件在研发过程中需要进行大量的调研和分析，尽最大努力满足用户的需求。

（3）依附性。软件要依附于一定的环境，这种环境是由特定的计算机硬件、网络和其他软件组成的。没有一定的环境，软件就无法正常运行，甚至根本不能运行。例如，在 PC 上极有价值的一些软件，在平板电脑上可能毫无用处，即使在同一台计算机上，系统升级或重新配置以后，也可能变的无法运行。

（4）复杂性。正是因为软件本身不可见，功能上又要具有良好的适用性，再加上在软件设计和开发时还要考虑它对运行环境多样性和易变性的适应能力，因此，现今的任何一个商品软件几乎都相当复杂。不仅在功能上要满足应用的要求，而且响应速度要快，操作使用要灵活方便，工作要可靠安全，对运行环境的要求很低，还要易于安装、维护、升级和卸载等，所有这些都使得软件的规模越来越大，结构越来越复杂，开发成本也越来越高。当今软件产品一般都是由软件公司组织许多软件人员按照工程的方法开发并经过严格的测试后完成的。

（5）无磨损性。软件在使用过程中不像其他物理产品那样会有损耗或者产生物理老化等现象，理论上只要它所赖以运行的硬件和软件的环境不变，它的功能和性能就不会发生变化，就可以永远使用。当然硬件技术在进步，用户的应用需求不断地发展，多少年一成不变地使用同一个软件的情况极为罕见。

（6）易复制性。软件是以二进位表示，以电、磁、光等形式存储和传输的，因而软件可以非常容易且毫无失真地进行复制，这就使软件的盗版行为很难追迹。软件开发商除了依靠法律保护软件之外，还经常采用各种防复制措施来确保其软件产品的销售量，以收回高额的开发费用并取得利润。

（7）不断演变性。由于计算机技术发展很快，社会又在不断的变革和进步，软件投入和使用后，其功能、运行环境和操作使用方法等通常都处于不断的变化和发展之中。一种软件在有更好的同类软件开发出来之后，它就会遭到淘汰。从软件的开发、使用到它走向消亡，这个过程称为该软件的生命周期。为了延长软件的生命周期，软件在投入使用后，软件人员还要不断地进行修改和完善，使其减少错误，扩充功能，适应不断变化的环境，这就促成了软件版本的升级。许多软件通常一两年就会发布一个新的版本，用户可以通过向软件厂商支付一定的费用来升级和更新原来的软件。

（8）有限责任性。由于软件的正确性无法采用数学方法予以证明，目前还没有人知道怎么才能写出没有任何错误的程序来，因此软件功能是否百分之百正确，它能否在任何情况下稳定运行，软件厂商无法给出承诺。通常，软件包装上会印有如下一段典型的有限保证的声明，例如，"本软件不做任何保证。程序运行的风险由用户自己承担。这个程序可能会有一些错误，你需要自己承担所有服务、维护和纠正软件错误的费用。另外，生产厂商不对软件使用的正确性、精确性、可靠性和通用性做任何承诺"。

（9）脆弱性。随着英特网的普及，计算机之间相互通信和共享资源在给用户带来方便和利益的同时，也给系统的安全和软件的可靠性带来了威胁。例如，黑客攻击、病毒入侵、信息盗用、邮件轰炸等。其原因一方面是因为操作系统和通信协议存在漏洞，另一方面也是由于软件不是刚性的产品，它很容易被修改和破坏，因而使违法和犯罪的行为能够得逞。

4.1.3 软件分类

按照不同的角度和标准，可以将软件分为不同的类型。如果从应用角度出发，通常将软件大致分为系统软件和应用软件两大类；如果按照软件权益的处置方式来分类，则软件可分为商品软件、共享软件和自由软件。

1. 系统软件和应用软件

（1）系统软件

系统软件是指控制和协调计算机及外部设备，支持应用软件开发和运行的系统，是无须用户干预的各种程序的集合。它的主要功能是调度、监控和维护计算机系统，负责管理计算机系统中各种独立的硬件，使得它们可以协调工作。系统软件使得计算机使用者和其他软件将计算机当作一个整体而不需要顾及到底层每个硬件是如何工作的。例如，操作系统（如 Windows、Linux、Mac 等）、程序设计语言系统（如 C++语言编译器等）、数据库管理系统（如 Access、SQL Server、Oracle 等）、常用的实用程序（如磁盘清理程序、备份程序、查杀病毒程序等）都是系统软件。

系统软件的主要特征是：它与计算机硬件有很强的交互性，能对硬件资源进行统一的控制、调度和管理；系统软件具有基础性和支撑作用，它是应用软件的运行平台。在通用计算机（如 PC）中，系统软件是必不可少的。通常在购买计算机时，计算机供应厂商必须提供给用户一些最基本的系统软件，否则计算机无法启动工作。

（2）应用软件

应用软件泛指那些专门用于为最终用户解决各种具体应用问题的软件。由于计算机的通用性和应用的广泛性，应用软件比系统软件更加丰富多样。按照应用软件的开发方式和适用范围，应用软件可再分成通用应用软件和定制应用软件两大类。

① 通用软件。

生活在现代社会，不论是学习还是工作，不论从事何种职业、处于什么岗位，人们都需要阅读、书写、通信、娱乐和查找信息，有时可能还要做讲演、发消息等。所有这些活动都有相应的软件使我们能更方便、更有效地进行。由于这些软件几乎人人都需要使用，所以把它们称为通用软件。

通用软件分为若干类。例如，文字处理软件、电子表格软件、媒体播放软件、网络通信软件、个人信息管理软件、演示软件、图形图像软件、信息检索软件、游戏软件等（见表 4.1）。这些软件设计得很精巧，易学易用，在许多用户几乎不经培训就能普及到计算机应用的进程中，它们起到了很大的作用。

表 4.1　　　　　　　　　　　　　　通用软件的主要类别和功能

类别	功　　能	流行软件举例
文字处理软件	文本编辑、文字处理、桌面排版等	WPS、Word、Adobe、FrontPage 等
电子表格软件	表格设计、数值计算、制表、绘图	Excel 等
图形图像软件	图像处理、几何图形绘制、动画制作等	AutoCAD、Photoshop、3DMAX、Flash 等
媒体播放软件	播放各种数字音频和视频文件	Microsoft Media Player、Real Player 等
网络通信软件	电子邮件、聊天、IP 电话、微博、微信等	Outlook、Express、MSN、QQ、ICQ 等
演示软件	投影片制作与播放	PowerPoint 等
信息检索软件	在因特网中查找需要的信息	百度、Google、天网等
个人信息管理软件	记事本、日程安排、通信录	Notepad、Lotus Notes 等
游戏软件	游戏和娱乐	下棋、扑克、休闲游戏、角色游戏等

② 专用软件。

专用软件是按照不同领域用户的特定应用要求而专门设计开发的。如超市的销售管理和市场预测系统、汽车制造厂的集成制造系统、大学教务管理系统、医院信息管理系统、酒店客房管理系统等。这类软件专用性强，设计和开发成本相对较高，主要是一些机构用户购买，因此价格比通用应用软件贵得多。

必须指出，所有得到广泛使用的应用软件，一般都具有以下的共同特点。

① 它们能替代现实世界已有的工具，而且使用起来比已有工具更方便、有效。

② 它们能完成已有工具很难完成甚至完全不可能完成的任务，扩展了人们的能力。

由于应用软件是在系统软件基础上开发和运行的，而系统软件又有多种，如果每种应用软件都要提供能在不同系统上运行的版本，开发成本将大大增加。因而出现了一类称为"中间件"（Middleware）的软件，它们作为应用软件与各种操作系统之间使用的标准化编程接口和协议，可以起承上启下的作用，使应用软件的开发相对独立于计算机硬件和操作系统，并能在不同的系统上运行，实现相同的应用功能。

2. 商品软件、共享软件和自由软件

如果按照软件权益的处置方式来进行分类，则软件分为商品软件（Business Software），共享软件（Shareware Software）和自由软件（Free Software）。

商品软件的含义不言自明，用户需要付费才能得到其使用权。它除了受版权保护之外，通常还受到软件许可证（License）的保护。例如，版权法规定用户将一个软件复制到多台机器去使用是非法的，但是若同时还购买了相应的多用户许可证，则就允许同时安装在若干台计算机上使用，或者允许所安装的一份软件同时被若干个用户使用。

共享软件是一种"买前免费试用"的具有版权的软件，它通常允许用户试用一段时间，也允许用户进行复制和散发（但不可修改后散发）。如果过了试用期还想继续使用，就得交一笔注册费，成为注册用户才行。这是一种为了节约市场营销费用的有效的软件销售策略。

自由软件的创始人是理查德·斯塔尔曼（Richard Stallman），他于 1984 年启动了开发"类UNIX 系统"的自由软件工程（GNU），创建了自由软件基金会（FSF），拟定了通用公共许可证（GPL），倡导自由软件的非版权原则。该原则是：用户可共享自由软件，允许随意复制、修改其源代码，允许销售和自由传播，但是，对软件源代码的任何修改都必须向所有用户公开，还必须允许此后的用户享有进一步复制和修改的自由。自由软件有利于软件共享和技术创新，它的出现成就了 TCP/IP 协议软件、Apache Web 服务器软件和 Linux 操作系统等一大批软件精品的产生。

除了上述三类软件之外，还有一种免费软件（Freeware），它是一种不需付费就可取得的软件，但用户可能并无修改和分发该软件的权利，其源代码也不一定公开，例如，Adobe Reader、Flash Player、360 杀毒软件等。大多数自由软件都是免费软件，但免费软件并不全都是自由软件。

4.2　操作系统

操作系统（Operating System，OS）是计算机中最重要的一种系统软件，它是许多程序模块的集合，它们能以尽量有效、合理的方式组织和管理计算机的软硬件资源，合理地安排计算机的工作流程，控制和支持应用程序的运行，并向用户提供操作服务，使用户能灵活、方便、有效、安全地使用计算机，也使整个计算机系统高效地运行。

4.2.1 概述

1. 操作系统的作用

操作系统主要有以下 3 个方面的重要作用。

（1）管理计算机中运行的程序和分配各种软硬件资源。图 4.3 所示为打印报表的软硬件资源调配步骤。计算机系统中的所有硬件设备（如 CPU、存储器、I/O 设备以及网络通信设备等）称作硬件资源，程序和数据等称作软件资源。计算机中一般总有多个程序在运行，例如在使用 Word 编辑文档时，还使用媒体播放器播放 MP3 音乐、杀毒软件在杀毒、邮件程序在接收电子邮件等，这些程序在运行时都可能要求使用系统中的资源（如访问硬盘、在屏幕上显示信息等），此时操作系统就承担着资源的调度和分配任务，以避免冲突，保证程序正常有序地运行。操作系统的资源管理功能主要包括处理器管理、存储管理、文件管理、I/O 设备管理等几个方面。

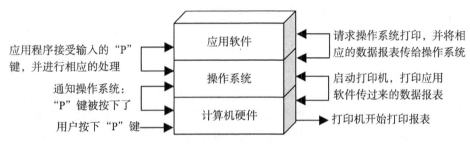

图 4.3 操作系统管理软、硬件资源示意图

（2）为用户提供友善的人机界面。人机界面也称用户接口或用户界面，它的任务是实现用户与计算机之间的通信（对话）。现在，几乎所有操作系统都向用户提供图形用户界面（GUI），它通过多个窗口分别显示正在运行的各个程序的状态，采用图标（Icon）来形象地表示系统中的文件、程序、设备等对象（见图 4.4），用户借助单击"菜单"的方法来选择要求系统执行命令或输入某个参数，利用鼠标器或触摸屏控制屏幕光标的移动并通过单击操作以启动某个操作命令的执行，甚至还可以采用拖放方式执行所需要的操作。所有这些措施使用户能够比较直观、灵活、方便、有效地使用计算机，减少了记忆操作命令的沉重负担。

（a）Word 文档　　　　（b）Excel 文件　　　　（c）硬盘　　　　（d）打印机

图 4.4 操作系统下部分对象的图标

（3）为应用程序的开发和运行提供一个高效率的平台。人们常把没有安装任何软件的计算机称为裸机，在裸机上开发和运行应用程序难度大，效率低，甚至难以实现。安装了操作系统之后，实际上呈现在应用程序和用户面前的是一台"虚拟计算机"（见图 4.5）。操作系统屏蔽了几乎所有物理设备的技术细节，它以规范、高效的方式（例如系统调用、库函数等）向应用程序提供了有力的支持，从而为开发和运行其他系统软件及各种应用软件提供了一个平台。

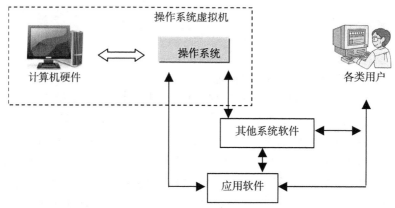

图 4.5　操作系统的作用和地位

除了上述 3 个方面的作用之外，操作系统还具有辅导用户操作（帮助功能）、处理软硬件错误、监控系统性能、保护系统安全等许多功能。总之，有了操作系统，计算机才能成为一个高效、可靠、通用的数据处理系统。

2. 操作系统的组成

现在，无论 PC 还是平板电脑或智能手机上都安装有操作系统。应用软件必须在操作系统的管理和支持下运行，操作系统是应用软件的运行平台，在系统中起着基础设施的作用。

操作系统是一种大型、复杂的软件产品，它们通常由操作系统内核（Kernel）和其他许多附加的配套软件所组成。包括图形用户界面程序、常用的应用程序（如日历、计算器、资源管理器、网络浏览器等）和实用程序（任务管理器、磁盘清理程序、杀毒软件、防火墙等），以及为支持应用软件开发和运行的各种软件构件（如应用框架、编译器、程序库等）。图 4.6 所示为操作系统组成的示意图。

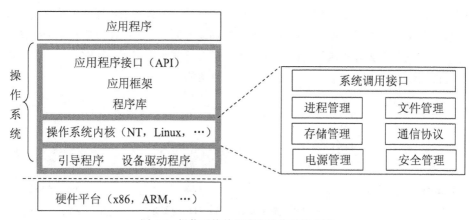

图 4.6　操作系统的组成和操作系统内核

操作系统内核指的是能提供进程管理（任务管理）、存储管理、文件管理和设备管理等功能的那些软件模块，它们是操作系统中最基本的部分，用于为众多应用程序访问计算机硬件提供服务。由于应用程序直接对硬件操作非常复杂，所以操作系统内核对硬件设备进行了抽象，为应用软件提供了一套简洁统一的接口（称为系统调用接口或应用程序接口）。内核通常都驻留在内存中，它以 CPU 的最高优先级运行，能执行指令系统中的特权指令，具有直接访问各种外设和全部主存空间的特权，负责对系统资源进行管理和分配。

操作系统并不十分完善。软件公司还需要在操作系统的基础上再进行开发，配置各种程序库和应用框架，设计用户界面，提供常用的应用程序和实用程序，然后才能作为一个完整的软件产品提供给用户安装使用。

相同内核的操作系统产品可以有多种。例如，微软 Windows 操作系统大多使用 NT 内核，只是版本有些差异而已。Windows XP 内核是 NT 5.1，Windows Vista 的内核是 NT 6.0，Windows 7 的内核是 NT 6.1，Windows 8 的内核是 NT 6.2。服务器操作系统如 Windows Server 2003/2008/2012 的内核都是 NT，就连用于智能手机的 Windows Phone 操作系统其内核也是 NT 6.2 版。

同样，采用 Linux 内核的操作系统也有许多种。例如属于自由软件的 GNU/Linux 操作系统采用的是 Linux 内核，目前在智能手机和平板电脑中广泛使用的 Android（安卓）操作系统也是在 Linux 内核的基础上由 Google 公司开发而成的。

目前个人计算机和移动设备使用的操作系统主要有 Windows、iOS 和 Android 3 种。本节重点介绍 Windows 操作系统的内核。

3. 操作系统的启动

安装了操作系统的计算机，操作系统大多驻留在硬盘存储器中。当加电启动计算机工作时，CPU 首先执行主板上 BIOS 中的自检程序，测试计算机中主要部件的工作状态是否正常。若无异常情况，CPU 将继续执行 BIOS 中的引导装入程序，按照 CMOS 中预先设定的启动顺序，依次搜寻硬盘、光盘或 U 盘，若需要启动硬盘中安装的操作系统，则将其第一个扇区的内容（主引导记录）读到内存，然后将控制权交给其中的操作系统引导程序，由引导程序继续将硬盘中的操作系统装入内存。操作系统装入成功后，整个计算机就处于操作系统的控制之下，用户就可以正常地使用计算机了。图 4.7（a）所示为操作系统的加载过程，图 4.7（b）所示为操作系统加载成功后计算机运行时内存储器中的大致态势。

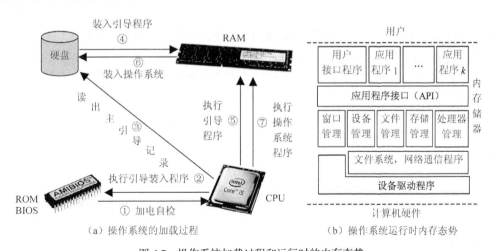

图 4.7　操作系统加载过程和运行时的内存态势

通常情况下，操作系统内核和操作系统并不严格区分，读者可按照上下文进行理解。

在 PC 执行引导装入程序之前，用户若按下某一热键（如<Del>键或<F2>键，各种 BIOS 的规定不同），就可以启动 CMOS 设置程序。CMOS 设置程序允许用户对系统的硬件配置信息和有关参数进行修改。CMOS 中存放的信息包括系统的日期和时间，系统的口令，系统中安装的硬盘、光盘驱动器的数目、类型及参数，显示卡的类型，启动系统时访问外存储器的顺序等。这些信息非常重要，一旦丢失就会使系统无法正常运行，甚至不能启动。

4.2.2　多任务处理与处理器管理

CPU 是计算机系统的核心硬件资源，运行速度很快，成本也高。为了提高 CPU 的利用率，操作系统一般都支持若干个程序同时运行，这称为多任务处理。这里所说的任务（Task）是指装入内存并启动执行的一个应用程序。以 Windows 操作系统为例，它一旦成功启动以后，就进入了多任务处理状态。这时，除了操作系统本身相关的一些程序正在运行之外，用户还可以启动多个应用程序（如电子邮件程序、IE 浏览器和 Word 等）同时工作，它们互不干扰地独立运行。用户借助于"Windows 任务管理器"可以随时了解系统中有哪些任务正在运行，分别处于什么状态，CPU 的使用率（忙碌程度）是多少，存储器使用情况如何等有关信息，如图 4.8 所示。

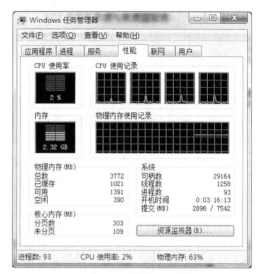

图 4.8　使用任务管理器查看 CPU、存储器使用情况

当多个任务同时在计算机中运行时，一个任务通常对应着屏幕上的一个窗口。如果某个任务需要用户输入信息，屏幕上就会弹出一个对话框，供用户输入（击键或按击鼠标）信息。接收用户输入的窗口只有一个，称为活动窗口，它所对应的任务称为前台任务；其他窗口都是非活动窗口，它们所对应的任务称为后台任务。活动窗口通常位于其他窗口的最前面，它的标题栏与非活动窗口颜色深浅不同。操作系统只把用户输入的信息传送到活动窗口所对应的前台任务中去。

Windows 操作系统采用并发多任务方式支持系统中多个任务的执行。所谓并发多任务，是指不管是前台任务还是后台任务，它们都能分配到 CPU 的使用权，因而可以同时运行。需要注意的是，从宏观上看，这些任务是在"同时"执行，而微观上任何时刻只有一个任务正在被 CPU 执行，即完成这些任务的程序是由 CPU 轮流执行的。因此，如果后台运行的是音乐播放、文件打印、计算、文件下载或上传等任务，前台是文字处理或交互式绘图任务，则整个系统的工作效率就很高；而如果同时启动了电子表格、字处理程序和绘图程序，由于它们都以交互方式工作，除了一个任务处于前台之外，其余都处于后台状态，它们要一遍遍地查询有无输入而又得不到用户的输入，就会白白消耗 CPU 的时间，降低了 CPU 的效率。

为了支持多任务处理，操作系统中有一个处理器调度程序负责把 CPU 时间分配给各个任务，这样才能使多个任务"同时"执行。调度程序一般采用按时间片（如 1/20s）轮转的策略，即每个任务都能轮流得到一个时间片的 CPU 时间，在时间片用完之后，调度程序再把 CPU 交给下一个任务，就这样一遍遍地循环下去。只要时间片结束，不管任务有多重要，也不管它执行到什么地方，正在执行的任务就会被强行暂时停止执行，直到下一次得到 CPU 的使用权时再继续执行。例如 Windows 操作系统中 32 位应用程序的执行就采用了这种调度方法。

实际上，操作系统本身也有若干程序是与应用程序同时运行的，它们一起参与 CPU 时间片的分配。当然，不同程序的重要性不完全一样，它们获得 CPU 使用权的优先级也不一样，这就使处理器调度的算法更加复杂。

与 PC 使用的 Windows 操作系统不同，目前 iOS 平板电脑由于不支持多窗口显示，后台程序又不允许访问网络，因此多任务处理功能是有限制的，特别是 4.0 以前的版本。例如，用户可以一边浏览网页一边听音乐，但不能在浏览网页的同时看电子书或者玩游戏。

4.2.3　存储管理

内存在计算机中的作用很大，计算机中所有运行的程序都需要经过内存来执行，如果执行的程序很大或很多，就会导致内存消耗殆尽。为了解决这个问题，Windows 操作系统中运用了虚拟内存技术，即拿出一部分硬盘空间来充当内存使用，当内存占用完时，计算机就会自动调用硬盘来充当内存，以缓解内存的紧张，即 Windows 操作系统采用虚拟存储技术（也称虚拟内存技术，简称虚存）进行存储管理。

下面用一个例子来说明虚拟存储技术的基本思想。譬如程序员在一个假想的容量极大的虚拟存储空间中编程和运行程序，程序及其数据被划分成一个个"页面"，每页为固定大小。在用户启动一个任务而向内存装入程序及数据时，操作系统只将当前要执行的一部分程序和数据页面装入内存，其余页面放在硬盘提供的虚拟内存中，然后开始执行程序。在程序的执行过程中，如果需要执行的指令或访问的数据不在物理内存中（称为缺页），则由 CPU 通知操作系统中的存储管理程序，将所缺的页面从硬盘的虚拟内存调入到实际的物理内存，然后再继续执行程序。当然，为了腾出空间来存放将要装入的程序或数据，存储管理程序也应将物理内存中暂时不使用的页面调出保存到硬盘的虚拟内存中。页面的调入和调出完全由存储管理程序自动完成。这样，从用户角度来看，该系统所具有的内存容量比实际的内存容量大得多，这种技术称为虚拟存储器。

在 Windows 操作系统中，虚拟存储器是由计算机中的物理内存（主板上的 RAM）和硬盘上的虚拟内存（"交换文件"）联合组成的，每个页面的大小是 4 KB，页面调度算法采用"最近最少使用"（LRU）算法。操作系统通过在物理内存和虚拟内存（"交换文件"）之间来回地自动交换程序和数据页面，达到下列两个效果：①开发应用程序时，每个程序都在各自独立的容量很大的虚拟存储空间里进行编程，几乎不用考虑物理内存大小的限制；②程序运行时，用户可以启动许多应用程序运行，其数目不受内存容量的限制（当然，容量小而同时运行的程序很多时，响应速度会变慢，甚至死机），也不必担心它们相互间会不会发生冲突。

在 Windows 7 操作系统中，交换文件的文件名是 pagefile.sys（具有隐含属性的系统文件），它位于系统盘的根目录下，用户可以利用【附件】→【系统工具】→【系统信息】来查看内存的工作情况（见图 4.9），包括总的物理内存大小、可用的物理内存大小、总的虚拟内存大小、可用的虚拟内存的大小等信息。

关于虚拟内存，说明如下几点。

（1）一般 Windows 操作系统默认情况下是利用 C 盘的剩余空间来做虚拟内存的，因此，C 盘的剩余空间越大，对系统运行就越好，虚拟内存是随着用户的使用而动态地变化的，这样 C 盘就容易产生磁盘碎片，影响系统运行速度，所以，最好将虚拟内存设置在其他分区（对硬盘物理存储空间进行的逻辑划分区域），如 D 盘中。

（2）系统提示"虚拟内存不足"引起的原因及解决方法如下。

① 自定义的虚拟内存的容量（系统默认是自动）太小，可以重新划分大小。

② 系统所在的盘（一般是 C 盘）空余的容量太小而运行的程序却很大，并且虚拟内存通常被默认创建在系统盘目录下，我们通常可以删除一些不用的程序，并把文档图片以及下载的资料等有用文件移动到其他盘中，并清理"回收站"，使系统盘保持 1GB 以上的空间，或者将虚拟内存定义到其他空余空间多的盘符下。

图 4.9　查看系统物理内存和虚拟内存利用的情况

③ 系统盘空余的容量并不小，但因为经常安装、下载软件，并反复删除造成文件碎片太多，也是容易造成虚拟内存不足的原因之一。虚拟内存需要一片连续的空间，尽管磁盘空余容量大，但没有连续的空间，也无法建立虚拟内存区。可以用磁盘工具整理文件碎片。

（3）通常设定虚拟内存是根据自己实际内存的大小来设定的。最小值应设为实际内存的 1.5 倍，而最大值应设为实际内存的 2 倍。如物理内存是 2GB，则虚拟内存的范围则可以设置为：最小值是 $2GB \times 1.5=3GB$，最大值是 $2GB \times 2=4GB$。也可以用优化大师这款软件根据实际内存来精算出虚拟内存的最佳设置范围。

（4）应该隔一段时间就清理虚拟内存里的分页碎片（优化大师里具有这样的功能）。否则即使虚拟内存设置得再大也会被垃圾数据填充。

4.2.4　文件管理

在现代计算机系统中，程序和数据都是以文件的形式存储在磁盘（或磁带等外存储器）上的，为此，操作系统需要提供文件管理功能，负责为用户建立文件，撤销、读写、修改和复制文件，此外，还负责对文件进行存取控制。

1. 文件及其属性

为了区别不同的文件，每个文件都必须有一个名字，即文件名。文件名是存取文件的依据，通常由主文件名和扩展名组成，主文件名和扩展名之间用 "." 分开。主文件名至少要一个字符，扩展名可以没有。扩展名一般用于区分文件的类型，例如，".doc" 表示 Word 文档文件，".dat" 表示数据文件等。在 Windows 操作系统中，文件名可以长达 255 个字符（主文件名和扩展名），用户命名文件时应选择有意义的词或短语，以帮助记忆。

每个文件除了它所包含的内容（程序或数据）之外，为了管理的需要，还包含了一些关于该文件的说明信息。例如，Windows 操作系统使用的文件说明信息有文件名、文件类型、文件物理位置、文件大小、文件时间（创建时间、最近修改时间、最近访问时间等）、文件创建者、文件属性等。应该注意的是，文件的说明信息和文件的具体内容是分开存放的，前者保存在该文件所属目录中，后者则保存在磁盘的数据区中（见图 4.10）。

图 4.10　Windows 文件组成

文件说明信息中的文件属性在文件管理中有重要的作用，它用于指出该文件是否为系统文件、隐藏文件、存档文件或只读文件。例如，若标注为系统文件，表示该文件是操作系统本身所包含的文件，删除时系统会给出警告。又如要查询前面所提到的虚拟内存交换文件 pagefile.sys，必须提前在【Windows 资源管理器】→【工具】→【文件夹选项】→【查看】中的【高级设置】框中去掉【隐藏受保护的操作系统文件（推荐）】选项和设置【显示隐藏文件、文件夹和驱动器】项，才能在 C 盘根目录下查找到该文件。

2. 文件夹

磁盘可以存放很多不同的文件，为了便于管理，一般把文件存放在不同的文件夹里，就像在日常工作中把不同类型的文件资料用不同的文件夹来分类整理和保存一样。在文件夹里除了包含文件外还可以包含文件夹，所包含的文件夹称为子文件夹。每一个分区（逻辑盘）有一个根文件夹，所有文件夹以树结构组织。图 4.11 所示为 Windows 资源管理器的文件系统示例。

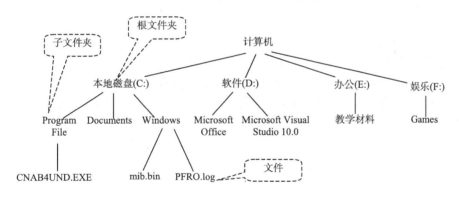

图 4.11　文件系统示例

多级文件夹既可以帮助用户把不同类型和不同用途的文件分类存储，又方便了文件的查找，还允许不同文件夹中的文件使用相同的名字。

与文件相似，文件夹也有若干与文件类似的说明信息，除了文件夹名字之外，还包括存放位置、大小、创建时间、文件夹的属性（存档、只读、隐藏，在 Windows XP 操作系统中还有"压缩""加密"和"编制索引"）等。

使用文件夹的另一个优点是它为文件的共享和保护提供了方便。在 Windows 7 操作系统中，任何一个文件夹均可以设置为"共享"或者为"非共享"，前者表示该文件夹中的所有文件可以被网络上的其他用户（或共同使用同一台计算机的其他用户）共享，后者则表示该文件夹中的所有文件只能由用户本人使用，其他用户不能访问。当文件夹被设置成为共享时，用户还可以规定其他用户的访问权限，例如文件只能读不能修改，或者既可读也可以修改，还可以规定访问文件时是否需要使用口令等。这些措施都在一定程度上提高了文件的安全性。

3. 文件管理

操作系统中文件管理的主要职责之一是如何为在外存储器中创建（或保存）文件来分配外存空间，为删除文件来收回空间，并对空闲空间进行管理。

（1）文件簇

文件簇（Cluster）确切地说应该叫扇区簇。扇区是磁盘最小的物理存储单元，一个扇区是512字节，为了优化磁盘访问效率，文件系统会把连续的 N（具体几个就要看文件系统的参数设定）个扇区视为一个簇。同一个文件的数据以簇为单位像一条链子（链表）一样存放在外存储器上（见图 4.12），这种存储方式称为文件的链式存储。为了不造成数据混乱，一个簇只能容纳一个文件占用，即使这个文件只有 0 字节，也绝不允许两个文件或两个以上的文件共用一个簇。因此，文件簇是存储文件数据的最小单位。显然，簇是操作系统所使用的逻辑概念，而非磁盘的物理特性。

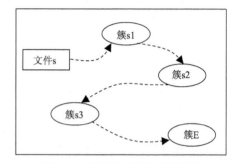

图 4.12　"簇链"存储文件示意图

（2）文件系统

文件系统又被称作文件管理系统，它是指操作系统中负责管理和存储文件信息的软件机构。它对文件存储器空间进行组织和分配，负责文件的存储并对存入的文件进行保护和检索的系统。具体地说，它负责为用户建立文件，存入、读出、修改、转储文件，控制文件的存取，当用户不再使用时删除文件等。

目前 U 盘常常使用 FAT32（File Allocation Table）系统，硬盘大多采用 NTFS（New Technology File System）文件系统，CD-ROM 光盘采用 CDFS（Compact Disc File System），DVD 和 CD-RW 采用 UDF（Universal Disc Format）文件系统。这些文件系统在命名、目录组织、空间分配等方面有所区别，使用的外设和操作系统也不同。该部分只介绍 FAT32 和 NTFS 文件系统。

① FAT32 文件系统。

FAT32 是 Windows 操作系统硬盘分区格式的一种，采用的是 32 位文件分配表，它将逻辑盘的空间划分为四部分，依次是引导扇区（BOOT 区）、数据区（DATA 区）、文件分配表区（FAT区）和根目录区（File Directory Table，FDT）。各部分所包含的内容如表 4.2 所示。

表 4.2　　　　　　　　　　　　　FAT 文件系统各部分内容

名　　称	内　　　容
引导扇区（BOOT）	是每个磁盘分区中的第 1 个扇区，包含：本分区文件系统的类型、根目录区允许的目录项最大数目等。活动分区还包含"引导程序"（Boot）和系统启动文件的文件名
数据区（DATE）	存放本分区所有文件和子文件夹的内容。空间分配单位规定为"簇"，1簇=2^n个扇区，n 的大小与磁盘分区容量的大小有关
文件分配表（FAT）	一式两份，内容完全相同，其中一份用作备份。用于记录数据区空间的分配使用情况，以簇号为序，指出每一个簇处于何种状态，"使用"状态、"空闲"状态还是"损坏"状态
根目录区（FDT）	FDT 是文件管理程序实现　"按名存取"的主要手段和工具，具体内容文件（文件夹）的名字（含扩展名）、文件（文件夹）内容存放在数据区中的起始簇号和文件（文件夹）的实际大小、文件（文件夹）的日期和时间信息

当用户需要从磁盘中读出某个文件（假设文件名为 YOURS）时，文件管理程序按下列步骤进行：

　　a. 读出磁盘中的 FDT 表；

　　b. 在 FDT 中查找名为 YOURS 的文件；

　　c. 若该文件存在，检查该文件的读、写和保护属性；

　　d. 如允许读出，则在 FDT 表中读出该文件的起始簇号；

　　e. 利用簇号计算出磁盘的起始扇区号；

　　f. 从该扇区开始读出文件的第 1 簇内容，送入内存；

　　g. 再次查 FAT 表，读出下一个簇号；

　　h. 重复步骤 f、g、h，直到 FAT 表中簇号为 "-1" 为止。

当用户向磁盘中根目录下保存一个文件时，文件管理程序首先在 FDT 中查找有无同名文件。如果没有，则在 FDT 中登记需保存文件的有关说明信息，同时在 FAT 表中找一个空闲的簇作为存储该文件数据的起始簇，并把起始簇号登记在 FDT 中。然后再在 FAT 中寻找一个空闲簇，在数据区的相应位置处继续存储文件数据，并在 FAT 中登记。重复上述过程，直到数据全部保存完毕为止。

采用 FAT32 文件系统有许多优点。例如，允许根目录位于硬盘上的任何位置，因此根目录不再受到只能包含 512 个文件项的限制；提供了硬盘关键信息的备份（主要是引导记录），使文件系统的健壮性有所增强。FAT 文件系统有一个严重的缺点，文件被删除后 FAT 不会将空闲的簇整理成完整片段，以致留下许多 "碎片"，时间长了之后会使文件的数据变得越来越分散，因而减慢了读写速度。碎片整理虽然是一种解决方法，但耗时较多且必须经常进行。

　　② NTFS 文件系统。

NTFS 是微软公司为 Windows NT 开发的一种全新的文件系统。从 Windows NT 开始的 Windows 2000/XP/Vista、Windows 7 和 Windows 8 都采用 NTFS 文件系统。

NTFS 也使用簇作为磁盘空间的分配单位，但簇号采用 64 位表示。在 FAT 文件系统中存储引导程序、FDT 表、FAT 表等信息都存储成为普通的文件，因而带来了很大的灵活性。

采用 NTFS 文件系统有很多的优点，一是 NTFS 可以支持的分区大小可以达到 2TB，且硬盘分配单元非常小，从而减少了磁盘碎片的产生，而 FAT32 支持分区的大小最大为 32GB；二是在于文件加密（右击要加密的文件或文件夹，单击【属性】命令，在 "常规" 选项卡上，单击【高级】按钮，选中【加密内容以便保护数据】复选框）；三是在 NTFS 分区上用户很少需要运行磁盘修复程序，当发生系统失败事件时，NTFS 使用日志文件和检查点信息自动恢复文件系统的一致性；四是任何基于 Windows 的应用程序对 NTFS 分区上的压缩文件进行读写时不需要事先由其他程序进行解压缩。

NTFS 文件系统的缺点是小于大约 400MB 的存储设备不适合使用 NTFS，原因是 NTFS 会带来空间开销。该空间开销的形式为 NTFS 系统文件，通常在 100 MB 分区上至少用掉 4MB 的驱动器空间。

关于 FAT32 和 NTFS 的两点说明如下。

第一，FAT32 文件系统相对来说，容易产生碎片，浪费的空间要大一些，存取速度也要慢一些，文件的安全性比不上 NTFS，但 DOS 操作系统能识别，而且安装在 NTFS 分区的操作系统能访问 FAT32；NTFS 文件系统相对先进，但 DOS 操作系统下不能识别（如有些杀毒软件和 GHOST），不能被 FAT32 分区的操作系统访问（如果你安装双系统而且另一个系统是 FAT32 格式的话）。可以将操作系统安装在 NTFS 分区，然后将应用程序安装在 FAT32 分区中。

第二，如果使用大于 32GB 的分区，唯一可以选择的是 NTFS 格式。如果计算机不考虑安全性问题，更注重与 Windows 9X 的兼容性，那么 FAT32 格式是最好的选择。如果注重计算机系统的安全性的话，建议用户采用 NTFS 格式。如果要使用多个操作系统，需要安装 Windows 9X 或其他操作系统，建议用户做成多启动系统，一个分区采用 FAT32 格式，另外的分区采用 NTFS 格式，并且将 Windows 7 安装在 NTFS 格式分区下，其他操作系统安装在 FAT32 格式下。

4.2.5　设备管理

计算机系统配备了多种外部设备，计算机执行的最复杂的任务之一就是和显示器、打印机、磁盘以及其他外部设备通信。设备管理应该能够记录所有设备的状态信息，并根据设备的种类采用合理的设备分配策略，将设备分配给提出请求的任务，启动具体设备完成数据传输等操作，当设备使用完后，还要负责设备的回收。由于外部设备的运行速度远远低于处理器的处理速度，设备管理还应该能够提供缓冲功能，以协调外部设备和处理器之间的并行工作程度。

4.2.6　人机对话

为了方便用户使用操作系统，操作系统提供了人机接口。操作系统为用户提供了两种接口。

（1）操作级（命令接口），指用户在程序之外请求操作系统服务。用户可以在以下两种界面上输入操作命令：命令界面——用户可以在终端上输入操作系统提供的命令，完成指定操作。例如，在 Windows 7 中单击【开始】→【搜索程序和文件】，按回车就可以运行程序，输入 notepad、calc 命令分别启动笔记本和计算器程序。图形界面——用户可以对出现在图形界面上的对象直接进行操作来控制操作系统的运行。例如，Windows 操作系统就是基于图形的操作界面，操作系统监视鼠标的运动和状态以判断用户的操作请求。

（2）程序级（程序接口），指用户在程序中使用操作系统提供的系统调用命令请求操作系统服务。系统调用是一个能完成特定功能的子程序，因此，系统调用类似于子程序或函数调用，编程人员通过系统调用请求系统资源，如图 4.13 所示。

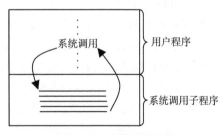

图 4.13　系统调用过程

4.2.7　常用操作系统介绍

操作系统从 20 世纪 60 年代出现以来，技术不断进步，功能不断扩展，产品类型也越来越丰富。早期曾经流行的批处理系统和分时处理系统现在已不多见。目前个人计算机使用的操作系统一般都具有单用户多任务处理功能，而安装在网络服务器上运行的"网络操作系统"则具有多用户多任务处理的能力，它们都具有多种网络通信功能，提供丰富的网络应用服务。一些特殊的应用系统，如军事指挥和武器控制系统、电力网调度和工业控制系统、银行证券交易信息处理系统等，它们对计算机完成任务有严格的时间约束，对外部事件能快速做出响应，具有很高的可靠性和安全性，这些系统所使用的操作系统称为"实时操作系统"。此外，嵌入式的计算机应用（这种应用中计算机软硬件只是设备或装置中的一个组成部分，它们是为该设备或装置服务的）越来越普遍，这些计算机所运行的是一种快速、高效、具有实时处理功能、代码又非常紧凑的"嵌入式操作系统"。下面对目前 PC 和服务器中常用的操作系统作简单介绍。

1. Windows 操作系统

Windows 操作系统是一种在 PC 上广泛使用的操作系统。它由美国微软公司开发，提供了多任务处理和图形用户界面，使系统工作效率显著提高，用户操作大为简化。Windows 是系列产品，微软公司先后推出了多种不同的版本。

20 世纪流行的 Windows 9x 共有 3 个产品，Windows 95、Windows 98 以及 Windows Me，它们都建立在 MS-DOS 操作系统基础上，属于 16 位/32 位的混合操作系统。

从 1989 年起，微软公司开发了一个完全脱离 MS-DOS 的全新内核（称为 NT 内核）的操作系统——Windows NT，其目标是面向商业应用，它具有较高性能，并达到一定的安全性标准。Windows NT 的进一步发展是 Windows 2000 系列，包括工作站版本和服务器版本，后者适用于各种不同规模、不同用途的服务器。

2001 年微软公司推出了 Windows XP 操作系统，它既适合家庭用户也适合商业用户使用。Windows XP 具有丰富的音频、视频处理和网络通信功能，最大可以支持 4GB 内存和两个 CPU。此外，它还增强了防病毒功能，增加了一些系统安全措施（例如 Internet 防火墙，文件加密等）。Windows XP 非常成功，直到现在还有许多用户在使用 Windows XP 操作系统。

2006 年年底开始，微软公司推出称为 Windows Vista 的操作系统。但由于对硬件配置要求较高，运行速度较慢等原因，用户对 Vista 的反响远没有达到公司的预期。随即，微软公司在 2009 年推出了 Vista 的一个"改善版"——Windows 7，它在系统启动和程序运行方面比 Vista 有明显改进，并提供对多个显示卡（屏）的支持，改善了多核处理器的运行效率，用户界面也比 XP 和 Vista 有进一步的改进。Windows 7 既有 32 位版也有 64 位版本，顺应了个人计算机从 32 位系统向 64 位系统过渡的趋势。

微软公司于 2012 年推出了 Windows 8 操作系统。Windows 8 既支持 PC（x86-64 架构），也支持平板计算机（x86 架构或 ARM 架构）。Windows 8 提供了比过去更好的屏幕触控支持。新系统的画面与操作方式变化较大，它有传统界面和新用户界面（称为 Metro 界面）两种，可以按用户的喜好自由切换。采用全新的 Metro 风格用户界面时，各种应用程序、快捷方式等能以动态方块的样式呈现在屏幕上，用户可自行将常用的浏览器、社交网络、游戏、操作界面融入。

Windows 8 对硬件配置的要求并不比 Windows 7 高。它有标准版、专业版和企业版之分，另有一个 Windows RT 版本是专门为 ARM 架构的硬件平台设计的，它预装在采用 ARM 处理器的平板电脑中，不能单独购买。Windows RT 并不兼容 x86 软件，但它附带有专为触摸屏设计的 Word、Excel、PowerPoint 和 OneNote 等应用软件。

微软还开发了智能手机操作系统 Windows Phone，它支持 ARM 硬件平台，采用 Metro 风格的用户界面。目前已经得到许多合作伙伴的支持。

长期以来，Windows 操作系统已经垄断了 PC 市场 90%左右的份额，因而吸引了许多第三方开发者在 Windows 上开发软件，其数目之多和品种之丰富，占据了绝对优势，特别是办公、教育、娱乐、游戏类的通用应用软件。由于用户面广量大，因此大部分硬件厂商也都把 Windows 用户作为其主要目标市场，各种丰富多样的显卡、鼠标器、打印机等就是很好的例子。

Windows 操作系统也经常受到用户的批评。问题主要是可靠性和安全性两个方面。Windows 操作系统出现不稳定的情况比其他操作系统多，系统对用户往往变得越来越慢，甚至不响应，程序无法工作，屏幕上经常报告出错信息，必须重新启动系统才能恢复正常。此外，Windows 比其他操作系统更容易受到计算机病毒、蠕虫、木马和其他攻击的侵扰。它有许多安全漏洞，黑客发现漏洞并利用漏洞进行攻击，而微软为漏洞做出的补丁总要迟缓一步，许多用户为此而受到牵累。

2. UNIX 和 Linux 操作系统

UNIX 操作系统和 Linux 操作系统也是目前广泛使用的主流操作系统。UNIX 最先是美国 Bell 实验室开发的一种通用的多用户分时操作系统。自 1970 年 UNIX 系统第一版问世以来，已经研制和开发了若干不同分支的 UNIX 产品。其主要特色为结构简练、功能强大、可移植性好、可伸缩性和互操作性强、网络通信功能丰富、安全可靠等。UNIX 操作系统的设计理念先进，现在许多流行的技术如进程通信、TCP/IP 协议、客户/服务器模式等都源自 UNIX，UNIX 对几乎所有的近代操作系统都产生了巨大的影响。

Linux 是一种"类 UNIX"的操作系统，它的原创者是芬兰的一名青年学生林纳斯·托瓦兹（Linus Torvalds）。Linux 内核是一个自由软件，它的源代码是根据普通公共许可证 GPL 的规定，任何人都可以对 Linux 内核进行修改、传播甚至出售。在此基础上，现在全球已经有超过 300 个 Linux 发行版。所谓 Linux 发行版就是通常所说的"Linux 操作系统"，它包括 Linux 内核，系统安装工具，各种 GNU 软件以及其他的一些自由软件。

UNIX 和 Linux 除了安装在巨型机、大型机上作为网络操作系统使用之外，在平板电脑、智能手机和嵌入式系统中也广泛使用。例如，在 iPad 和 iPhone 中使用的 iOS 采用的操作系统内核 Darwin 就是一种"类 UNIX"操作系统，目前许多智能手机和平板电脑使用的 Android（安卓）系统，采用的操作系统核心是 Linux 4.4.1。

4.3 算法与编程语言

人们常说"软件的主体是程序，程序的核心是算法"。这是因为要使计算机解决某个问题，首先必须确定该问题的解决方法与步骤，然后再据此编写程序并交给计算机执行。这里所说的解题方法与步骤就是"算法"，采用某种程序设计语言对问题的对象和解题步骤进行的描述就是程序。

4.3.1 算法

1. 什么是算法

通俗地说，算法（Algorithm）就是解决问题的方法与步骤。如有 3 个硬币（A、B 和 C），其中有一个是伪造的，另两个是真的，伪币与真币重量略有不同。现在提供一架天平，如何找出伪币呢？方法很简单，只要按如图 4.14 所示的步骤两两比较其重量，就可找出伪币了。

算法一旦给出，人们就可以直接按算法去解决问题，因为解决问题所需要的智能（知识和原理）已经体现在算法之中，我们唯一要做的就是严格地按照算法的指示去执行。这就意味着算法是一种将智能与他人共享的途径。一旦有人设计出解决某个问题的有效算法，其他人无须成为该领域的专家就可以使用该算法去解决问题。

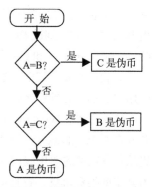

图 4.14　算法的流程图表示

2. 特点

在计算机学科中，算法指的是用于完成某个信息处理任务的有序而明确的、可以由计算机执行的一组操作（或指令），它能在有限时间内执行结束并产生结果。尽管由于需要求解的问题不同而使得算法千变万化、简繁各异，但所有的算法都必须满足下列特点。

（1）确定性。算法中的每一步操作必须有确切的含义，即每一步操作必须是清楚明确的，无二义性的。

（2）有穷性。一个算法总是在执行了有限步的操作之后终止。

（3）可行性。算法中有待实现的操作都是计算机可执行的，即在计算机的能力范围之内，且在有限的时间内能够完成。

（4）输入。有零个或多个输入。

（5）输出。至少产生一个输出（包括参量状态的变化）。

算法对于计算机特别重要。因为计算机不是为解决某一个或某一类问题而专门设计的，它是一种真正通用的信息处理工具。为了使计算机具有通用性，人们既要告诉它解决的是什么问题，还要告诉它解决问题的方法——算法。其次，计算机硬件是一个被动的执行者，硬件本身能完成的操作非常原始和简单，种类也相当有限，如果不告诉硬件如何去做，它其实什么问题也解决不了。通过把算法表示为程序，程序在计算机中运行时计算机就有了“智能”。由于计算机速度极快、存储容量又很大，因而它能执行非常复杂的算法，很好地解决各种复杂的问题。

但是，如果对某个问题（如股市中某股票明天是涨还是跌）无法给出计算机算法，那么计算机也无能为力。计算机不是万能的。

3. 设计

算法的一个显著特征是，它解决的是一类问题而不是一个特定的问题。例如我们在日常使用计算机的过程中，经常会对文件夹中的文件进行排序，以便把文件按序（按文件名、或按类型名、或按文件大小、或按创建日期等）列表显示。此时，计算机使用的排序算法对文件的个数（100个还是 1000 个甚至更多）和文件的名字（中文还是西文）等都应该没有什么限制。

开发计算机应用的核心内容是研究和设计解决实际应用问题的算法并将其在计算机上实现（即开发成为软件）。关于算法，需要考虑以下 3 个方面的问题，即如何确定算法（算法设计）、如何表示算法（算法表示）以及如何使算法更有效（算法的复杂性分析）。

一般而言，使用计算机求解问题通常包括如下几个步骤。

（1）理解和确定问题。

（2）寻找解决问题的方法与规则，并将其表示成算法。

（3）使用程序设计语言表达（描述）算法（编程）。

（4）运行程序，获得问题的解答。

（5）对算法进行评估以求改进。

上述过程中的（2）就是设计算法。设计一个计算机算法需要注意几点：①必须完整地考虑整个问题所有可能的情况；②算法的每一步骤必须是计算机能够执行的；③必须在有限步骤内求出预定的结果。

人们通过长期的研究开发工作，已经总结了许多基本的算法设计方法，例如枚举法、迭代法、递推法、分治法、回溯法、贪心法和动态规划法等，但有些复杂问题的算法设计往往相当困难。

算法的设计一般采用由粗到细、由抽象到具体的逐步求精的方法。例如，要对 n 个整数从小到大进行排序，首先给出粗略的思路。

（1）从所有整数中选一个最小的，作为已排好序的第一个数。

（2）从剩下的未排序整数中选出最小的，放在已排好序的最后一个数后面。

（3）循环执行（2），直到未排序的整数都处理完毕为止。

4. 表示方法与分析

算法的表示方法有多种形式，以下面例 4.1 说明这些方法。

例 4.1　求 $sum = 1 - \dfrac{1}{3} + \dfrac{1}{6} - \dfrac{1}{9} + \cdots + (-1)^n \dfrac{1}{3n}$，其中 $n > 0$。

如果 $n=3$，则 $sum = 1 - \dfrac{1}{3} + \dfrac{1}{6} - \dfrac{1}{9}$，设 sum 代表累加和，$sign$ 代表第 i 项的符号。

（1）自然语言

所谓自然语言，就是人们日常使用的语言，可以是汉语、英语或其他语言，也可以几种语言混合到一起使用。例 4.1 的自然语言表示方法为：

① 使 $sum=1$，$sign=1$，$i=1$；

② $sign=-sign$；

③ 使 $sum+sign/（3*i）$，得到的和放在 sum 中；

④ 使 i 的值加 1；

⑤ 如果 $i \leqslant n$，返回第②步重新执行，否则循环结束，此时 sum 中的值就是所求的值，输出 sum。

（2）流程图

流程图是使用图形的方式来表示算法，用一些几何图形来代表各种不同性质的操作。

ANSI（美国国家标准化协会）规定的一些常用流程图符号（见图 4.15）已被大多数国家接受。

（起止框）　（输入/输出框）　（判断框）　（处理框）　（流程线）

图 4.15　流程图符号示例

结构化程序设计中采用的 3 种基本结构，即顺序结构、选择结构和循环结构，这 3 种基本结构有以下共同的特点。

① 只有一个入口。

② 只有一个出口。

③ 结构内的每一部分都有机会被执行到。

④ 结构内不存在"死循环"（无终止的循环）。

顺序和选择基本结构的流程图如图 4.16（a）、（b）所示。

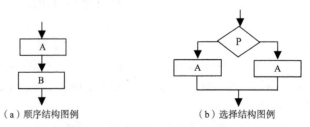

（a）顺序结构图例　　　　　　　（b）选择结构图例

图 4.16　顺序、选择基本结构图例

循环结构又称为重复结构，有两种形式，一种是先判断条件，若条件成立再进入循环体，可用图 4.17（a）来表示；另一种是先进入循环体执行，再判断条件是否成立，可用图 4.17（b）来表示。

例 4.1 的流程图如图 4.18 所示。

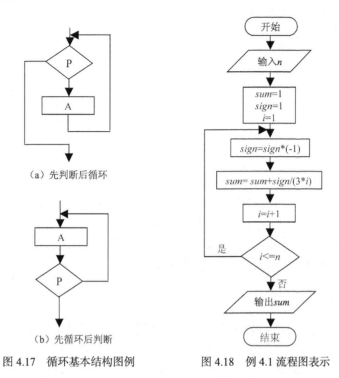

（a）先判断后循环

（b）先循环后判断

图 4.17　循环基本结构图例　　图 4.18　例 4.1 流程图表示

（3）N-S 结构流程图

1973 年美国的计算机科学家 I·Nassi 和 B·Shneiderman 提出了一种新的流程图形式。在这种流程图中把流程线完全去掉了，全部算法写在一个矩形框内，在框内还可以包含其他框，即由一些基本的框组成一个较大的框，这种流程图称为 N-S 结构流程图。3 种基本结构的 N-S 图如图 4.19 所示。

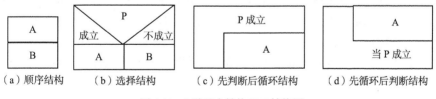

（a）顺序结构　　（b）选择结构　　（c）先判断后循环结构　　（d）先循环后判断结构

图 4.19　3 种基本结构 N-S 结构图

例 4.1 的 N-S 结构图如图 4.20 所示。

（4）伪代码

伪代码（Paseudo Code）是介于自然语言和计算机语言之间的文字和符号来表示的算法，即计算机程序设计语言中具有的语句关键字用英文表示，其他的可用汉字，也可以用英语，只要便于书写和阅读就可以。

例 4.1 用伪代码表示的算法如下。

输入 n
$Sum = 1$
$i = 1$
$Sign = 1$
$Sign = (-1) \times sign$
$Sum = sum + sign/(3 \times i)$
$i = i+1$
当 $i \leqslant n$ 成立
输出 sum

图 4.20　例 4.1 的 N-S 图表示

开始

从键盘输入一个正整数给 n

置 sum 的初值为1，置 i 的初值为1

置 $sign$ 的初值为1

当 $i \leqslant n$，重复下面的操作：

使 $sign=(-1) \times sign$

使 $sum=sum+sign/(3 \times i)$

使 $i=i+1$

（循环到此结束）

输出 sum 的值

结束

也可以用相应的程序设计语言描述算法。

一个问题的解决往往可以有多种不同的算法，人们在不同情况下，对算法可以有不同的选择。一般而言，算法的选择，除了考虑其正确性外，还应考虑以下因素。

① 执行算法所要占用计算机资源的多少，包括时间资源和空间资源两个方面。

② 算法是否容易理解，是否容易调试和测试等。

4.3.2 程序设计语言

语言是用于通信的。人们日常使用的自然语言用于人与人的通信，而程序设计语言则用于人与计算机之间的通信。计算机是一种电子机器，其硬件使用的是二进制语言，与自然语言差别太大了。程序设计语言是一种既可使人能准确地描述解题的算法，又可以让计算机很容易理解和执行的语言。程序员使用这种语言来编制程序，精确地表达需要计算机完成什么任务，计算机就按照程序的规定去完成任务。

1. 机器语言

每台计算机在设计过程中，都规定了一组指令，这组机器指令集合，就是所谓的机器指令系统。用机器指令形式编写的程序，称为机器语言。机器语言是一台计算机的功能体现，它的特点是结构简单、功能强大、可构造性强，计算机可以直接识别和执行。但是，机器指令编写的程序很难阅读和理解，特别是随着计算机功能的增强、性能的提高，要不断地编写和更改程序，如果用机器指令编写程度难度很大。

另外，由于不同类型的计算机的指令系统不同，因而在一种类型计算机上编写的机器语言程序，在另一种不同计算机上可能不能运行。

2. 汇编语言

汇编语言是机器语言的符号化。在机器指令的基础上，人们提出了采用字符和十进制来表示指令的操作码和地址，代替了二进制代码。汇编语言的基本语句等价于机器语言指令，具体而言：用英文单词或其缩写表示操作码，如 MOV 表示数据传送，ADD 表示加法，SUB 表示减法等。用符号表示数据的存储地址，如 A 表示一个单元的地址，A+1 则表示它的下一个单元的地址。

例4.2 对3+6进行计算的算法描述。

（1）机器指令对3+6=9进行运算的算法描述。

1011000000000110 表示将"6"送到寄存器 AL 中，数字"6"放在指令后8位。

0000010000000011 表示数"3"与寄存器 AL 中的内容相加，运算结果仍存放在 AL 中。

1010001001000000000000 表示把 AL 中的内容送到地址为5的存储单元中。

（2）汇编语言对 3+6=9 进行运算的算法描述。

MOV AL，6

ADD AL，3

MOV VC，AL

汇编语言程序看起来要直观多了。但是，计算机只能识别和执行机器语言，因此用汇编语言编写的程序不能直接执行，必须事先将其"翻译"成等价的机器语言程序。为此，人们提供了一个称为"汇编程序"的软件。汇编程序的功能是把用汇编语言编写的程序作为"源程序"输入，并对其进行汇编，转换成一个与之功能等价的机器语言程序作为"目标程序"，将目标程序再在计算机上运行，就可以获得预期的处理或计算结果。汇编语言的"翻译"过程如图 4.21 所示。

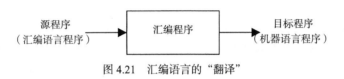

源程序　　　　　　　　汇编程序　　　　　　　目标程序
（汇编语言程序）　　　　　　　　　　　　　（机器语言程序）

图 4.21　汇编语言的"翻译"

3. 高级程序设计语言

虽然与机器语言相比，汇编语言的产生是一个很大的进步，但是人们用它来进行程序设计仍然比较困难，并且所编的程序仅仅能运行在某一种类计算机上（不同种类计算机汇编语言不同）。为了解决这些问题，出现了用高级程序设计语言编写的程序。所谓高级程序设计语言是一种接近于人类自然语言的程序设计语言，用"类自然语言"和"数学语言"的形式编写程序，且高级语言的语句与特定机器的指令无关，因此人们编程更加方便。如用高级语言对 3+6 进行运算，其描述与数学描述一样，即 3+6。

高级程序设计语言通常由基本字符集、词法规则、语法规则、语义规则等构成。用高级程序设计语言编写的程序通常包括"说明"和"过程"两部分，前者的任务是描述数据，后者的任务是描述处理过程。因此，学习一种高级程序设计语言时，除语言的基本字符集、词法规则、语法规则、语义规则外，更重要的是要学习程序结构，即如何构造一个程序的方法和技术。常用的高级程序设计语言有 C、C++、C#、Java、FORTRAN 等。

用高级程序设计语言编写的程序同样在计算机上不能直接执行，必须经过"翻译"成目标程序才能执行。高级程序设计语言源程序是用"解释程序"或"编译程序"来完成"翻译"工作。解释程序是先将源程序"扫描"一遍，然后逐句翻译成目标程序，同时每翻译完一句执行一句，即边翻译边执行。编译程序是将源程序全部翻译成目标程序后再执行。高级程序设计语言的翻译过程如图 4.22 所示。详细内容见 4.4 节。

源程序（高级程序　　　　　解释程序　　　　　　　目标程序
设计语言程序）　　　　　　　编译程序　　　　　　（机器语言程序）

图 4.22　高级程序设计语言的"翻译"

4. 第四代语言

20 世纪 80 年代，第四代语言（4GL）出现了，它具有简单易学、用户界面良好、非过程化程度高、面向问题等特点。

4GL 以数据库管理系统所提供的功能为核心，进一步构造了开发高层软件系统的开发环境，如报表生成、多窗口表格设计、菜单生成系统、图形图像处理系统和决策支持系统，为用户提供了一个良好的应用开发环境。它提供了功能强大的非过程化问题定义手段，用户只需告知系统"做什么"，而无须说明"怎么做"，因此可大大提高软件生产效率。

大量基于数据库管理系统的 4GL 商品化软件已经在计算机应用开发领域中获得广泛应用，成为了面向数据库应用开发的主流工具。例如，Oracle 应用开发环境、Informix-4GL、SQL Server、Power Builder、Visual FoxPro 等工具。它们为缩短软件开发周期，提高软件开发质量发挥了巨大的作用。

4.4　翻译程序

利用高级程序设计语言编写的程序不能直接在计算机上执行，因为计算机只能执行二进制的机器指令，所以，必须将高级程序设计语言编写的程序（称为源程序）转换为在逻辑上等价的机器指令（称为目标程序），这种转换程序称为翻译程序。翻译程序是一个相当复杂的系统程序，涉及很多概念、理论、方法和技术，掌握翻译程序的基本原理和过程，有助于对高级程序设计语言的深层次理解，提高开发大中型软件的能力。

4.4.1　工作方式

翻译程序能够将使用某种源语言编写的源程序翻译为与其等价的目标语言编写的目标程序，通常源语言指的是高级程序设计语言，目标语言指的是机器语言或汇编语言。不同的程序设计语言需要有不同的翻译程序，同一种程序设计语言在不同类型的计算机上也需要配置不同的翻译程序，如图 4.23 所示。

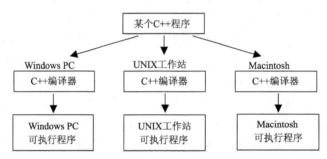

图 4.23　不同机器配置不同的翻译程序

按照生成目标程序的过程不同，翻译程序的工作方式通常分为解释方式和翻译方式。

1.　解释方式

解释一般是翻译一句执行一句，即在翻译过程中，不把源程序翻译成一个完整的目标程序，而是按照源程序中语句的顺序逐条语句翻译成机器可执行的指令并立即予以执行，如图 4.24 所示。由于解释方式不产生目标代码，所以，源程序的执行不能脱离其解释环境，并且每次运行都需要重新解释。早期的 BASIC 语言和近年来流行的 Java 语言都具有逐条解释执行程序的功能。

2.　编译方式

编译是一个整体理解和翻译的过程，即先由编译程序把源程序翻译成目标程序，然后再由计算机执行目标程序，如图 4.25 所示。由于编译后形成了可执行的目标代码，所以，目标程序可以脱离其语言环境独立执行，但对源程序修改后需要重新编译。C、C++、C#语言都是编译型语言。

一般来说，编译的程序比解释的程序运行速度更快，所以大多数高级程序设计语言的翻译程序都是以编译方式工作的，编译程序的设计原理与方法同样也可以用于解释程序。下面以编译程序为例进行介绍。

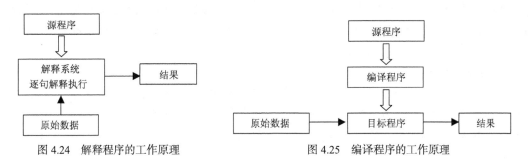

图 4.24　解释程序的工作原理　　　　图 4.25　编译程序的工作原理

4.4.2　基本过程

编译程序以高级程序设计语言书写的源程序作为输入，以机器语言或汇编语言程序作为输出，其最终任务是产生可以在具体计算机上执行的机器指令。不同的编译程序都有自己的组织和工作方式，需要根据源语言的具体特点和对目标程序的具体要求设计，因此很难给出编译程序的标准结构。典型的编译程序的工作过程如图 4.26 所示。

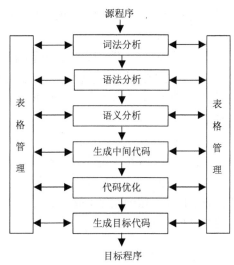

图 4.26　编译程序的工作原理

1. 词法分析

词法分析的任务是对源程序进行扫描和分解，滤掉源程序的注释，按照词法规则识别出一个个的单词，如关键字、变量名、运算符等，并将单词转化为某种机内表示。如果发现词法错误，则指出错误位置，给出错误信息。为此，词法分析还需要标记源程序的行号，以便行号可以和错误信息联系到一起。

2. 语法分析

语法分析是编译程序的核心部分，它的任务是对词法分析阶段得到的单词序列按照语法规则分析出一个个的语法单位，如表达式、语句等。程序设计语言的语法规则通常用文法来描述，如果源程序能够识别成该文法的句了，则认为程序在形式上是正确的，否则认为程序中存在语法错误。如果发现语法错误，则指出错误位置，给出错误信息。

3. 语义分析

语义分析的任务是检查程序中语义的正确性,以保证单词或语法单位能有意义地结合在一起，并为代码生成收集类型信息。语义分析的一个重要部分是类型检查，即对每个运算符的运算对象检查它们的类型是否合法。

4. 生成中间代码

生成中间代码是将各语法单位转换为某种中间代码。所谓中间代码是复杂性介于源程序语言和机器语言之间的一种指令形式，其设计原则是，一是容易生成；二是容易翻译为目标代码。常用的中间代码形式有三元式、四元式、逆波兰式等，其中四元式的一般形式为：运算符，运算对象1，运算对象2，结果。

5. 代码优化

代码优化的任务是对中间代码进行等价变换，使得变换后的中间代码在运行速度、存储空间等方面具有较高的质量。常用的代码优化技术有删除多余运算、代码外提、强度削弱、变换循环控制条件、复写传播、删除无用赋值等。

6. 生成目标代码

生成目标代码的任务是将优化后的中间代码转换为特定机器的目标程序。显然，高级程序设计语言和计算机的多样性为目标代码生成的理论研究和实现技术带来很大的复杂性，最后产生的目标程序取决于具体的机器结构、指令系统、计算机的字长、寄存器的种类和个数、所用的操作系统等。

我们可以把编译过程分为前端和后端两部分，前端是依赖于源语言的部分，由词法分析、语法分析、语义分析和生成中间代码等阶段组成；后端是依赖于目标机器的部分，由代码优化和生成目标代码等阶段组成。取一个编译程序的前端，重写它的后端，可以产生同一源语言在另一个机器上的编译程序。

在编译过程中，源程序的各种信息被保存在各种不同的表格中，编译各阶段的工作都涉及构造、查找、更新有关表格。例如，符号表用来保存标识符，词法分析将识别出的标识符以及标识符的各种属性填入符号表中，在编译过程中根据标识符的各种属性提供存储分配、类型和作用域等信息。

程序中的错误主要包括：词法错误，如标识符拼写错误；语法错误，如表达式的括号不匹配；语义错误，如运算符作用于不相容的运算对象；逻辑错误，如无穷的递归调用。一个好的编译程序应能最大限度地发现源程序中的各种错误，指出错误的性质以及发生错误的位置，并且能将错误所造成的影响限制在尽可能小的范围内，使得源程序的其余部分能继续被编译下去，以便进一步发现其他可能的错误。

4.4.3 发展

从机器语言到汇编语言，再到高级程序设计语言，每前进一个阶段，语言自身就更加抽象。为了人与计算机的交流更加友好、方便，程序设计语言必然要朝着更抽象、更智能的方向发展，其功能也会越来越强大。程序设计语言越抽象，翻译程序所承担的任务就会越复杂，翻译程序的设计工作就会越艰巨。

随着编译技术的不断发展，新的研究方向包括并行编译技术、交叉编译、硬件描述语言及其编译技术等。并行编译技术可以利用并行计算机体系结构的性能缩短编译时间，并行编译技术需要3种并行技术的支持：串行程序并行化、并行程序设计语言编译和依赖于目标机器的优化。交叉编译技术在编译时将源程序在宿主机上生成目标机器代码，从而解决目标机器指令系统与宿主机的指令系统不同的问题。硬件描述语言是电路设计的依据，可以用仿真的方式对其进行验证，代表性的语言有 VHDL 等。

编译程序是一个相当复杂的系统程序，通常有上万甚至几万条指令。随着编译技术的发展，编译程序的生成周期也在缩短，但其工作量仍然很大，而且工作很艰苦，正确性也不易保证。我们的愿望是尽可能多地把编译程序的生成工作交给计算机去完成，这就是编译程序自动化（或自动生成编译程序）问题。

　　计算机科学家们为了实现编译程序的自动生成做了大量工作，早期有词法分析程序和语法分析程序的自动生成系统，其中最著名的是 YACC（Yet Another Compiler Compiler）系统。编译程序自动生成的关键是语义处理，语义处理的自动化取决于语义描述的形式化。近年来形式语义学的研究取得了巨大的进展，大大推动了编译程序的自动生成研究工作，已出现了一些编译程序的自动生成系统，其中比较著名的有 GAG、HLP、SIS、CGSG 等。形式语义学和编译技术的发展已经能够实现编译程序的自动生成，目前的主要问题是时间和空间效率问题。另外，由自动生成系统产生的编译程序，比"人工"产生的编译程序长，因此会占用更多的空间。

习　题　4

一、选择题

1. 计算机软件具有许多特性，下面特性不属于计算机软件的是（　　）。
   （A）不可见性　　　（B）依附性　　　（C）易复制性　　　（D）潜伏性

2. 以下全部属于系统软件的有（　　）。
   ①操作系统　②编译程序　③编辑程序　④BASIC 源程序
   ⑤汇编程序　⑥监控、诊断程序　⑦C++程序设计语言
   （A）①②④⑤　　　（B）①②④⑦　　　（C）①②⑤⑥　　　（D）①②⑥⑦

3. 操作系统的主要作用是（　　）。
   （A）软硬件的接口　　　　　　　　（B）进行编码转换
   （C）把源程序翻译成机器语言程序　　（D）组织和管理计算机的软硬件资源

4. 下面关于文件的叙述中，错误的是（　　）。
   （A）文件名通常由主文件名和扩展名组成
   （B）为了便于管理，一般把文件存放在不同的文件夹里，所有文件夹以树结构组织
   （C）文件夹还提供共享和安全功能
   （D）目前 U 盘和硬盘大多采用 NTFS 文件系统

5. 下面关于程序设计语言说法错误的是（　　）。
   （A）程序设计语言是一种既可使人能准确地描述解题的算法，又可以让计算机也很
   　　　容易理解和执行的语言
   （B）程序设计语言则用于人与计算机之间的通信
   （C）机器语言、汇编语言、高级程序设计语言都属于程序设计语言
   （D）程序设计语言都可以在计算机上直接执行

6. 用户用计算机高级语言编写的程序通常称为（　　）。
   （A）汇编程序　　　（B）目标程序　　　（C）源程序　　　（D）二进制代码程序

7. 下面关于解释程序和编译程序的论述，正确的是（　　）。
   （A）解释程序能产生目标程序，而编译程序则不能产生目标程序
   （B）解释程序和编译程序均能产生目标程序
   （C）解释程序不产生目标程序，而编译程序产生目标程序
   （D）解释程序和编译程序均不能产生目标程序

8. 分析某个算法的优劣时，从需要占用的计算机资源角度，应考虑的两个方面是（　　）。

（A）时间资源和空间资源　　　　　（B）正确性和简明性

（C）可读性　　　　　　　　　　　（D）数据复杂性和程序复杂性

9．在各类程序设计语言中，相比较而言，程序的执行效率最高的是（　　）。

（A）机器语言　　　（B）汇编语言　　　（C）高级语言　　　（D）面向对象的语言

10．操作系统能有效地分配内存空间为多个程序服务，该功能属于（　　）。

（A）处理器管理　　　（B）存储管理　　　（C）文件管理　　　（D）设备管理

二、填空题

1．操作系统内核指的是能提供_____、_____、文件管理和设备管理等功能的那些软件模块。

2．_____拿出一部分硬盘空间来充当内存使用，当内存占用完时，计算机就会自动调用硬盘来充当内存，以缓解内存的紧张。

3．算法的表示方法有多种形式，包括自然语言、流程图、N-S 结构流程图和_____。

4．为了支持多任务处理，调度程序一般采用按_____的策略把 CPU 时间分配给各个任务，这样使多个任务"同时"执行。

5．操作系统中虚拟存储器的容量_____实际内存。（填大于、等于、小于。）

6．为了提高 CPU 的利用率，操作系统一般都支持若干个程序同时运行，这称为_____处理。

三、简答题

1．程序与软件的区别是什么？

2．简述操作系统的启动过程。

3．设计一个计算机算法需要注意什么？

4．简述解释方式和翻译方式的工作方式。

第5章
计算机网络与 Internet

计算机网络是计算机技术和数据通信技术紧密结合的产物。数据通信正是为了适应计算机之间信息传输的需要而产生的一种新的通信方式，它是计算机网络中各计算机间信息传输的基础。世界上最大的网络是 Internet（因特网）。Internet 是全球范围众多网络互联而构成的网络。这些网络连接着世界上为数众多的企业、政府部门、教育机构、家庭和个人。Internet 也是资源、服务和信息的网络。任何人从任何地方，在任何时间，可以以任何方式共享人类共有的资源、提供或享受服务、提供或获取信息。

5.1 数据通信概述

计算机最初产生的时候，它们是一些孤立的设备。随着计算机的广泛使用，相应的硬件和软件被设计出来，以完成计算机之间的数据、信息和指令的交换。计算机与计算机之间经通信线路连接起来而进行的信息交流与传送的通信方式称为数据通信（Data Communications）。它是计算机和通信线路相结合的通信方式，为远程使用计算机提供了必要的手段。

5.1.1 数据通信系统的组成

数据通信系统是把数据从一个位置传输到另一个位置的电子系统。数据通信系统可以通过通信信道传输文本、图形、图像、声音和视频信息。不管是有线系统还是无线系统，数据通信系统都包含 4 个基本组成部分，如图 5.1 所示。

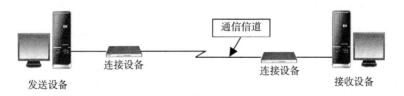

图 5.1　数据通信系统的组成

1. 发送和接收设备

发送和接收设备通常是计算机系统或其他的专门通信设备。它们负责发送和接收消息，包括数据、信息或指令。例如手机、对讲机、移动通信基站等设备。

2. 通信信道

通信信道是从发送设备到接收设备之间的信号传递所经过的媒介，是通信世界中传送信息的载体。传输介质有无线传输介质，如电磁波等；有线传输介质，如双绞线、电缆、光缆等。传输介质的特性是影响数据通信质量的重要因素。

3. 连接设备

连接设备充当发送和接收设备与信道之间的中介。它们把发送设备传出的数据转换成一种可供信道传输的信号；同样它们也把信道上的信号转换成为可以被接收设备接收的数据。例如，调制解调器（俗称"猫"）、路由器、交换机、DNS 服务器等设备。

4. 数据传输规范

数据传输规范（协议）是一些规则。这些规则通过准确地定义数据如何在信道上传输来协调发送和接收设备的动作。

简单看一下生活中发送电子邮件的数据通信过程。假设张三给李四发送电子邮件，张三在自己的计算机上写好消息，通过调制解调器拨号上网，发出电子邮件。李四用自己的计算机通过调制解调器拨号上网，接收到张三发来的消息。在这个过程中，张三和李四的计算机就分别是发送设备和接收设备，双方的调制解调器就是连接设备，电话线就是通信信道。调制解调器起到了中介的作用，它把张三计算机的消息转换成为能在电话线上传输的信号，在另一端它又把电话线上的信号转换成李四计算机能够识别的信息。消息能在电话线上传输，并能被对方准确接收，这有赖于发送和接收设备遵循着相同的数据传输规范。实际上，这里描述的过程只是简单化了的过程，仅用来说明数据通信系统的组成和基本工作方式。

5.1.2 通信信道

通信信道（Communications Channel）是数据在两点间传输的路径，是数据通信系统的重要组成部分。信道是由一种或多种传输介质组成的，这些传输介质能够传输信号。传输介质的种类很多，可以分成有线和无线两大类。有线传输介质使用电线、电缆和其他有形的材料来传输通信信号。无线传输介质通过空气或外层空间中的微波和红外线等物质来传输信号。不同的传输介质具有不同的传输特性，使用的通信设备也不一样，成本相差很大，因而各有其不同的应用范围，如表 5.1 所示。

表 5.1　　　　　　　　　　　　通信传输介质的类型、特点和应用

	介质类型	特　点	应　用
有线通信	双绞线	成本低，易受外部高频电磁波干扰，误码率较高，传输距离有限	固定电话本地的回路（从用户终端到电话局）、计算机局域网等
	同轴电缆	传输特性和屏蔽特性良好，可作为传输干线长距离传输载波信号，但成本较高	固定电话中继线路、有线电视接入等
	光缆	传输损耗小，通信距离长，容量大，屏蔽特性好，不易被窃听，重量轻，便于铺设。缺点是强度稍差、精确连接两根光纤比较困难	电话、电视等通信系统的远程干线，计算机网络的干线
无线通信	自由空间	建设费用低，抗灾能力强，容量大，无线接入使通信更加方便，但容易被窃听和受到干扰	广播、电视、移动通信系统、计算机无线局域网等

有线通信和无线通信的传输介质类型是不同的。有线通信中使用的传输介质是金属导体或光导纤维，金属导体利用电流传输信息，光导纤维通过光波来传输信息；无线通信根本不需要物理连接，而是通过电磁波在自由空间的传播来传输信息。

1. 有线传输介质

常用的有线传输介质包括双绞线电缆、同轴电缆和光缆。

（1）双绞线

双绞线（Twisted Pair，TP）由两根相互绞合成均匀螺纹状的绝缘铜导线所组成，多根这样的双绞线捆在一起，外面包上护套，就构成双绞线电缆。将两根导线绞在一起是为了减少噪声。噪声是指可能引起通信信号衰减的电子干扰。双绞线分为屏蔽和非屏蔽双绞线两种。非屏蔽双绞线（Unshielded Twisted Pair，UTP）电缆由 4 对不同颜色的传输线相互绞合成均匀螺纹状所组成，广泛用于以太网和电话线中，价格便宜，易于安装（如图 5.2 所示）。屏蔽双绞线（Shielded Twisted Pair，STP）电缆加上金属包层以减少辐射，防止信息被窃听，也可阻止外部电磁干扰的进入，使屏蔽双绞线比同类的非屏蔽双绞线具有更高的传输速率，但价格昂贵，安装相对困难。

目前网络传输中常用超五类和六类非屏蔽双绞线。

（2）同轴电缆

同轴电缆（Coaxial Cable）由一对同轴导线组成。其形状结构如图 5.3 所示，最里面是内导体，外包一层绝缘材料，外面再套一个网状的金属屏蔽层，最外面则是起保护作用的塑料外皮的绝缘层。同轴电缆具有比双绞线更强的抗干扰能力和更好的传输性能。有线电视网就采用同轴电缆作为传输介质。过去，同轴电缆被普遍用在计算机网络中，但现在已逐步被高性能的双绞线和光缆所替代。

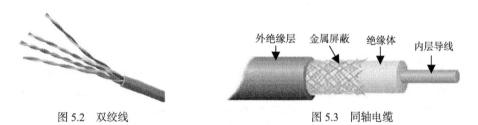

图 5.2　双绞线　　　　　　　　　　　　　　图 5.3　同轴电缆

（3）光缆

光缆是光纤电缆（Fiber-optic Cable）的简称，是传送光信号的介质。它由纤芯、包层和外部增强强度的保护层构成。纤芯包含几十或数百根玻璃或塑料制成的可传导光信号的细丝。细丝就被叫作光纤，像头发一样细，每根光纤都有自己的包层。用光纤传输信号时，在光缆一头的激光发射器发射光脉冲，在光缆另一头的光检测器接收光脉冲。光缆及光波在光纤中传播示意图如图 5.4 所示。

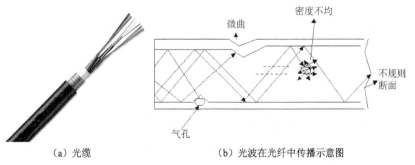

（a）光缆　　　　　　　　　（b）光波在光纤中传播示意图

图 5.4　光缆及光波传播示意图

由于使用了光作为传输载体，光缆比双绞线和同轴电缆这类金属传输介质具有更多的优点：体积小，重量轻，频带宽，容量大，传输速率高，不受外界电磁场的影响，抗干扰能力强，安全保密性好等。光缆的缺点是价格高，安装困难。

光缆是一种很有发展前途的传输介质。从20世纪80年代起，世界各国开始大规模铺设光纤通信线路，光纤传输网已经成为几乎所有现代通信网和计算机网的基础平台。

2. 无线传输介质

无线通信技术不使用线缆在通信设备之间传输数据。无线通信技术正如火如荼地发展着，已经引发一场技术革命。摆脱了线的束缚，人们感到了前所未有的通信自由。当不方便或不可能架设或铺埋线缆时，无线传输介质就可以大显身手了。常用无线传输介质包括微波、通信卫星、红外线和激光。

（1）微波

微波（Microwave）是高频的无线电波，数据转换成微波就能在微波线路上传输。微波的一个重要特性是沿着直线传播，而不是向各个方向扩散。由于地球是个曲面，微波的传输距离受到了限制，一般只有50km左右。这样，微波就适合用于城市的大楼之间或大学的校园里。要想传播更远的距离，微波必须用一种碟形天线来"接力"，如图5.5（a）、（b）所示。也就是说，在一条无线通信信道的两端之间建立若干的微波中继站。中继站把前一站送来的信号经过放大后再送到下一站。中继站的碟形天线可以安装在天线塔上、高层建筑物上或山顶上。

蓝牙（BlueTooth）是一种使用微波短距离（大约10m）传输数据的技术。近几年来，这种技术被广泛地用来连接各种各样的通信设备。支持蓝牙的设备有台式计算机、便携式计算机、手机和打印机等。家用电器如电视机、微波炉、冰箱、空调等也有的可以支持蓝牙技术，从而可以构建一个智能化、网络化的家庭。

（2）通信卫星

通信卫星（Communications Satellite）基本上是一个位于外层空间的微波中继站。通信卫星位于3600km高空与地球同步旋转，看起来就像固定在天空中的某一位置。卫星接收来自地面站的信号，放大衰弱的信号，然后用不同的频率向地面站广播，如图5.5（c）所示。卫星通信的优点是可克服地面微波通信距离的限制。它发出的电磁波覆盖范围广，跨度可达18 000km，覆盖了地球表面1/3的面积，3个这样的通信卫星就可以覆盖地球上的全部通信区域，这样地球各地面站间就可以任意通信了。卫星通信的缺点是传播延时长，传播质量受天气影响。

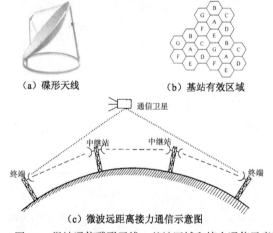

（a）碟形天线　　　　　　　（b）基站有效区域

（c）微波远距离接力通信示意图

图5.5　微波通信碟形天线、基站区域和接力通信示意图

（3）红外线

红外线（Infrared）是一种无线传输介质，使用红外线光波来传输信号。红外线传输广泛应用于短距离的通信。电视机和录像机的遥控器就是应用红外通信的例子。它有一定的方向性，使用时要求发射器直接对准接收器。红外线传输可以用于很多的设备和计算机。有些鼠标、打印机、数码相机等设备有专门的接口来使用红外线传输数据。利用红外线传输技术还可以组建无线局域网（WLAN）。但是，红外线不能穿透物体，包括墙壁。

（4）激光

激光（Laser）除了可以在光缆中用作传输数据信号的介质，它也可以直接作为传输介质在空气中传输数据。与微波传输类似，激光只能向一个固定方向传播，它不能穿过金属、植物，甚至雪和雾，因此直接用激光作为传输介质在使用上受到限制，主要用于卫星间的通信。有时可以用激光做地面间短距离通信，如短距离内传送传真和电视、导弹靶场的数据传输和地面间的多路通信等。

3. 调制解调技术

由于导体存在电阻，电信号直接传输的距离不能太远。研究发现，高频振荡的正弦波信号在长距离通信中能够比其他信号传送得更远。因此可以把这种高频正弦波信号作为携带信息的"载波"。信息传输时，利用信源信号去调整（改变）载波的某个参数（幅度、频率或相位），这个过程称为"调制"，经过调制后的载波携带着被传输的信号在信道中进行长距离传输，到达目的地时，接收方再把载波所携带的信号检测出来恢复为原始信号的形式，这个过程称为"解调"。

载波信号是频率比被传输信号（称为调制信号或基带信号）高得多的正弦波。调制的方法主要有 3 种：幅度调制、频率调制和相位调制。图 5.6 是 3 种不同调制方法的示意图。

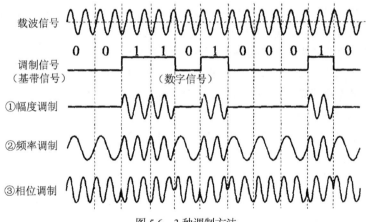

图 5.6　3 种调制方法

对载波进行调制所使用的设备称为"调制器"，调制器输出的信号即可在信道上进行长距离传输。到达目的地之后再由接收方使用"解调器"进行解调，以恢复出被传输的基带信号。不同类型的调制信号和不同的调制方法，需采用不同的调制和解调设备。由于大多数情况下通信总是双向进行的，所以调制器与解调器往往做在一起，这样的设备称为"调制解调器"（Modem），如图 5.7 所示。

图 5.7　ADSL Modem

5.1.3　交换技术

在数据通信系统中，当终端之间不是直通专线连接，而是要经过通信网的接续过程来建立连接的时候，那么两端系统之间的传输通路就是通过通信网络中若干节点转接而成的所谓"交换线路"。数据交换技术主要是电路交换、分组交换和报文交换。

1. 电路交换

电路交换是通过各交换节点在一对终端之间建立专用通信通道而进行直接通信的方式。电话交换机采用的是电路交换技术，即通话前经过拨号接通双方线路（建立一条物理通路），通话后再释放该线路（拆线）。电路交换原理示意图如图 5.8 所示。

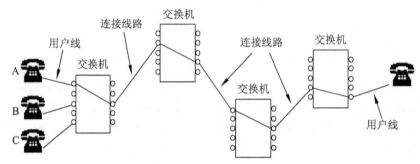

图 5.8　电路交换原理示意图

电路交换的主要优点有如下几点。

① 由于通信线路为通信双方用户专用，数据直达，所以传输数据的时延非常小。

② 通信双方之间的物理通路一旦建立，双方可以随时通信，实时性强。

③ 双方通信时按发送顺序传送数据，不存在失序问题。

④ 电路交换既适用于传输模拟信号，也适用于传输数字信号。

⑤ 电路交换的交换设备（交换机等）及控制均较简单。

电路交换的缺点有如下几点。

① 电路交换的平均连接建立时间对计算机通信来说较长。

② 电路交换连接建立后，物理通路被通信双方独占，即使通信线路空闲，也不能供其他用户使用，因而信道利用率低。

③ 电路交换时，数据直达，不同类型、不同规格、不同速率的终端很难相互进行通信，也难以在通信过程中进行差错控制。

2. 报文交换

报文交换方式的数据传输单位是报文，报文就是站点一次性要发送的数据块，其长度不限且可变。当一个站点要发送报文时，它将一个目的地址附加到报文上，网络节点根据报文上的目的地址信息，把报文发送到下一个节点，一直逐个节点地转送到目的节点。

每个节点在收到整个报文并检查无误后，就暂存这个报文，然后利用路由信息找出下一个节点的地址，再把整个报文传送给下一个节点。因此，端与端之间无须先通过呼叫建立连接。报文交换原理示意图如图 5.9 所示。

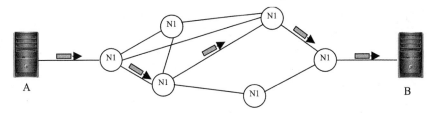

图 5.9　报文交换原理示意图

报文交换主要优点有如下几点。

① 报文交换不需要为通信双方预先建立一条专用的通信线路，不存在连接建立时延，用户可随时发送报文。

② 由于采用存储转发的传输方式，使之具有下列优点。a. 在报文交换中便于设置代码检验和数据重发设施，加之交换节点还具有路径选择，就可以做到某条传输路径发生故障时，重新选择另一条路径传输数据，提高了传输的可靠性；b. 在存储转发中容易实现代码转换和速率匹配，甚至收发双方可以不同时处于可用状态，这样就便于类型、规格和速度不同的计算机之间进行通信；c. 提供多目标服务，即一个报文可以同时发送到多个目的地址，这在电路交换中是很难实现的；d. 允许建立数据传输的优先级，使优先级高的报文优先转换。

③ 通信双方不是固定占有一条通信线路，而是在不同的时间一段一段地部分占有这条物理通路，因而大大提高了通信线路的利用率。

报文交换的缺点有如下几点。

① 由于数据进入交换节点后要经历存储、转发这一过程，从而引起转发时延（包括接收报文、检验正确性、排队、发送时间等），而且网络的通信量越大，造成的时延就越大，因此报文交换的实时性差，不适合传送实时或交互式业务的数据。

② 报文交换只适用于数字信号。

③ 由于报文长度没有限制，而每个中间节点都要完整地接收传来的整个报文，当输出线路不空闲时，还可能要存储几个完整报文等待转发，要求网络中每个节点有较大的缓冲区。为了降低成本，减少节点的缓冲存储器的容量，有时要把等待转发的报文存在磁盘上，进一步增加了传送时延。

3. 分组交换

分组交换技术与报文交换技术类似，也是采用存储转发机制，但报文交换是以报文作为传送单元，由于报文长度差异很大，长报文可能导致很大的时延，并且对每个节点来说缓冲区的分配也比较困难，为了满足各种长度报文的需要并且达到高效的目的，节点需要分配不同大小的缓冲区，否则就有可能造成数据传送的失败。在实际应用中报文交换主要用于传输报文较短、实时性要求较低的通信业务，如公用电报网。报文交换比分组交换出现得要早一些，分组交换是在报文交换的基础上，将报文分割成包，然后分组进行传输，在传输时延和传输效率上进行了平衡，从而得到广泛的应用。

分组交换将一个长报文先分割为若干个较短的"包"（Pack，也称为"分组"），然后把这些"包"（携带源、目的地址和编号信息）逐个地发送出去，分组交换原理示意图如图 5.10 所示。

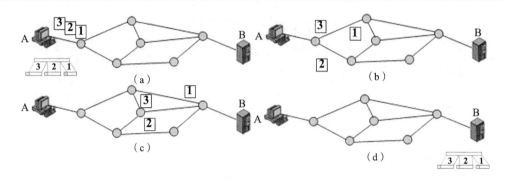

图 5.10　分组交换原理示意图

分组交换主要优点有如下几点。

① 加速了数据在网络中的传输。因为分组是逐个传输，可以使后一个分组的存储操作与前一个分组的转发操作并行，这种流水线式的传输方式减少了报文的传输时间。此外，传输一个分组所需的缓冲区比传输一份报文所需的缓冲区小得多，这样因缓冲区不足而等待发送的概率小得多，等待的时间也必然少得多。

② 简化了存储管理。因为分组的长度固定，相应的缓冲区的大小也固定，在交换节点中对存储器的管理通常被简化为对缓冲区的管理，相对比较容易。

③ 减少了出错概率和重发数据量。因为分组较短，其出错概率必然减少，每次重发的数据量也就大大减少，这样不仅提高了可靠性，也减少了传输时延。

④ 由于分组短小，更适用于采用优先级策略，便于及时传送一些紧急数据，因此对于计算机之间的突发式的数据通信，分组交换显然更为合适。

分组交换的缺点如下。

① 尽管分组交换比报文交换的传输时延小，但仍存在存储转发时延，而且其节点交换机必须具有更强的处理能力。

② 分组交换与报文交换一样，每个分组都要加上源、目的地址和分组编号等信息，使传送的信息量增大 5%～10%，一定程度上降低了通信效率，增加了处理的时间，使控制复杂，时延增加。

③ 当分组交换采用数据报服务时，可能出现失序、丢失或重复分组，分组到达目的节点时，要对分组按编号进行排序等工作，增加了工作量。若采用虚电路服务，虽无失序问题，但有呼叫建立、数据传输和虚电路释放 3 个过程。

总之，若要传送的数据量很大，且其传送时间远大于呼叫时间，则采用电路交换较为合适；当端到端的通路由很多段的链路组成时，采用分组交换传送数据较为合适。从提高整个网络的信道利用率上看，报文交换和分组交换优于电路交换，其中分组交换比报文交换的时延小，尤其适合于计算机之间的突发式的数据通信。

5.2　数据传输

数据传输（Data Transmission）就是依照适当的规程，经过一条或多条链路，在数据源和数据宿之间传送数据的过程，也表示借助信道上的信号将数据从一处送往另一处的操作。数据传输可以方便地实现远程文件和多媒体信息的传输。

5.2.1　带宽

所谓带宽（Band Width），是"频带宽度"的简称，原是通信和电子技术中的一个术语，指通信线路或设备所能传送信号的范围。而网络中的带宽是指在规定时间内从一端流到另一端的信息量，即数据传输率。数据传输率是衡量计算机网络通信的一项重要指标，经常使用的单位是：千比特/秒（kbit/s，即 10^3 比特/秒）、兆比特/秒（Mbit/s，即 10^6 比特/秒）、吉比特/秒（Gbit/s，即 10^9 比特/秒）等。

带宽意味着在给定的时间内有多少信息可以通过信道。信道的带宽越宽，单位时间通过的数据就越多。如果传输文本信息，只需要比较窄的带宽。然而，想要有效地传输视频和音频，就需要更宽的带宽。如在实验室通过以太网上网时，带宽一般是 10Mbit/s、100Mbit/s 甚至 1Gbit/s；学校校园中大楼与大楼之间的主干光纤通信线路，其带宽可以达到 10Gbit/s。

有两种常用带宽，它们是语音频带和宽带。

语音频带（Voice Band）用于标准电话通信。使用标准调制解调器拨号上网的计算机使用这种带宽。这种带宽很适合传输文本数据，但是要有效地传输高质量视频和音频数据就有些力不从心。典型的速度是 56～96kbit/s。

宽带（Broad Band）是用于高性能传输的带宽类型，其实并没有很严格的定义，一般是以目前拨号上网速率的上限 56kbit/s 为分界，将 56kbit/s 及其以下的接入称为"窄带"，之上的接入方式则归类于"宽带"，如 ADSL（512kbit/s～10Mbit/s）、有线电视电缆上网等。

5.2.2　串行传输和并行传输

当两个设备交换数据时，在设备之间的数据流是一些连续的比特流。比特有串行和并行两种传输方式。

1. 串行传输

在串行传输（Serial Transmission）方式中，比特排列成数据流，在一条信道上传输时，就好比多辆汽车通过单车道的桥梁，如图 5.11 所示。电话通信采用的就是串行传输，这也就是外置调制解调器连接到计算机串口的原因。串行传输与将要讲到的并行传输相比其特点是，速度慢，但只需一条物理信道，线路投资小，易于实现，特别适合远距离传输。串行传输是目前数据传输的主要方式。

2. 并行传输

在并行传输（Parallel Transmission）方式中，比特同时在多条独立的信道中传输时，就好像多辆汽车同时通过多车道公路，如图 5.12 所示。如果 ASCII 编码的符号是由 8 位二进制数表示的，则并行传输 ASCII 编码符号就需要 8 个传输信道，使表示一个符号的所有数据位能同时沿着各自的信道并排地传输。并行传输时，一次可以传一个字符，收发双方不存在同步的问题，而且速度快，控制方式简单。但是，并行传输需要多个物理通道，所以并行传输只适合短距离、要求传输速度快的场合使用，如打印机和系统单元的通信。

图 5.11　数据串行传输原理示意图

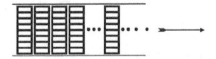

图 5.12　数据并行传输原理示意图

5.2.3 传输方向

数据沿传输介质流动的方向有 3 种，即单工通信、半双工通信和全双工通信。

1. 单工通信

单工通信（Simplex Communication）只向一个方向发送数据。就像汽车通过单行道。单工通信只用于发送设备不需要来自接收设备的响应信息的情况。例如遥控、遥测、电视广播等。这种通信方式在数据通信系统中不常使用。

单工通信信道是单向信道，发送端和接收端的身份是固定的，发送端只能发送信息，不能接收信息；接收端只能接收信息，不能发送信息，数据信号仅从一端传送到另一端，即信息流是单方向的。单工通信属于点到点的通信。

2. 半双工通信

半双工通信（Half-duplex Communication）中数据可以双向传输，但不能在两个方向上同时进行，必须轮流交替地进行。也就是说，通信信道的每一段都可以是发送端，也可以是接收端。但同一时刻里，信息只能有一个传输方向。日常生活中的例子有步话机、对讲机、传真机、自动提款机等。

3. 全双工通信

全双工通信（Full-duplex Communication）又称为双向同时通信，即通信的双方可以同时发送和接收信息的信息交互方式。这好像我们平时打电话一样，说话的同时也能够听到对方的声音。又如微处理器与外围设备之间进行的全双工通信，它采用发送和接收各自独立的方法，可以使数据在两个方向上同时进行传送操作。

目前的网卡一般都支持全双工。

全双工方式在发送设备的发送方和接收设备的接收方之间采取点到点的连接，这意味着在全双工的传送方式下，可以得到更高的数据传输速度。

5.2.4 协议

为了使数据能成功地传输，发送者和接收者必须遵守一组信息交换规则。计算机之间交换数据的规则叫作协议（Protocol）。

Internet 的标准协议是 TCP/IP（Transmission Control Protocol/Internet Protocol）。该协议的主要功能是确认发送和接收设备的位置，对通过 Internet 传递的信息进行格式转换。根据该协议，Internet 上的每台计算机都有唯一的地址（IP 地址），就像邮件地址，根据这一地址来确认网上消息的来源和去向。另外，发送的消息在发送时会被分成若干小的数据包（一般包括始发地址、接收地址、数据、校验信息等），这些包可以各自独立发送（可能经过不同的路线），到了目的地，这些数据包又被重新按照顺序组装起来成为完整的消息。消息的拆分和组合的数据格式转换方式也是由该协议确定的。TCP/IP 实际上是一种数据打包和寻址的标准方法。

5.3 计算机网络

5.3.1 定义

一般来说，将地理上分散的计算机（或其他智能设备）和设备用通信线路互相连接起来，实现互相通信、资源共享的整个系统就叫计算机网络（Computer Network）。通信线路有很多不同的连接方式以适应不同的需要。

为什么需要将计算机连接成为计算机网络呢？一般来说，计算机连网的目的主要是出于下列几个方面的考虑。

（1）数据通信。计算机网络能使分散在不同部门、不同单位甚至不同国家或地区的计算机相互之间进行通信，互相传送数据，方便地进行信息交换。例如，收发电子邮件，在网上聊天，打 IP 电话，开视频会议，收看网络电视等。

（2）资源共享。这是计算机网络最具吸引力的功能。从原理上讲，只要允许，用户可以共享网络中其他计算机的软件、硬件和数据等资源，而不受资源所在地理位置的限制。例如，使用浏览器浏览网页和下载远程 Web 网站上的音乐、访问其他计算机中的文件等。

（3）实现分布式信息处理。由于有了计算机网络，许多大型信息处理问题可以借助于分散在网络中的多台计算机协同完成，解决单机无法完成的信息处理任务。也可以实现分散在各地各部门的许多计算机通过网络合作完成一项共同的任务。

（4）提高计算机系统的可靠性和可用性。网络中的计算机可以互为后备，一旦某台计算机出现故障，它的任务可由网络中其他计算机取而代之。当网络中某些计算机负荷过重时，网络可将一部分任务分配给较空闲的计算机去完成，提高了系统的可用性。

表 5.2 所列为计算机网络中的常用术语。

表 5.2　　　　　　　　　　　　　　计算机网络中的常用术语

术　　语	英　　文	解　　释
节点	Node	接入到网络中的任何设备都被称作节点，包括计算机、打印机和扫描仪等
客户机	Client	请求和使用其他节点资源的节点，通常是用户的计算机
服务器	Server	为其他节点提供资源和服务的节点，根据共享的资源不同，可能被称作文件服务器、打印机服务器、Web 服务器或数据库服务器等
网络操作系统	Network Operating Systems	控制和协调网络上的所有计算机和其他设备的软件。它使网络通信可以正常进行，资源可以有效共享

5.3.2　网络拓扑结构

网络拓扑结构（Network Topology）通常是指网络中计算机之间的物理连接方式。网络中的计算机有多种连接方式，常见的网络拓扑结构有星形结构、总线结构、环形结构、网状结构、树形结构。

1. 星形结构

星形（Star）结构的主要特点是集中控制，如图 5.13 所示。

网络中所有的节点都连接到一个中央节点（计算机或集线器）上，形成一个星形。集线器（Hub）是一种网络连接设备，用来连接网络设备，可以对接收到的信号进行再生整形放大。所有从一个节点到另一个节点的数据传输都必须经过中央节点。星形拓扑结构控制简单，易于维护。任何单个节点到中央节点的连接出现故障都不会影响到整个系统。但是，一旦中央节点出现故障，会使整个网络系统瘫痪。另外，由于每个节点都直接连接到中央节点，这种结构比总线结构和环形结构都耗费网络连线。

2. 总线结构

总线（Bus）结构中所有的网络节点连接到一条公共电缆线上，如图 5.14 所示。与星形结构不同，它没有一个集中控制中心。所有发出的消息向总线的两端传输，广播到整个网络。网络上的节点判断消息是不是发给自己，是则接收，否则置之不理。因为是共享信道，每个时刻只允许一个节点发送数据。这种结构采用的线路长度较短，增删节点方便，工作可靠，一个节点出现故障不会影响整个网络。这种结构多用于局域网（Local Area Network，LAN）。

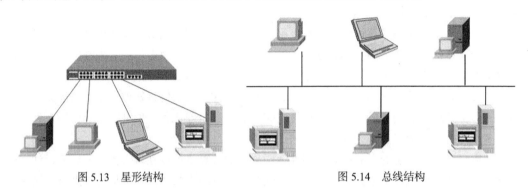

图 5.13　星形结构　　　　　　　　　　　　　　图 5.14　总线结构

3. 环形结构

环形（Ring）结构中网络上的所有节点都连接到一个闭合的圆环上，如图 5.15 所示。这种结构也可以看作是将总线结构的两个端点连接起来而形成的。环形网上的数据传输是单向的，所有的传输都是按照规定的方向绕环一周（顺时针或逆时针方向）。节点检测经过的消息，如果是给自己的则接收，否则消息传到环上的下一个节点。如果线路的某一段中断或者环上的节点发生故障都会影响整个网络的正常运作，所以有些网络采用双环来降低风险。环形结构主要用于局域网，但也用于广域网来连接大型机。

4. 网状结构

网状（Mesh）结构没有主控节点，网上的每个节点都有好几条路径与网络相连，如图 5.16 所示。所以即使一条线路出故障，通过冗余线路接续，网络仍能正常工作，但是必须对路径进行选择。这种结构可靠性高，一个节点发生故障不会影响整个网络工作，一条路径发生故障，节点可以继续与网络交换信息。但是，这种结构用线量大，而且网络控制和路由选择复杂，网络设计和网络管理困难。网状结构通常用于广域网，局域网很少使用。

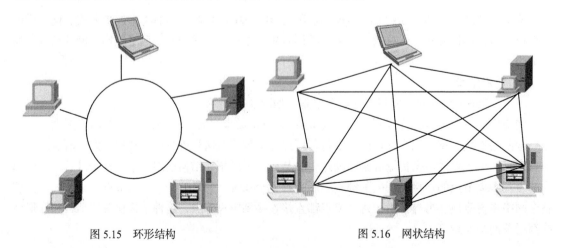

图 5.15　环形结构　　　　　　　　　　　　　　图 5.16　网状结构

5. 树形结构

树形（Tree）结构是从总线结构演变而来的，形状像一棵倒置的树，从顶端的根向下分支，每个分支可以延伸出多个子分支一直到叶，如图 5.17 所示。每个节点发出的消息可以广播到所有的节点。这种结构配置简单，易于扩展，很容易增加新的节点。

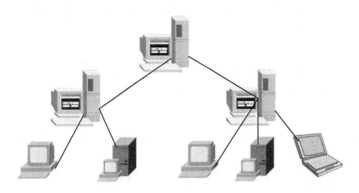

图 5.17　树形结构

总体来说，上述几种拓扑结构中，星形、总线和环形结构在局域网中应用较多，网状和树形结构在广域网中应用较多。另外，实际应用中往往以这些基本的拓扑结构为基础，组合派生出多种拓扑形式，以满足不同的需要。

5.3.3　分类

计算机网络有多种分类方式。如果根据地理范围划分，大致可以分为局域网、城域网和广域网。

1. 局域网

局域网（Local Area Network，LAN）是规模较小的网络，局限于较小的地理范围（如几 km），比如学校的计算机实验室、公寓内、办公楼内或家庭内部。LAN 是最普遍的网络，由通信线路、联网的计算机和其他设备、网卡和网络操作系统组成。其主要用途是共享信息和昂贵的外围设备。在工厂里，计算机联网用于机器的自动控制。近年来，有些家庭中多台计算机也互联成网，称为 PAN（Personal Area Network），它是局域网的一种特例。

2. 城域网

城域网（Metropolitan Area Network，MAN）是城市范围的网络，也称为市域网，其作用范围为 5～50km。它是网络运营商（如电信和广电）在城市范围内组建的一种高速（宽带）网络，用于把城市范围内大量的局域网和个人计算机高速接入 Internet，并提供语音、数据、图像、视频等多种增值信息服务。城域网通常包含一个或多个 LAN，但是比广域网地理范围小些。城域网和 LAN 用到的技术是类似的，所以有时候不提城域网，而 LAN 和广域网说得更多一些。

3. 广域网

广域网（Wide Area Network，WAN）覆盖更大范围的地理区域，作用范围可以从几十 km 到几千 km，甚至更大。广域网往往覆盖一个国家、地区，或横跨几个洲，形成国际性的计算机网络。广域网使用由多种传输介质组成的信道，往往要依赖公共电信公司提供的线路。广域网通常由一个或多个 LAN 连接而成。LAN 之间要使用路由器（Router）等网络互联设备，用来确保信息能够到达正确的目的地。某些公司、政府部门、教育机构拥有自己的广域网。

现在，Internet 是覆盖全球的最大的一个计算机广域网，它由大量的局域网、城域网和公用数据网等相互连接而成，是一种计算机网络的网络。

5.3.4 对等网络与客户机/服务器网络

有两种广为流行的 LAN，即对等网络和客户机/服务器网络。这主要是根据网络共享信息和资源的方式不同来区分的。

1. 对等网络

对等（Peer to Peer，P2P）网络是一种简单的、花费少的网络，是一种新的通信模式。对等网络中的所有计算机有着相同的权力，没有哪台计算机有控制权。网络中的每一台计算机都可以共享其他计算机的硬件、数据和软件。每台计算机都把文件存储在本地。每台计算机都安装有网络操作系统和应用软件。其中一台计算机连接了外围设备，可以共享给其他计算机，一般来说较小的企业和组织使用这种网络。

P2P 模式非常适合于流媒体领域，由于网上实时电视采用 P2P 方式，使得提供节目的成本较低，收视质量也很高。IP 电话（Internet Protocol Phone）是 VoIP（Voice over IP）的俗称，它采用 P2P 技术动态自适应地根据通信双方网络进行链路控制与消息转发。目前，研究人员已将 P2P 技术引入到网络游戏和网络游戏支撑平台中。

2. 客户机/服务器网络

客户机/服务器（Client/Server）网络中有一台或多台计算机充当服务器，为网络中的其他计算机（称作客户机）提供服务。服务内容包括提供数据库访问、打印、网页访问、文件存储等。服务器控制着网络中硬件和软件的访问，提供集中的存储区域来存储软件、数据和信息。客户机访问这些资源必须经过服务器的授权。与客户机相比，服务器往往有更快的处理速度，有更大的存储空间。服务器要承担更多的处理任务。有些服务器有着专门的任务，比如文件服务器存储和管理文件，打印服务器管理打印机和打印任务，数据库服务器存储数据库和提供数据库访问。客户机/服务器网络可以非常有效地连接为数众多的计算机，让它们有条不紊地工作。网络中的用户都是有特定权限的，通常有一个管理员来管理整个网络，有着最高的权力，其他用户只能在授权的范围内使用网络资源。

采用这种结构的系统目前应用非常广泛，如宾馆、酒店的客房登记、结算系统，超市的 POS 系统，银行、邮电的网络系统等。

5.3.5 网络互联设备

网络互联设备是构成计算机网络的重要组成部分。目前，网络互联设备主要有网卡、集线器、交换机、路由器、网关和网桥等。

1. 网卡

网络上的每台计算机都安装有网络接口卡，简称网卡（Network Interface Card，NIC）。每块网卡都有一个全球唯一的地址码，称为 MAC 地址，该地址码就成为安装了该网卡的计算机的物理地址。网卡通过双绞线、光纤或者无线电波把计算机与网络连接起来。

网卡给计算机添加了一个串行接口，是计算机与网线之间连接的硬件设备。网卡负责并行数据与串行数据的转换，控制着网线上传输的数据流量，发送数据和接收数据，同时，它将计算机的内部信号放大，以便信号可以在网络上传输。

由于半导体集成电路集成度的提高和计算机网络应用的普及，现在网卡的上述功能均已集成在 PC 芯片组或平板电脑/智能手机的 SoC 芯片中。所谓网卡，多数只是逻辑上的一个名称而已。

2. 集线器

集线器是一种把网线集中到一起的设备，因此，被形象地称为 Hub（Hub 在英语里是港湾、中心的意思）（见图 5.18）。集线器是一个多端口的信号放大设备，当一个端口接收到数据信号时，由于信号在从源端口到集线器的传输过程中已有衰减，所以，集线器便将该信号进行整形，使衰减的信号再生到发送时的状态。另外，集线器只与它的上联设备（交换机、路由器）进行通信，处于同层的各端口之间不直接进行通信，而是通过上联设备再将信息广播到所有端口上。集线器主要用于主机之间的连接。市面上的 Hub 可分为 5 口、8 口、16 口和 24 口。

3. 交换机

交换机（Switch，英文中意为"开关"）是一种用于电信号转发的网络设备，如图 5.19 所示。它可以为接入交换机的任意两个网络节点提供独享的电信号通路。交换机根据工作位置的不同，可以分为广域网交换机和局域网交换机。

图 5.18　腾达 TEH8816 Hub

图 5.19　智能千兆交换机

交换机的工作原理是基于 MAC 地址识别，内部拥有网络"分段"的 MAC 地址表，当控制电路收到数据包以后，处理端口会查找内存中的地址对照表以确定目的 MAC（网卡的硬件地址）的 NIC（网卡）挂接在哪个端口上，通过在数据包的始发者和目标接收者之间建立临时的交换路径，使数据包直接由源地址到达目的地址。如果目的 MAC 不存在，则广播到所有的端口，接收端口回应后交换机会"学习"新的 MAC 地址，并把它添加入内部 MAC 地址表中。

相对于交换机，Hub 集线器就是一种物理层共享设备，Hub 本身不能识别 MAC 地址和 IP 地址，当同一局域网内的 A 主机给 B 主机传输数据时，数据包在以 Hub 为架构的网络上是以广播方式传输的，由每一台终端通过验证数据包头的 MAC 地址来确定是否接收。

交换机的知名品牌有华为、思科、中兴、友讯、普联、锐捷、腾达等。

4. 路由器

路由器（Router）是连接 Internet 中各局域网、广域网的设备，它会根据信道的情况自动选择和设定路由，以最佳路径，按先后顺序发送信号（如图 5.20 所示）。路由器是互联网络的枢纽。

图 5.20　路由器

路由器的主要作用是转发数据包，将每一个 IP 数据包由一个端口转发到另一个端口。转发行为既可以由硬件完成，也可以由软件完成。硬件转发的速度要快于软件转发的速度，无论哪种转发都根据"转发表"或"路由表"来进行，该表指明了到某一目的地址的数据包将从路由器的某个端口发送出去，并且指定了下一个接收路由器的地址。每一个 IP 数据包都携带一个目的 IP 地址，沿途的各个路由器根据该地址到"路由表"中寻找对应的路由，如果没有合适的路由，路由器将丢弃该数据包，并向发送该包的主机送一个通知，表明要去的目的地址"不可达"。

交换机只能连接同种类型的网络，而路由器可以连接异种类型的网络，如以太网、令牌环网、ATM 网、FDDI 网等。而且在互联网中，从一个节点到另一个节点，可能有许多路径，路由器可以选择通畅快捷的近路，会大大提高通信速度，减轻网络系统通信负荷，节约网络系统资源，这是交换机不具备的性能。

5. 网桥

网桥（Bridge）是相同网络体系结构局域网之间建立连接的桥梁（如图 5.21 所示）。网桥是属于网络层的一种设备，它的作用是扩展网络和通信手段，在各种传输介质中转发数据信号，扩展网络的距离，同时又有选择地将有地址的信号从一个传输介质发送到另一个传输介质，并能有效地限制两个介质系统中无关紧要的通信。

图 5.21　网桥

网络 1 和网络 2 通过网桥连接后，网桥接收网络 1 发送的数据包，检查数据包中的地址，如果地址属于网络 1，它就将其放弃，相反，如果是网络 2 的地址，它就继续发送给网络 2。这样可利用网桥隔离信息，将同一个网络号划分成多个网段（属于同一个网络号），隔离出安全网段，防止其他网段内的用户非法访问。由于网络的分段，各网段相对独立（属于同一个网络号），一个网段的故障不会影响到另一个网段的运行。因此，网桥在一定条件下具有增加网络带宽的作用。

网桥可以是专门的硬件设备，也可以由计算机加装的网桥软件来实现，这时计算机上会安装多个网络适配器（网卡）。

6. 网关

网关（Gateway）用于不同网络体系结构的网间连接器、协议转换器（如图 5.22 所示）。网关在网络层以上实现网络互联，是最复杂的网络互联设备，仅用于两个高层协议不同的网络互联。网关既可以用于广域网互联，也可以用于局域网互联。

图 5.22　语音网关

网关是一种完成转换重任的计算机系统或设备。在使用的通信协议不同、数据格式或语言不同，甚至体系结构完全不同的两种系统之间，网关是一个翻译器。

5.3.6　常用局域网

局域网有多种不同的类型。按照它所使用的传输介质，可分为有线网和无线网；按照网络中各种设备互联的拓扑结构，可以分为星形网、环形网、总线网、混合网等；按照传输介质所使用的访问控制方法，可以分为以太网（Ethernet）、FDDI 网和令牌网等。不同类型的局域网采用不同的 MAC 地址格式和数据帧（局域网中的数据包）格式，使用不同的网卡和协议。现在广泛使用的是以太网，其他如 FDDI 网和令牌网等已很少使用。

1. 共享式以太网

以太网（Ethernet）指的是由 Xerox 公司创建并由 Xerox、Intel 和 DEC 公司联合开发的基带局域网规范，是当今现有局域网采用的最通用的通信协议标准。以太网络使用 CSMA/CD（载波监听多路访问及冲突检测）技术，并以 10Mbit/s 的速率运行在多种类型的电缆上。

共享式以太网是最早使用的一种以太局域网，网络中所有计算机均通过以太网卡连接到一条公用的传输线（称为总线），借助于该总线实现计算机相互间的通信，如图 5.23 所示。

实际的共享式以太网大多以集线器（Hub）为中心构成。网络中的每台计算机通过网卡和网线（两端安装了 RJ-45 插头的 5 类双绞线）连接到集线器。共享式局域网上通常只允许一对计算机进行通信，当计算机数目较多且通信频繁时，网络会发生拥塞，性能将急剧下降，因而集线器只适用于构建计算机数目很少的网络（或一个网段）。

2. 交换式以太网

交换式以太网以以太网交换机（Ethernet Switcher）为中心构成。交换机是一种高速电子开关，连接在交换机上的所有计算机都可相互通信（如图 5.24 所示）。与共享以太网不同的是，交换机从发送计算机接收了一个数据帧之后，直接按接收计算机的 MAC 地址发送给指定的计算机，不再向其他无关计算机发送。而且，它还能支持多对计算机相互之间同时进行通信（例如，图 5.24 中的计算机 1 与 3、2 与 5、4 与 6）。因此，交换式以太局域网是一种星形拓扑结构的网络。它与总线式结构的区别是，连接在交换机上的每一台计算机各自独享一定的带宽（10 Mbit/s、100 Mbit/s 甚至更高，由该计算机使用的网卡和连接的交换机端口所决定）。

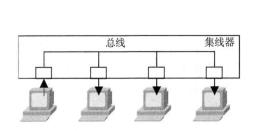

图 5.23　共享式以太网示意图

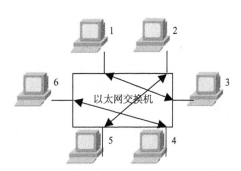

图 5.24　交换式以太网示意图

3. 千（万）兆位以太网

在学校、企业等单位内部，借助以太网交换机可以按性能高低以树状方式将许多小型以太网互相连接起来，构成"公司（单位）—部门—工作组—计算机"的多层次的以太局域网（校园网、企业网等）。其中，用户的计算机与所在工作组的交换机连接，低层（工作组、部门）的交换机以 100Mbit/s、1000Mbit/s 甚至 10Gbit/s 的速度与高层的中央交换机连接，中央交换机的总带宽可以达到几十至几百 Gbit/s，传输介质（光纤）的长度可达几千米。网络服务器通过 100Mbit/s 或 1000Mbit/s 的传输线路与中央交换机直接连接，这种局域网称为千（万）兆位以太网。

无论是共享式还是交换式以太网，它们的数据帧和 MAC 地址格式均相同，所以使用的网卡并无区别。网卡按传输速率可分为 10M 网卡、100M 网卡、1000M 网卡及 10M/100M 自适应网卡，目前使用最多的是 10M/100M 自适应网卡，每块网卡都有一个全球唯一的 48 位二进制数的 MAC 地址。

4. 无线局域网

无线局域网（Wireless Local Area Network，WLAN）是以太网与无线通信技术相结合的产物。它借助无线电波进行数据传输，工作原理与有线以太网基本相同，最大的优点是能方便地移动终端设备的位置或改变网络的组成。

无线局域网使用的无线电波，主要是 2.4GHz 和 5.8GHz 两个频段，电波覆盖范围较广，采用扩频方式通信，具有抗干扰、抗噪声和抗信号衰减能力，通信比较安全，较好地避免了信息被偷听和窃取，具有很高的可用性。

无线局域网需使用无线网卡、无线接入点等设备构建。目前无线局域网还不能完全脱离有线网络，它只是有线网络的补充和延伸（如图 5.25 所示）。图中采用无线接入的笔记本电脑、平板电脑、智能手机等都内置有无线网卡，其数据传输速率一般有 11 Mbit/s、54 Mbit/s 或 108 Mbit/s 之分，安装了 USB 无线网卡的台式机也可以以无线方式接入网络。

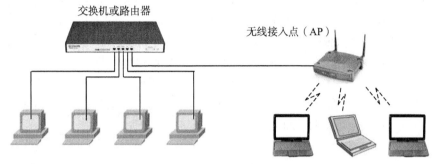

图 5.25　无限局域网

无线接入点（Wireless Access Point，WAP 或 AP）也称为无线热点或热点，主要提供从无线工作站对有线局域网和从有线局域网对无线工作站的访问，实际上它就是一个无线交换机或无线 Hub，相当于手机通信中的"基站"。WAP 把通过双绞线传送过来的电信号转换成为无线电波发送出去（或接收无线电波转换成双绞线上的电信号），使无线工作站相互之间和无线工作站与有线局域网之间可以相互访问。无线 WAP 的室外覆盖距离通常可达 100～300m，室内一般仅为 30 m 左右（如果墙壁又厚又多，距离还要缩短）。目前许多无线 WAP 都可支持多台（30～100 台）计算机接入，它还提供数据加密、虚拟专网、防火墙等功能，使用十分方便。

现在，平板电脑之类的便携式终端非常普及，但它们在没有 WAP 的地方功能将大打折扣。这时，如果有有线接入的话（如宾馆房间），可以用便携式无线 WAP 或无线路由器接入，或者把笔记本电脑设置成为 WAP 使用。

无线局域网的另外一种构建方式称为无线自组网（Wireless Ad hoc Networks），它不需要使用无线接入点 WAP，而是由一组无线工作站以自组织、多跳移动通信的方式构成，是一种无线对等局域网。在这种网络中，所有工作站都可以自由移动，它们均具有动态搜索、定位和恢复连接的能力。无线自组网在军事上非常有用，也可以使用在会议室和家庭中。

也可以用"蓝牙"（Bluetooth）技术构建无线局域网。它是一种短距离、低速率、低成本的无线通信技术，其目的是去掉笔记本电脑和手机等移动终端设备之间以及它们与一些附属装置（如耳机、鼠标等）之间的连接电缆，构成一个操作空间在几米范围内的无线个人区域网络（WPAN）。性能较好的蓝牙 4.0 具有更低功耗和更高速度的特点，已经在 iPad 和 iPhone 上得到应用。

5.4　Internet

5.4.1　简介

Internet 最早是在美国发展起来的，现已成为世界范围内广泛使用的最大的计算机网络。Internet 采用 TCP/IP 网络协议，它将不同国家、不同地区、不同部门和机构的数量庞大的国家骨干网、广域网、局域网等不同类型网络以及个人计算机通过网络互联设备连接起来，组成一个全球范围的网络。Internet 是一个没有等级差别的网络，不专门为某个个人或组织所拥有及控制，人人都可以参与。

1. Internet 的发展

Internet 起源于美国国防部 ARPANET 计划，后来与美国国家科学基金会的科学教育网合并。从 20 世纪 90 年代起，美国政府机构和公司的计算机纷纷加入，并迅速扩大到全球大多数国家和地区。据估计，目前 Internet 已经连接数百万个网络、几亿台计算机，2012 年的用户数目已达 24 亿，成为世界上信息资源最丰富的计算机公共网络。在许多国家和地区，Internet 已经像电视和电话一样普及。

Internet 早先的结构分为主干网、地区网和校园网三级，三级网络覆盖了全美主要的大学和研究所。随着使用范围扩大，政府机构和公司商家的加入，美国政府决定将 Internet 的主干网转交给私人公司来经营，并开始对接入 Internet 的单位收费，从而出现了许多 Internet 服务提供商，即面向个人、企业、政府机构等提供 Internet 接入服务的公司，简称 ISP。

目前 Internet 已经逐渐形成了基于 ISP（Internet Service Provider）的多层次结构（如图 5.26 所示）。最高级别的第一层 ISP 的服务面积最大，一般能覆盖国家范围；第二层 ISP 和一些大公司都是它们的用户；第三层 ISP 又称为本地 ISP，它们只拥有本地域范围的网络，普通的校园网和企业网以及家庭计算机用户都是第三层 ISP 的用户。为了使 ISP 之间可以直接交换访问 Internet 的流量，第一层还有若干网络接入点（Network Access Point，NAP），它们能使 ISP 相互间直接进行高速交换。图中计算机 A 与计算机 B 通过 Internet 进行通信时，实际上是通过许多中间的 ISP 进行通信。

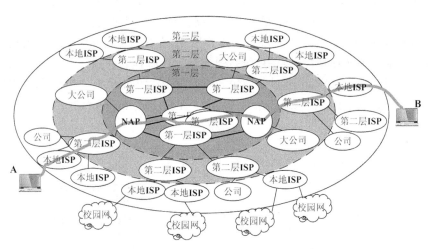

图 5.26　基于 ISP 的多层结构的 Internet 示意图

Internet 服务提供商（ISP）通常拥有自己的通信线路，也拥有从 Internet 管理机构申请得到的许多 IP 地址。用户的计算机若要接入 Internet，必须获得 ISP 分配的 IP 地址。对于单位用户，ISP 通常分配一批地址（如一个 B 类或若干个 C 类网络号），单位的网络中心再对网络中的每一台主机指定其子网号和主机号，使每台计算机都有自己固定的 IP 地址。对于家庭用户，ISP 一般不会分配固定的 IP 地址，而是采用动态分配的方法，即上网时由 ISP 的 DHCP 服务器临时分配一个 IP 地址，下网时立即收回给其他用户使用。

2. 工作方式

Internet 采用的是客户机/服务器（Client/Server）技术。客户机和服务器都是网上的计算机。服务器提供服务（数据、信息、程序等），客户机可以访问服务器所提供的资源。其基本工作方式可以描述为：客户机请求服务（请求从客户机传递到服务器）；服务器处理请求（服务器所进行的处理对客户机而言是隐藏的）；最后服务器响应客户机，为客户机提供服务。一个服务器可以为多个客户机服务，如图 5.27 所示。

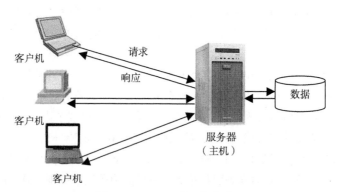

图 5.27　Internet 的工作方式

Internet 上存在着许多提供各种服务的服务器。只要使用的客户机连接到 Internet 上，就可以请求服务器提供所需的服务。

3. TCP/IP 协议

TCP/IP（Transmission Control Protocol/Internet Protocol）协议称为传输控制协议/Internet 互联协议，又名网络通信协议，是 Internet 最基本的协议、Internet 国际互联网络的基础，由网络层的 IP 协议和传输层的 TCP 协议组成。TCP/IP 定义了电子设备如何连入 Internet，以及数据如何在它们之间传输的标准。协议采用了 4 层的层级结构，每一层都呼叫它的下一层所提供的协议来完成自己的需求，如图 5.28 所示。通俗地讲，TCP 负责发现传输的问题，一有问题就发出信号，要求重新传输，直到所有数据安全正确地传输到目的地。而 IP 是给 Internet 的每一台计算机规定一个地址。

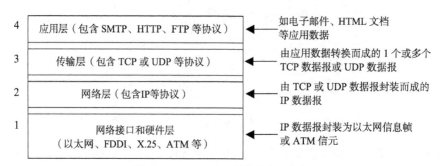

图 5.28　TCP/IP 分层结构与主要协议

TCP/IP 分层模型和协议标准的主要特点如下。

（1）适用于多种异构网络的互联。尽管底层各种物理网络使用的帧或包格式、地址格式等差别很大，但通过网络层的 IP 协议能够将它们统一起来，使得各种物理帧的差异对上层协议不复存在，这是 TCP/IP 协议实现异构网互联的关键。

（2）确保可靠的端对端通信。传输层的 TCP 协议具有解决数据报丢失、重复、损坏等异常情况的能力，是一种确保"端对端"可靠通信的协议。

（3）与操作系统紧密结合。随着 TCP/IP 技术的成熟和 Internet 的大范围使用，操作系统与 TCP/IP 的结合越来越紧密。目前，流行的 UNIX、Linux 和 Windows 操作系统等都已将实现 TCP/IP 协议的通信软件作为其内核的重要组成部分。

（4）TCP/IP 既支持面向连接服务（如 TCP），也支持无连接服务（如 UDP），两者并重，有利于在计算机网络上实现基于声音和视频通信的各种多媒体应用。

5.4.2　地址和域名

1. 地址

就像邮政服务需要通过地址来确认邮件的目的地，Internet 也依靠地址来确保信息发送到正确的地点。因此，Internet 上的每个网络设备（包括计算机、路由器、网络打印机等）都有一个唯一的地址，叫作 IP（Internet Protocol）地址。IPv4（IP 协议第 4 版）规定每个 IP 地址使用 4 个字节（32 个二进位）表示。为了方便用户使用，它通常被写作点分十进制的形式，即 4 个字节被分开用十进制写出（0～255），中间用小数点分隔。例如，IP 地址 11010100 00010000 00000010 01111000 的点分十进制表示为：212.16.2.120。

IP 地址中包含有网络号和主机号两部分内容。前者用来指明主机所从属的物理网络的编号（称为"网络号"），后者是主机在所属物理网络中的编号（称为"主机号"）。IP 地址分为 A 类、B 类、C 类 3 个基本类，每类有不同长度的网络号和主机号，另有 D 类和 E 类地址分别作为组播地址（组播报文的目的地址）和备用地址使用，如图 5.29 所示。其中，A 类地址用于拥有大量主机（≤16 777 214 台）的超大型网络，全球只有 126 个网络可获得 A 类地址。A 类 IP 地址的特征是其二进制表示的最高位为"0"（首字节小于 128）。B 类 IP 地址的特征是其二进制表示的最高两位为"10"（首字节大于等于 128 且小于 192），规模适中的网络（≤65 534 台主机）使用 B 类地址。C 类地址用于主机数量不超过 254 台的小型网络，其 IP 地址的特征是二进制表示的最高 3 位为"110"（首字节大于等于 192 且小于 224）。例如，26.10.35.48 是一个 A 类地址，130.24.35.68 是一个 B 类地址，202.119.23.12 是一个 C 类地址。

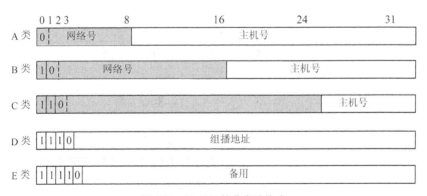

图 5.29　IP 地址的分类及格式

有一些特殊的 IP 地址从不分配给任何主机使用。例如主机地址每一位都为"0"的 IP 地址，称为网络地址，用来表示整个一个物理网络，它指的是物理网络本身而非哪一台计算机。主机地址每一位都为"1"的 IP 地址，称为直接广播地址，当一个 IP 包中的目的地址是某个物理网络的直接广播地址时，这个包将送达该网络中的每一台主机。

给出一个 IP 地址后，计算机如何知道 IP 地址中的网络号呢？这需要使用"子网掩码"（也称为子网屏蔽码）。子网掩码是一个 32 位的代码，其中与 IP 地址中网络号对应位置处的二进位是"1"，与主机号对应位置处的二进位是"0"。因此，只要将子网掩码与 IP 地址进行逻辑乘就能获得网络号（如图 5.30 所示）。

```
        11010100. 00010000. 00000010. 01111000
∧       11111111. 11111111. 11111111. 00000000
网络号：11010100. 00010000. 00000010. 00000000
```

图 5.30　子网掩码的作用

假设，主机 IP 地址：212.16.2.120，则子网掩码为：255.255.255.0。

由于 IPv4 中地址长度仅为 32 位，只有大约 40 亿个地址可用，2011 年初国际互联网名称与数字地址分配机构（The Internet Corporation for Assigned Names and Numbers，ICANN）宣布它们已经全部分配完毕。解决 IP 地址不够用的技术有多种，例如，网络地址转换（Network Address Translation，NAT）、使用专有网络、动态主机设置协议（Dynamic Host Configuration Protocol，DHCP）等，但长远的解决方案是采用第 6 版 IP 协议（IPv6），它把 IP 地址的长度扩展到 128 位，几乎可以不受限制地提供 IP 地址。

2. 域名

如上文所述，IP 地址可以用 4 个十进制数字表示，但记忆和使用仍不够方便。更合适的方法是使用具有特定含义的符号来表示 Internet 中的每一台主机，当然，符号名应该与各自的 IP 地址对应。当用户访问网络中的某个主机时，只需按名访问，而无须关心它的十进制或二进制数字所表示的 IP 地址。例如，www.nju.edu.cn 是南京大学的 WWW 服务器主机名（对应的 IP 地址为 202.119.32.7），Internet 用户只要使用 www.nju.edu.cn 就可访问到该服务器。

为了避免主机的名字重复，Internet 将整个网络的名字空间划分为许多不同的域，每个域又划分为若干子域，子域又分成许多子域。所有入网主机的名字即由一系列的"域"及其"子域"组成，子域的个数不超过 5 个，相互之间用"."分隔，从左到右级别逐级升高。域名的格式一般为"计算机名.网络名.机构名.最高域名"。图 5.31 所示为 Internet 命名树的示意图。

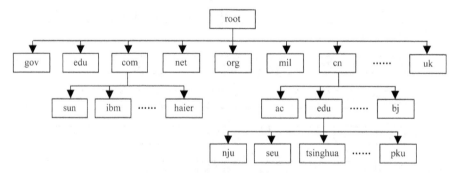

图 5.31　因特网主机名字的命名树

例如，"netra.nju.edu.cn"表示中国（cn）教育科研网（edu）中的南京大学校园网（nju）内的一台计算机（netra）。又如"www.cnnic.com.cn"，其中"www"表示 web 服务器，"cnnic"表示中国互联网络信息中心，"com"表示商业组织机构，"cn"表示中国。

域名体系中，根（root）节点下的第一级域的名称叫作顶级域名（Top-level Domain）。每个域被分为子域，位于顶级域名下一层的域名叫作二级域名，同理再下一层的域名叫作三级域名。

顶级域名分为两类：类别顶级域名和地理顶级域名。类别顶级域名是以 "gov"（政府部门）、"com"（商业性的机构或公司）、"edu"（教育学院）、"net"（网络提供者）、"org"（非营利组织）、"biz"（商业公司）、"info"（提供信息服务的单位）等结尾的域名，均由国外公司负责管理。地理顶级域名是以国家或地区代码为结尾的域名，如 "cn" 代表中国，"uk" 代表英国。地理顶级域名一般由各个国家或地区负责管理，以进一步分配域名。

中国互联网络信息中心（CNNIC）是国家顶级域名 "cn" 和中文域名注册管理机构，负责运行和管理域名系统，维护域名数据库。顶级域名 "cn" 之下，预先设置 "类别域名"（如 "gov"、"edu" 等）和 "行政区域名"（如 "bj" 等）两类英文二级域名。在二级域名下可以申请三级域名（如 "edu" 下的 "tsinghua""pku" 等）。

中文域名是含有中文的新一代域名，同英文域名一样使用，如 "海尔集团\公司"。我国互联网络域名体系中在顶级域名 "cn" 之外暂设 "中国""公司" 和 "网络" 3 个中文域名。

Internet 中主机的符号名就称为它的域名。域名使用的字符可以是字母、数字和连字符，但必须以字母或数字开头并结尾。整个域名的总长不得超过 255 个字符。

由于 Internet 起源于美国，所以美国通常不使用国家代码作为第 1 级域名，其他国家（地区）一般采用国家（地区）代码作为第 1 级域名。

通常一台主机只有一个 IP 地址（因为仅一块网卡），但可以有多个域名（为了不同的应用）。主机从一个物理网络移到另一个网络时，其 IP 地址必须更换，但可以保留原来的域名不变。

3. 域名系统

虽然域名方便了用户对网络资源的访问，但 Internet 最终还是会根据 IP 地址来定位网络设备，因此就需要一种转换机制。

域名系统（Domain Name System，DNS）负责将域名解析为对应的 IP 地址，它的功能相当于电话号码本，已知域名就可以查到它的 IP 地址，查找操作是自动完成的。当用户输入一个域名时，用户计算机首先询问 DNS 服务器，DNS 服务器从它的数据库中查询后，将这个域名对应的 IP 地址返回，就可以找到相对应的计算机了。一般来讲，每一个网络（如校园网或企业网）均要设置一个域名服务器，并预先在服务器的数据库中存放所辖网络中所有主机的域名与 IP 地址的对照表，用来实现入网主机名字和 IP 地址的转换。

整个 Internet 有非常多的 DNS 服务器，它们通过一套机制来相互协调，共同解析所有的域名。例如当访问 "www.sohu.com"，Internet 上的 DNS 服务器就会搜索到其 IP 地址 "61.135.132.12"，就可以访问搜狐公司的网站了。

在 Windows XP 操作系统的 "开始" 菜单处运行 nslookup 命令，可方便地从 IP 地址查看对应的域名，或从域名查看对应的 IP 地址。

5.4.3　接入方式

随着 Internet 的快速发展，大量的局域网和个人计算机用户需要接入 Internet。目前我国中心城市普遍采用的做法是，由城域网的运营商（中国电信、中国移动、中国网通等）作为 ISP 来承担 Internet 的用户接入任务。

城域网的主干是采用光纤传输的高速宽带网，它一方面与国家主干网连接，提供城市的宽带 IP 出口；另一方面又汇聚着若干接入网。接入网解决的是 "最后 1 公里" 问题，单位用户和家庭用户可以通过电话线、有线电视电缆、光纤、手机或 4G 无线信道等不同传输技术接入城域网，再由城域网接入 Internet。

1. ADSL

非对称数字用户线（Asymmetrical Digital Subscriber Line，ADSL）是目前流行的一种宽带接入方式，它通过现有普通电话线为家庭、办公室提供宽带数据传输服务的技术。被称为"网络快车"，具有速度快、性能优、安装方便等特点。

ADSL 为下行数据流提供比上行流更高的传输速率（普通用户大多接收信息远多于发送信息）。采取这样的做法，是因为大多数 Internet 用户其绝大部分流量是用户浏览 Web 页面或下载文件所产生的，用户发送的数据多数情况都是简短的请求信息，仅仅几十或者几百个字节而已。

ADSL 并不需要改变电话的本地线路，它仍然利用普通电话线作为传输介质，只需在线路两端加装 ADSL 设备（专用的 ADSL Modem）即可实现数据的高速传输。标准 ADSL 的数据上传速度一般只有 64～256kbit/s，最高达 1 Mbit/s，而数据下行速度在理想状态下可以达到 8Mbit/s（通常情况下为 1Mbit/s 或 2Mbit/s 左右）。有效传输距离一般在 3～5 km。ADSL 的特点如下。

（1）一条电话线可同时接听、拨打电话并进行数据传输，两者互不影响。

（2）虽然使用的还是原来的电话线，但 ADSL 传输的数据并不通过电话交换机，所以 ADSL 上网不需要缴付额外的电话费。

（3）ADSL 的数据传输速率是根据线路的情况自动调整的，它以"尽力而为"的方式进行数据传输。

ADSL 利用普通电话线作为传输介质，它通过一种自适应的数字调制解调技术，能在电话线上得到 3 个信息通道，一个是为电话服务的语音通道，一个是速率为 64～256 kbit/s 的上行数据通道，另一个是速率为 1～8Mbit/s 的高速数据下行通道，它们可以同时工作，互不影响，如图 5.32 所示。

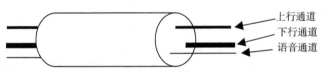

图 5.32　ADSL 频带分布示意图

用户需要安装 ADSL 时，只需在已有电话线的用户端配置一个 ADSL Modem 和一个语音分离器（滤波器），计算机中需安装一块 10M/100M 的以太网网卡，网卡与 ADSL Modem 之间用双绞线连接，然后再设置好有关的参数，便完成了安装工作，如图 5.33 所示。

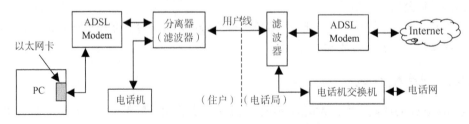

图 5.33　ADSL Modem 与 PC 的连接

2. 有线电视网

有线电视（Cable Television，Cable TV 或 CATV）网是高效廉价的综合网络，它具有频带宽、容量大、多功能、成本低、抗干扰能力强、支持多种业务连接千家万户的优势，它的发展为信息高速公路的发展奠定了基础。

当前，有线电视系统已经广泛采用光纤同轴电缆混合网（Hybrid Fiber Coaxial，HFC）传输电视节目。HFC 主干部分采用光纤连接到小区，然后在"最后 1 公里"时使用同轴电缆以树形总线方式接入用户居所。HFC 具有很大的传输容量，很强的抗电子干扰能力，它融数字与模拟传输技术于一身，既能传输较高质量和较多频道的广播电视节目，又能提供高速数据传输和信息增值服务，还可以开展交互式数字视频点播服务。

借助 HFC 网络接入互联网时，主机端仍采用传统的以太局域网技术，但最重要的组成部分也就是同轴电缆到用户主机这一段使用了另外的一种技术，即电缆调制解调器（Cable Modem）技术，如图 5.34 所示。

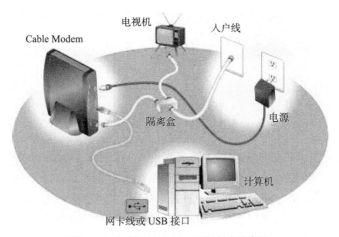

图 5.34　用户通过 CATV 上网方式示意图

Cable Modem 的原理与 ADSL 相似，它将同轴电缆的整个频带（5～750MHz）划分为 3 部分，分别用于数据上传、数据下传及电视节目的下传。数据通信与电视信号的传输互不影响，上网时仍可收看电视节目。

Cable Modem 除了将数字信号调制到射频（Radio frequency，FR）以及将射频信号中的数字信息解调出来之外，它还提供标准的以太网接口与 PC 网卡或局域网集线器连接。当 PC 接收 Internet 数据时，数据通过光纤同轴混合网传输至用户家中，由 Cable Modem 将下行的射频信号解调为数字信号，再从中解码出数据并转换成以太网的帧格式，通过以太网端口将数据传送到 PC。PC 上传数据时，Cable Modem 收到 PC 传送来的数据后，经过编码并调制成射频信号，然后经光纤同轴混合网传输至 Internet。

Cable Modem 接入技术比电话网的带宽高得多，因而可以达到较高的传输速率，提供宽带服务。但由于 Cable Modem 所依赖的 HFC 系统的拓扑结构是分层的树状总线结构，其多个终端用户共享连接段线路的带宽，当段内同时上网的用户数目较多时，各个用户所得到的有效带宽将会下降，这是它的不足之处。

3. 光纤接入网

光纤接入网指的是使用光纤作为主要传输介质的 Internet 接入系统。主要有以下几个优点。

（1）光纤接入网能满足用户对各种业务的需求。人们对通信业务的要求越来越高，除了打电话、看电视以外，还希望有高速计算机通信、家庭购物、家庭银行、居家办公、远程医疗诊断、远程教学以及高清晰度电视（HDTV）等。

（2）光纤损耗低、频带宽。光纤不受电磁干扰，保证了信号传输质量，同时也解决了城市地下通信管道拥挤的问题。

（3）光纤接入网的性能不断提高，价格不断下降。

（4）光纤接入网提供数字业务，有完善的监控和管理系统，能适应将来宽带综合业务数字网（B-ISDN）的需要，打破"瓶颈"，使信息高速公路畅通无阻。

光纤接入 Internet 时，需要在 ISP 的交换局一侧，把电信号转换为光信号，以便在光纤中传输，到达用户端之后，要使用光网络单元把光信号转换成电信号，然后再经过交换机传送到用户的计算机（如图 5.35 所示）。

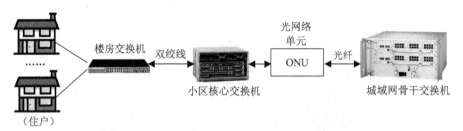

图 5.35　FTTx+ETTH 结构图

光纤接入网按照主干系统和配线系统的交界点——光网络单元的位置可划分为光纤到路边（FTTC）、光纤到小区（FTTZ）、光纤到大楼（FTTB）、光纤到家庭（FTTH）等。FTTC 和 FTTZ 主要为单位和小区提供服务，将光网络单元放置在路边，每个光网络单元一般可为几栋楼或十几栋楼的用户提供宽带服务，从光网络单元出来用同轴电缆提供电视服务，用双绞线提供计算机连网服务；FTTB 光纤接入网主要为企事业单位服务，将光网络单元放置在大楼内，以每栋楼为单位，提供高速数据通信、远程教育等宽带业务；FTTH 光纤接入网直接为家庭用户提供服务，将光网络单元放置在楼层甚至用户家中，由几户或一户家庭专用，为家庭提供更多更好的宽带业务。

我国目前采用"光纤到楼、以太网入户"（FTTx＋ETTH）的做法，它采用 1000Mbit/s 以上的光纤以太网作为城域网的干线，实现 1000M/100M 以太网到大楼和小区，再通过 100M 以太网到楼层或小型楼宇，然后以 10M 以太网入户或者到办公室和桌面，满足了多数情况下用户对接入速度的需求。

4. 无线接入

随着无线通信技术的发展，用户不受时间地点约束，随时随地访问 Internet 已经成为现实。目前采用无线方式接入 Internet 的技术主要有 3 类，如表 5.3 所示，用户可以根据自己的需要和条件进行选择。

表 5.3　　　　　　　　　　　　Internet 无线接入技术的比较

接入技术	使用的接入设备	数据传输速率	说明
无线局域网（WLAN）接入	Wi-Fi 无线网卡，无线接入点	11～100Mbit/s	必须在安装有接入点（AP）的热点区域中才能接入
GPRS 移动电话网接入	GPRS 无线网卡	56～114kbit/s	方便，有手机信号的地方就能上网，但速率不快、费用较高
3G 移动电话网接入	3G 无线网卡	几百 kbit/s～几 Mbit/s	方便，有 3G 手机信号的地方就能上网，但目前费用较高

无线局域网的原理和组成在 5.3.6 小节中已经介绍过，它通常与有线局域网连接并通过路由器接入 Internet。目前，采用 802.11 协议的 WLAN 技术日益成熟，性能不断提高，产品价格逐步下

降，校园、宾馆、机场、车站等已广泛使用。家庭（宿舍）中的多台计算机，也可以通过无线路由器连接 ADSL Modem（Cable Modem，或光纤以太网）接入 Internet，如图 5.36 所示。

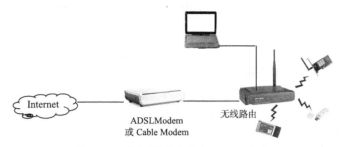

图 5.36　利用无线路由接入 Internet 方式

　　GPRS 是通用分组无线业务（General Packet Radio Service）的英文简称，它是在现有第 2 代移动通信系统 GSM 上发展出来的一种基于分组交换的数据通信业务，有人称它为 2.5G，用户可使用手机上网收发邮件，浏览网站，也可以将手机（或专门的上网卡）与笔记本计算机连接使之接入 Internet，实现移动办公。

　　第 3 代移动通信技术（3G）使无线接入 Internet 变得更加方便，性能也更高，属于无线宽带接入。使用 3G 无线上网卡将计算机接入 Internet，数据传输速率理论上可达几 Mbit/s，比 GPRS 快很多。虽然传输速率比 WLAN 还有差距，但是其覆盖范围是 WLAN 不能相比的。不过，我国 3G 移动通信有 3 种技术标准（中国移动的 TD-SCDMA、中国电信的 CDMA2000 和中国联通的 WCDMA），各自使用专门的上网卡，相互之间不兼容。而目前 3G 上网费用按流量收费，费用相对较高，应用受到一定的限制。

　　第 4 代移动通信技术（4G）集 3G 与 WLAN 于一体，并能够传输高质量视频图像，它的图像传输质量与高清晰度电视不相上下。4G 系统能够以 10MB/s 的速度下载，比目前的拨号上网快 200 倍，上传的速度也能达到 5Mbit/s，并能够满足几乎所有用户对于无线服务的要求。此外，4G 可以在 ADSL 和有线电视调制解调器没有覆盖的地方部署，然后再扩展到整个地区。

　　第 5 代通信技术（5G）也是 4G 之后的延伸，正在研究中。2013 年 5 月 13 日，韩国三星电子有限公司宣布，已成功开发第 5 代移动通信技术（5G）的核心技术，预计于 2020 年开始推向商业化；该技术可在 28 吉赫兹（GHz）超高频段以每秒 1 吉比特（Gbit/s）以上的速度传送数据，且最长传送距离可达 2km；利用该技术，下载一部高画质（HD）电影只需一秒钟。2015 年 6 月 24 日，国际电信联盟（ITU）公布 5G 技术标准化的时间表，5G 技术的正式名称为 IMT-2020，5G 标准在 2020 年制定完成。2016 年 1 月 7 日，工信部召开"5G 技术研发试验"启动会。2017 年 2 月 9 日，国际通信标准组织 3GPP 宣布了"5G"的官方 Logo。

5.5　网络信息安全

5.5.1　概述

　　在网络环境下使用计算机，信息安全是一个非常突出的问题。这是因为信息在传输、存储和处理的过程中，其安全有可能受到多种威胁（如图 5.37 所示）。例如，传输中断（通信线路切断、文件系统瘫痪等）会影响数据的可用性（Data Availability），信息被窃听（包括文件或程序的非法拷贝）将危及数据的机密性（Data Confidentiality），信息被篡改将破坏数据的完整性（Data Integrity），而伪造信息则失去了数据（包括用户身份）的真实性（Data Authenticity）。

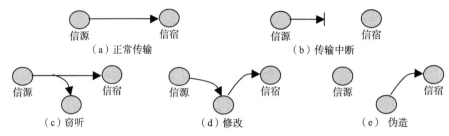

图 5.37　信息传输过程中的安全攻击

为了保证网络信息安全，首先需要正确评估系统信息的价值，确定相应的安全要求与措施，其次是安全措施必须能够覆盖数据在计算机网络系统中存储、传输和处理等各个环节，否则安全就存在漏洞。比如，保证数据在网络传输过程中的安全，并不能保证数据一定是安全的，因为该数据终究要存储到某台计算机上，如果该计算机上的操作系统等不具备相应的安全性，数据可能会从计算机中泄露出去。因而，只有全方位采取安全措施，才能取得成效。

由于没有绝对安全的网络，所以考虑安全问题时必须在安全性和实用性（成本）之间采取一个折中的方案，在系统设计与实施时着重考虑如下的一种、几种或全部安全措施。

（1）真实性鉴别。对通信双方的身份和所传送信息的真伪能准确地进行鉴别。

（2）访问控制。控制用户对数据资源的访问权限，防止未经授权使用或修改数据。

（3）数据加密。保护数据秘密，未经解密其内容不会显露。

（4）数据完整性。保护数据不被非法修改，使数据在传送前、后保持完全相同。

（5）数据可用性。保护数据在任何情况（包括系统故障）下不会丢失。

（6）防止否认。接收方要发送方承认信息是他发出的，而不是他人冒名发送的，发送方也要求接收方不否认已经收到信息。

（7）审计管理。监督用户活动、记录用户的操作过程等。

5.5.2　数据加密

为了在网络通信即使被窃听的情况下也能保证数据的安全，必须对传输的数据进行加密。数据加密也是其他安全措施的基础。加密的基本思想是改变符号的排列方式或按照某种规律进行替换，使得只有合法的接收方才能读懂，任何其他人即使窃取了数据也无法了解其内容。

例如，假设每一个英文字母被替换为字母表中排列在其后的第 3 个字母，即

a b c d e f g h i j k l m n o p q r s t u v w x y z

分别被替换为：

d e f g h i j k l m n o p q r s t u v w x y z a b c

那么，原来为 "meet me after the class" 的一句话，加密之后就变为 "phhw ph diwhu wkh fodvv"，从而起到了保密的作用。

数据加密的算法有多种，复杂程度也有差别，加密能力强弱也不一样，不同场合需要使用不同的加密算法。

5.5.3　数字签名

数字签名是通信过程中附加在消息（如邮件、公文、网上交易数据、软件等）上并随着消息一起传送的一串代码。与日常生活中使用手写签名或印章一样，其目的是让对方相信消息的真实性。数字签名在电子商务中特别重要，它是鉴别消息真伪的关键。数字签名必须做到无法伪造，并确保已签名数据的任何变化都能被发觉。随着电子政务、电子商务等网络应用的开展，数字签名的应用越来越普遍。

5.5.4　身份鉴别与访问控制

真实性鉴别指的是证实某人或某物（消息、文件、主机等）的真实身份与其所声称的身份是否相符的过程，也称为身份鉴别或身份认证，目的是为了防止欺诈和假冒。

身份鉴别一般在用户登录某个计算机系统或者访问某个资源时进行，在传送一些重要数据时也需要进行身份鉴别。上面所介绍的数字签名就是身份鉴别的一种。

身份鉴别必须做到准确快速地将对方的真伪分辨出来。常用的方法分成 3 类：①依据某些只有被鉴别对象本人才知道的信息来进行鉴别，例如口令、私有密钥、个人身份证号码等；②依据某些只有被鉴别对象本人才具有的信物（令牌）来进行鉴别，例如磁卡、IC 卡、U 盾等；③依据某些只有被鉴别对象本人才具有的生理和行为特征来进行鉴别，例如指纹、手纹、笔迹、说话声音或人脸图像等。

最简单也是最普遍的身份鉴别方法是使用口令（密码）。口令的长度一般为 5~8 个字符，选择的原则是易记、难猜，抗分析能力强。采用口令进行身份鉴别的安全性并不高，因为它容易泄露、容易被猜中、容易被窃听、容易从计算机中被分析出来。因此在使用口令作为身份鉴别时，应采取一些防范措施，如严格限制非法登录的次数，要求口令中既有字母又有数字，长度至少 6 位，在口令验证中插入实时延迟，不要使用与用户特征相关的口令（如生日、电话号码等），要求口令定期改变。

采用令牌进行身份认证的缺点是丢失令牌将导致他人能轻易进行假冒，而借助生理特征和行为特征来进行身份鉴别目前成本比较高，且准确率和方便程度还有待提高。

目前，在安全性要求较高的领域，流行的一种方法是双因素认证，即把第 1 和第 2 种做法结合起来。例如，银行的 ATM 柜员机就是将 IC 卡或磁卡（你所有的）和一个 4 位或 6 位的口令（你所知的）结合起来进行身份鉴别。网上银行则采用 USB 钥匙（U 盾）与口令相结合的方法进行身份鉴别。

身份鉴别是访问控制的基础。对信息资源的访问还必须进行有序的控制，这是系统在身份鉴别之后根据用户的不同身份而进行控制的。访问控制的任务是对系统内的每个文件或资源规定各个用户对它的操作权限，如定义是否可读、是否可写、是否可修改等权限（见表 5.4）。

表 5.4　　　　　　　　　　　　　　　文件的访问控制举例

	功　　能						
	读	写	编辑	删除	转发	打印	复制
董事长	√	√	√	√	√	√	√
总经理	√				√		√
科　长	√				√	√	
组　长	√	√	√			√	
……							

5.5.5　防火墙与入侵检测

随着 Internet 应用的发展和普及，网络的风险也不断增加。虽然网络技术在进步，但网络攻击者的攻击工具与攻击手法也日趋复杂多样。攻击者对那些缺乏安全防护的网络和计算机进行形形色色的攻击和入侵，如进行非授权的访问，肆意窃取和篡改重要的数据；安装后门监听程序（如木马程序）以获得内部私密信息；发动拒绝服务攻击摧毁网站；传播计算机病毒破坏数据和系统等行为。

网络攻击和非法入侵给机构及个人带来巨大的损失，甚至直接威胁到国家的安全。防火墙和入侵检测是对付这些攻击和入侵的有效措施之一。

1. 防火墙

防火墙是用于将 Internet 的子网（最小的子网是一台计算机）与 Internet 的其余部分相隔离以维护网络信息安全的一种软件或硬件设备（如图 5.38 所示）。它位于子网和它所连接的网络之间，子网流入流出的所有信息均要经过防火墙。防火墙对流经它的 IP 数据报进行扫

图 5.38　防火墙对内网起保护作用

描，检查其 IP 地址和端口号，确保进入子网和流出子网的信息的合法性。它还能过滤掉黑客的攻击，关闭不使用的端口，禁止特定端口流出信息等，对网络（或单机）有很好的保护作用。

防火墙有多种类型。有些是独立产品，有些集成在路由器中，有些以软件模块形式组合在操作系统中（如 Windows 就带有软件防火墙），它们在内网与外网之间筑起了一道防线，达到保护计算机的目的。

然而防火墙是被动的，并非坚不可摧，它不能防止通向站点的后门程序，也不能防范从网络内部发起的攻击。攻击者可以利用系统的缺陷和漏洞，盗窃口令（密码），获取文件访问权限，或者传播计算机病毒，造成系统瘫痪，危害网络安全。

2. 入侵检测

入侵检测（Intrusion Detection）是主动保护系统免受攻击的一种网络安全技术。它对系统的运行状态进行监视，及时发现来自外部和内部的各种攻击企图、攻击行为和任何未经授权的访问活动，以保证系统资源的机密性、完整性和可用性。入侵检测系统的原理：通过在网络若干关键点上监听和收集信息并对其进行分析，从中发现网络或系统中是否有违反安全策略的行为和被攻击的迹象，及时进行报警、阻断和审计跟踪。常用的检测方法有特征检测、异常检测、状态检测、协议分析等。

5.5.6　计算机病毒防范

计算机安全性中的一个特殊问题是计算机病毒。计算机病毒是一些人蓄意编制的一种具有寄生性和自我复制能力的计算机程序。它能在计算机系统中生存，通过自我复制来传播，在一定条件下被激活，从而给计算机系统造成一定损害甚至严重破坏，如图 5.39 所示。这种有破坏性的程序被人们形象地称为计算机"病毒"。但是，与生物病毒不同的是，所有计算机病毒都是人为制造出来的，一旦扩散开来，制造者自己也很难控制。它不单是个技术问题，而且是一个严重的社会问题。

图 5.39　熊猫烧香

计算机病毒有如下几个特点。

（1）破坏性。凡是软件能作用到的计算机资源（包括程序、数据甚至硬件），均可能受到计算机病毒的破坏。

（2）隐蔽性。大多数计算机病毒隐蔽在正常的可执行程序或数据文件里，不容易被发现。

（3）传染性和传播性。计算机病毒能从一个被感染的文件扩散到许多其他文件。特别是在网络环境下，计算机病毒通过电子邮件、Web 文档等能迅速而广泛地进行传播，这是计算机病毒最可怕的一种特性。

（4）潜伏性。计算机病毒可能会长时间潜伏在合法的程序中，遇到一定条件（如到达指定时间），它就开始传染，或者激活其破坏机制开始进行破坏活动，这称为病毒发作。

计算机病毒的危害很大。它可能破坏文件内容，造成磁盘上的数据丢失；它可能删除系统中一些重要的程序，使系统无法正常工作，甚至无法启动；它可能修改或破坏系统中的数据，给用户造成不可弥补的损失。

更为严重的是一种所谓的"木马"病毒，它是一种后门程序（即远程监控程序），由服务端和客户端两部分程序组成。服务端程序植入用户电脑后，一旦启动，它就偷偷监视用户的操作，向客户端程序（黑客）发送用户所键入的数据，盗窃用户账号（如游戏账号，股票账号，网上银行账号）、密码和关键数据，甚至能使"中马"的计算机被黑客远程操控，安全和隐私完全失去保证。目前 Internet 上木马泛滥成灾，它往往通过电子邮件的附件进行传播，收信人只要打开附件就会感染木马。另一种途径是软件下载，一些非正规的网站以提供软件下载为名，将木马捆绑在软件安装程序上，下载后，只要一运行这些程序，木马就会自动安装在用户的计算机中。

检测与消除计算机病毒最常用的方法是使用专门的杀毒软件，它能自动检测及消除内存、主板 BIOS 和磁盘中的病毒。但是，尽管杀毒软件的版本不断升级，功能不断扩大，由于计算机病毒程序与正常程序形式上的相似性以及杀毒软件的目标特指性，使得杀毒软件的开发与更新总是稍稍滞后于新病毒的出现，因此还会有检测不出或一时无法消除的某些病毒。而且，由于人们还无法预计今后计算机病毒的发展及变化，所以很难开发出具有先知先觉功能的可以消除一切计算机病毒的软硬件工具。

为确保计算机系统的安全，不受计算机病毒的侵害，关键是做好预防工作。预防计算机病毒的措施有多种，例如，及时修补操作系统及其捆绑软件的漏洞，不使用来历不明的程序和数据，不轻易打开来历不明的电子邮件（特别是附件），确保系统的安装盘和重要的数据盘处于"写保护"状态，在机器上安装杀毒软件（包括病毒防火墙软件）并及时更新病毒数据库，使启动程序运行、接收邮件、插入 U 盘和下载 Web 文档时自动检测与拦截计算机病毒等。最重要的一条是经常地、及时地做好系统及关键数据的备份工作。

计算机病毒是人为制造的，也是通过人的操作传染、扩散的。因此，只有加强对计算机系统的管理，采取预防病毒入侵的措施，自觉遵守规章制度，不断加强社会的精神文明建设，才能保证计算机安全可靠地工作。

习　题　5

一、选择题

1. 下面关于通信信道说法错误的是（　　　）。

（A）通信信道是数据在两点间传输的路径，是数据通信系统的重要组成部分

（B）信道是由一种或多种传输介质组成的，传输介质的种类很多，可以分成有线和无线两大类

（C）常用的有线传输介质包括双绞线、同轴电缆和光纤，其中光纤传输速率最快

（D）微波是高频的无线电波，微波沿着直线传播，也可以绕过障碍物传播

2. 分组交换技术是一种重要的数据交换技术，下面叙述有错误的是（　　）。

（A）分组交换技术与报文交换技术类似，也是采用存储转发机制

（B）分组交换中一个长报文被分割为若干个较短的"包"（也称为"分组"）进行传输

（C）分组交换技术采用并行传输，多个分组同时传输，加速了数据在网络中的传输

（D）从提高整个网络的信道利用率上看，报文交换和分组交换优于电路交换，尤其适合于计算机之间突发式的数据通信。

3. 下列关于计算机网络的叙述中错误的是（　　）。

（A）建立计算机网络的主要目的是实现资源共享

（B）Internet 也称国际互联网、因特网，采用 TCP/IP 网络协议

（C）计算机网络是在通信协议控制下实现的计算机之间的连接

（D）把多台计算机互相连接起来，就构成了计算机网络

4. 下列设备中，（　　）不属于网络互联设备。

（A）中继器　　　　（B）网桥　　　　（C）调制解调器　　（D）路由器

5. 下面关于局域网的叙述中，正确的是（　　）。

（A）不同类型的局域网采用不同的 MAC 地址格式和数据帧（局域网中的数据包）格式，使用相同的网卡和协议

（B）共享式以太网是一种总线形拓扑结构的网络，而交换式以太局域网是一种星形拓扑结构的网络

（C）连接在以太网交换机上的每一台计算机各自共享一定的带宽

（D）无线局域网需使用无线网卡、无线接入点等设备构建，可以脱离有线网络独立存在

6. 在下列有关最常见局域网、网络设备以及相关技术的叙述中，错误的是（　　）。

（A）以太网是最常用的一种局域网，它采用总线结构

（B）每个以太网网卡的介质访问地址（MAC 地址）是全球唯一的

（C）无线局域网一般采用无线电波或红外线进行数据通信

（D）"蓝牙"是一种远距离无线通信的技术标准，适用于山区住户组建局域网

7. Internet 上有许多不同结构的局域网和广域网互相连接在一起，它使用（　　）协议实现全球范围的计算机网络的相互连接和相互通信。

（A）X.25　　　　（B）ATM　　　　（C）Novel　　　　（D）TCP / IP

8. 某台计算机的 IP 地址为 99.98.97.01，该地址属于哪一类 IP 地址（　　）。

（A）A 类地址　　　（B）B 类地址　　　（C）C 类地址　　　（D）D 类地址

9. 下列关于分组交换机的叙述，错误的是（　　）。

（A）分组交换机有多个输出端口，每个端口连接到不同的网络

（B）分组交换机根据内部的转发表决定数据的输出端口

（C）转发表是网络管理员根据网络的连接情况预先输入的

（D）数据包在转发时，会在缓冲区中排队，从而产生一定的延时

10. ADSL 是一种宽带接入技术，下面关于 ADSL 的叙述错误的是（　　　）。

（A）它利用普通铜质电话线作为传输介质，成本较低

（B）可在同一条电话线上接听、拨打电话并同时上网，两者互不影响

（C）用户可以始终处于连线状态

（D）不论是数据的下载还是上传，传输速度都很快，至少在 1Mbit/s

11. WWW 采用（　　　）技术组织和管理浏览式信息检索系统。

（A）快速查询　　　（B）超文本和超媒体　　　（C）电子邮件　　　（D）动画

12. 若 IP 地址的主机号部分每一位均为"0"，是指（　　　）。

（A）因特网的主服务器　　　　　　　　（B）因特网某一子网的服务器地址

（C）该主机所在物理网络本身　　　　　（D）备用的主机地址

13. 在计算机网络中，（　　　）用于验证消息发送方的真实性。

（A）计算机病毒防范　　　　　　　　　（B）数据加密

（C）数字签名　　　　　　　　　　　　（D）访问控制

14. 关于因特网防火墙，下列叙述中错误的是（　　　）。

（A）防火墙是用于将 Internet 的子网与其余部分相隔离以维护网络信息安全的一种软件或硬件设备

（B）防止外界入侵单位内部网络

（C）可以阻止来自内部的威胁与攻击

（D）防火墙对流经它的 IP 数据报进行扫描，确保进入子网和流出子网的信息的合法性

二、填空题

1. 数据通信系统由 4 部分：发送和接收设备、通信信道、连接设备和_____组成。

2. 为了数据能成功地传输，发送者和接收者必须遵守一组信息交换规则。计算机之间交换数据的规则叫作_____。

3. 计算机网络有两种基本的工作模式，它们是_____模式和客户机/服务器模式。

4. 使用_____可以联接局域网、广域网等异种类型的网络，它会根据信道的情况自动选择和设定路由，以最佳路径发送信息。

5. _____负责将域名解析为对应的 IP 地址，它的功能相当于电话号码本，通过已知域名就可以查到它的 IP 地址。

6. 网桥是_____体系结构局域网之间建立连接的桥梁。

7. 某公司利用员工的按指纹进行考勤，属于_____。

8. 为了在网络通信即使被窃听的情况下也能保证数据的安全，必须对传输的数据进行_____，它的基本思想是改变符号的排列方式或按照某种规律进行替换。

三、简答题

1. 什么是调制解调器？

2. 计算机网络的作用是什么？

3. 无线网络是网络和无线通信技术相结合的产物，请介绍一项无线网络技术。

4. TCP/IP 协议有哪几层，数据在各层上以什么方式传输？

第6章
多媒体技术与应用

20 世纪 90 年代，计算机软硬件的进一步发展，使得计算机的处理能力越来越强。随着计算机网络技术的发展和成熟，计算机的应用领域迅速扩展，计算机处理的对象发展到数值、文本、图像、图形、声音、视频、动画等多种数据，在很大程度上促进了多媒体（Multimedia）技术的发展和完善。多媒体是人们用以表达和传递信息的媒体，也是计算机处理的对象。了解它们在计算机中怎样表示、处理、存储和传输，对于掌握计算机的操作与应用有重要的作用。

6.1　媒体、多媒体与超媒体概念

媒体是一种表示、处理和传播信息的方法，国际电话与电报咨询委员会 CCITT 将媒体分为以下 5 种类型。

（1）感觉媒体：能使人类听觉、视觉、嗅觉、味觉和触觉器官直接产生感觉的一类媒体，如文字、声音、图形、图像等。

（2）表示媒体：为使计算机能有效地加工、处理和传输感觉媒体而在计算机内部采用的特殊表现形式，如字符编码、声音编码、图像编码等。

（3）表现媒体：用于把感觉媒体转换为表示媒体、表示媒体转换为感觉媒体的物理设备，如键盘、鼠标、话筒等输入表现媒体和显示器、打印机、音箱等输出表现媒体。

（4）存储媒体：用于存储表示媒体以便计算机加工处理的物理实体，如硬盘、光盘、移动存储设备等。

（5）传输媒体：用于将表示媒体从一台计算机传送到另一台计算机的通信载体，如双绞线、同轴电缆、光纤等。

多媒体是融合了文字、声音、图形、图像、视频、动画等多种媒体的信息。多媒体的特点是具有多样性、交互性和集成性。交互式视频游戏、多媒体会议系统、多媒体课件等都属于多媒体的范畴，因为这些系统采用计算机集成处理了多种媒体并具有交互性。

传统的文本（如书）是按照线性（即顺序）方式组织文本信息的，与传统文本不同的是，超文本允许文本信息以非线性的方式组织，这里的"非线性"是指文本中的相关内容通过超链接组织在一起。超链接（Hyperlink）是指文本中的词或短语之间，或与其他文件之间的链接关系，如图 6.1 所示，文本 A 中的词语"超文本"与文本 B 建立了链接关系，文本 A 中的词语"超链接"与文本 C 之间建立了链接关系，则文本 A 称为超文本（Hypertext）。可见，超文本允许读者以自己的方式非线性地获取信息。

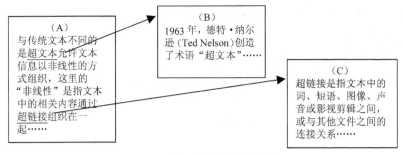

图 6.1　超文本与超链接示例

超媒体不仅可以包含文字，而且还可以包含图形、图像、动画、声音和视频等多媒体信息。这些媒体之间以非线性的方式用超链接进行组织，超媒体能够让人们按各自的不同需求来浏览和获取信息而不是按照传统的"从头到尾"的线性方式。

超媒体和超文本之间的不同之处是，超文本主要是以文字的形式表示信息，建立的链接关系主要是词或短语之间的链接关系，超媒体除了使用文字外，还使用图形、图像、动画、声音和视频等多种媒体表示信息，建立的链接关系可以是文字、图形、图像、动画、声音和视频等多种媒体之间的链接关系。

在互联网上使用浏览器时，在屏幕上看到的页面称为网页，网页是 Web 网站上的文档，进入该网站时显示的第一个网页称为主页，它像一本书的目录，从主页通过超链接可以进入该网站上的任一网页。在网页上，为了区分对象之间是否建立了链接关系，通常有链接关系的对象以不同颜色或下画线来表示。

6.2　文本与文本处理

文字信息在计算机中称为"文本"（Text），它由一系列字符所组成。文本是基于特定字符集的、具有上下文相关性的一个字符流，每个字符均使用二进制编码表示。文本是计算机中最常用的一种数字媒体。

文本在计算机中的处理过程包括文本准备（如汉字的输入）、文本编辑与排版、文本处理、文本存储与传输、文本展现等（如图 6.2 所示）。根据应用场合的不同，各个处理环节的内容和要求可能有很大的差别。

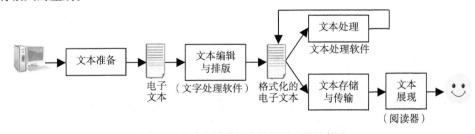

图 6.2　文本在计算机中的处理过程示意图

6.2.1　字符的编码

组成文本的基本元素是字符。字符与数值信息一样，为了便于在不同系统之间进行交换，必须采用标准的二进位编码表示。本节介绍西文与汉字字符的编码标准。

1. 西文字符的编码

目前计算机中使用得最广泛的西文字符集及其编码是 ASCII（American Standard Code for Information Interchange，美国信息交换标准代码）字符集，它由 7 位二进制数表示一个字符，总共可以表示 128 个字符。表 6.1 给出了标准 ASCII 编码表，每个字符都有一个由二进制位串决定的编码值，例如，a 的编码值为 97，b 的编码值为 98。

表 6.1　　　　　　　　　　　　　　　标准 ASCII 编码表

$b_4b_3b_2b_1$ ＼ $b_7b_6b_5$	0 0 0	0 0 1	0 1 0	0 1 1	1 0 0	1 0 1	1 1 0	1 1 1
0 0 0 0	NUL	DLE	SP	0	@	P	、	P
0 0 0 1	SOH	DC1	f	1	A	Q	a	q
0 0 1 0	STX	DC2	"	2	B	R	b	r
0 0 1 1	ETX	DC3	#	3	C	S	c	s
0 1 0 0	EOT	DC4	$	4	D	T	d	t
0 1 0 1	ENQ	NAK	%	5	E	U	e	u
0 1 1 0	ACK	SYN	&	6	F	V	f	V
0 1 1 1	BEL	ETB	'	7	G	W	g	w
1 0 0 0	BS	CAN	(	8	H	X	h	X
1 0 0 1	HT	EM	)	9	I	Y	i	y
1 0 1 0	LF	SUB	*	:	J	Z	j	z
1 0 1 1	VT	ESC	+	;	K	[	k	{
1 1 0 0	FF	FS	,	<	L	\	l	|
1 1 0 1	CR	GS	-	=	M	]	m	}
1 1 1 0	SO	RS	.	>	N	↑	n	~
1 1 1 1	SI	US	/	?	O	←	o	DEL

扩展 ASCII 码由 8 位二进制数表示一个字符，总共可以表示 256 个字符，通常各个国家都把扩展 ASCII 码作为自己国家语言文字的代码，但无法满足国际需要，于是出现了 Unicode 编码。Unicode 编码由 16 位二进制数表示一个字符，总共可以表示 2^{16} 个字符，即 65 000 多个字符，能够表示世界上所有语言的所有字符，包括亚洲国家的表意字符。此外，还能表示许多专用字符（如科学符号）。

2. 汉字的编码

在我国的计算机应用中，汉字的输入、处理和输出功能是必不可少的，实现汉字处理的前提是对汉字进行编码。我国于 1981 年颁布了《中华人民共和国国家标准信息交换汉字编码（GB 2312—80）》，该标准根据汉字的常用程度确定了一级和二级汉字字符集，共收录汉字、数字序号、标点符号、汉语拼音符号等各种符号 7445 个，其中一级汉字 3755 个，二级汉字 3008 个，此外还包括 682 个西文字符和图符。

GB 2312 将代码表分为 94 个区，对应第一字节，每个区 94 个位，对应第二字节，两个字节的值分别为区号值和位号值加 32（20H），因此也称为区位码。01～09 区为符号、数字区，16～87 区为汉字区，10～15 区、88～94 区是有待进一步标准化的空白区。

GB 2312 将收录的汉字分成两级，第一级是常用汉字计 3755 个，置于 16～55 区，按汉语拼音字母/笔形顺序排列，第二级汉字是次常用汉字计 3008 个，置于 56～87 区，按部首/笔画顺序排列。故而 GB 2312 最多能表示 6763 个汉字，如图 6.3 所示。

GBK 是我国 1995 年发布的又一个汉字编码标准，全称为《汉字内码扩展规范》。它一共有 21 003 个汉字和 883 个图形符号，除了 GB 2312 中的全部汉字和符号之外，还收录了包括繁体字在内的大量汉字和符号，例如 "計算機" 等繁体汉字和 "冋苻円冇鎍" 等生僻的汉字。

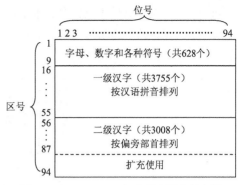

图 6.3　GB 2312—80 汉字排列结构示意图

国际标准化组织（ISO）制定了一个标准，将全世界现代书面文字使用的所有字符和符号（包括中国、日本、韩国等使用的汉字）集中进行统一编码，称为 UCS 标准，对应的工业标准称为 Unicode（称为统一码或万国码），最新的 Unicode 6.2 版（2012.9 发布）包括全世界所有文字、字母和符号约 11 万个字符。它已在 Windows 和 UNIX、Linux 操作系统中及许多因特网应用（如网页、电子邮件）中广泛使用。

2000 年 3 月我国政府颁布了最新的中文汉字编码标准 GB 18030，共收汉字 27 000 余字，其中还包含蒙文、藏文、维文、彝文四种民族文。GB 18030 标准一方面与 GB 2312 和 GBK 保持向下兼容，同时又与国际标准 UCS/Unicode 接轨。

为了在计算机系统的各个环节方便和确切地表示汉字，需要使用多种汉字编码。例如，由输入设备产生的汉字输入码、用于计算机内部存储和处理的汉字机内码、用于汉字显示和打印输出的汉字字形码等。

（1）汉字输入码

对于用户而言，要在计算机中使用汉字首先遇到的问题就是如何使用西文键盘有效地将汉字输入到计算机中。为了便于汉字的输入，中文操作系统都提供了多种汉字输入法，常用的有五笔字型、微软拼音、智能 ABC 等，不同的输入法对应不同的汉字输入码，例如，汉字 "西" 用搜狗拼音输入法时，需依次按下 "x" "i"，则 "xi" 即为 "西" 字的输入码。

（2）汉字机内码

汉字的机内码是统一的，输入汉字后，需要将汉字输入码转换为汉字机内码。机内码是在计算机内部存储和处理使用的汉字编码，每个汉字用两个 7 位的二进制数表示，在计算机中用两个字节表示，为了与 ASCII 码相区别，将每个字节的最高位置为 1。例如，"西" 字的 GB 2312 机内码是 11001110 11110111；"南" 字的 GB 2312 机内码是 11000100 11001111，用十六进制表示为 C4CF。

（3）汉字字形码

汉字是一种象形文字，可以将汉字看成是一个特殊的图形，这种图形很容易用点阵来描述。所谓点阵就是把汉字图形放在一个网格（如坐标纸）内，凡是有笔画通过的格点为黑点，用 1 来表示，否则为白点，用 0 来表示，则黑白点信息就可以用二进制数来表示。汉字字形码就是一个汉字字形的点阵编码，全部汉字字形码为汉字库。显然，表示汉字的点阵越大，则汉字就越美观清晰，所需的存储量也就越多。图 6.4 所示是 "汉" 字的 16×16 点阵。

在汉字处理过程中，各种汉字编码的转换过程如图 6.5 所示。

一个仅由按照 ASCII 或 Unicode 编码的符号所组成的文件称为文本文件（如由写字板产生

的.txt 文件），文本文件中只包含文本中各个字符的编码信息。而由文字处理程序产生的文件则较复杂（如由 Word 产生的.doc 文件），这类文件除了包含文档中各个字符的编码信息外，还包含表示字体、格式等信息的特征码。

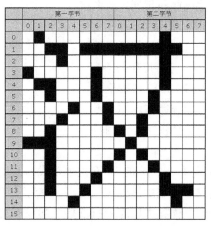

图 6.4   汉字字形码点阵示意图

图 6.5   汉字编码转换过程

6.2.2   文本编辑、排版与处理

使用计算机作为文本制作的工具，比传统的手写、打字或铅字排版等具有更多优势，它不但提高了文本的质量与制作效率，降低了文本制作成本，而且便于保存、复制、管理、传输及检索。为改善文本的外观质量，在文本制作过程中，除了将文本中的文字、图片、表格等输入计算机之外，还必须对它们进行必要的编辑、排版和处理。

1. 编辑和排版功能

在许多应用场合，特别是为了出版发行的需要，文本必须满足正确、清晰、美观、便于使用等要求。为此，对文本进行必要的编辑和排版是必不可少的。

以文本编辑与排版为主要功能的软件称为文字处理软件（如金山 WPS、Microsoft Word、OpenOffice Writer、Adobe Acrobat 等），它们都具有丰富的文本编辑与排版功能，包括如下功能。

（1）对字、词、句、段落进行添加、删除、修改等操作。

（2）文字的格式处理：设置字体、字号、字的排列方向、间距、颜色、效果等。

（3）段落的格式处理：设置行距、段间距、段缩进、对齐方式等。

（4）制作表格、绘制图形和编辑图像。

（5）定义超链接。

（6）页面布局（排版）：设置页边距、每页行列数、分栏、页眉、页脚、插图位置等。

为了提高编辑和排版操作的效率，文字处理软件有许多专门设计的功能，例如查找与替换、预定义模板等。由于计算机速度的提高，屏幕显示功能的增强，现在文字处理软件都能做到"所见即所得"（What You See Is What You Get，WYSIWYG），即所有的编辑排版操作的效果可以立即在屏幕上看到，并与打印输出结果保持一致。

2. 处理功能

如果说文本编辑、排版主要是解决文本的外观问题，那么文本处理强调的是使用计算机对文本中所含文字信息的形、音、义等进行分析和处理。文本处理可以在字、词（短语）、句子、篇章等不同的层面上进行。例如，在字、词（短语）层面上进行的处理有字数统计、自动分词、词性标注、词频统计、词语排序、词语错误检测、自动建立索引、汉字简/繁体转换及术语转换等；在句子级别上进行的处理有语法检查、文语转换（语音合成）、文种转换（机器翻译）等；在篇章基础上进行的处理有关键词提取、文摘生成、文本分类、文本检索等。此外，为了文本的信息安全和有效地进行存储或传输，还可以对文本进行加密、压缩等处理。

上面列举的文本处理功能，比较简单一些的在文字处理软件（如 Word）中已经实现，而复杂一些的如机器翻译、文语转换、文本检索等一般都作为独立的软件产品提供，还有些功能目前仍处于研究开发阶段。

3. 常用文字处理软件

许多应用场合需要使用计算机制作与处理文本，不同的应用有不同的要求，通常使用不同的软件来完成任务。例如，因特网上用于聊天（笔谈）的程序和收发电子邮件的程序都内嵌了简单的文本编辑器，它们提供了文字输入和简单的编辑功能；而面向办公应用的文字处理软件，为了保证文本制作的高效率、高质量，同时又要面向广大的非专业用户，使软件好学好用，因此对这一类文字处理软件的要求比较高，既要功能丰富多样，又要操作简单方便。目前，在 PC 上使用最多的是微软公司 Office、Adobe Acrobat 和我国 WPS 套件中的文字处理软件。

为了使计算机制作的文本能发布、交换和长期保存，Adobe Systems 公司在 1993 年就开发了一种用于电子文档交换的文件格式 PDF（Portable Document Format，意为"便携式文档格式"），它将文字、字型、颜色、排版格式、图形、图像、超链接、声音和视频等信息都封装在一个文件中，既适合网络传输，也适合印刷出版。它既是跨平台的（与制作和阅读该文档的操作系统无关），又是一个开放标准，可免费使用。2007 年 12 月已成为 ISO 32000 国际标准，2009 年也被批准为我国用于长期保存的电子文档格式的国家标准。

在撰写、编辑、阅读和管理 PDF 文档的软件中，最新的版本是 2017 年 Abobe 公司开发的 Adobe Acrobat DC 2017 多种版本。仅用于阅读 PDF 文档的阅读器软件 Adobe Reader 是免费软件，可从 Adobe 公司网站上下载。其他公司开发的可在 Windows、Linux/UNIX 或苹果 Mac OS X 操作系统上运行的 PDF 相关软件很多，有些是商业软件，有些是自由软件。我国金山软件公司的 WPS Office 既能读写 Microsoft Office 的文件格式，还能将文件转换成 PDF 文档。

6.2.3　文本展现

数字电子文本主要有两种展现方式——打印输出和在屏幕显示。由于存放在计算机存储器中的文本是二进制编码形式，因此，不论是打印还是屏幕显示，都包含了复杂的文本展现过程。

文本展现的大致过程是：首先要对文本的格式描述进行解释，然后生成字符和图、表的映像（Bitmap），最后再传送到显示器或打印机输出。承担上述文本输出任务的软件称为文本阅读器或浏览器。它们可以嵌入在文字处理软件（如微软的 Word）中，也可以是独立的软件，如 Adobe 公司的 Adobe Reader、微软公司的 IE 浏览器等。

近几年市场上出现了一种称为"电子书阅读器"的产品，它是一种用于阅读 .txt、.doc、.html、.pdf

等格式电子文档的专用设备，大多采用电子墨水显示屏，被动发光，持续工作时间长，阅读效果接近纸质图书，颇有发展前景。

数字电子文本虽然有许多优点，但阅读时需要使用专门的设备和软件，成本较高，也不方便，它还容易被修改和复制，版权保护和信息安全不易保证。此外，限于当前显示器的技术水平，阅读电子文本时人们的信息感知效率较低，容易疲劳。这些都是有待进一步解决的问题。

6.3 图像与图形

计算机中的"图"按其生成方法可以分为两类：一类是从现实世界中通过扫描仪、数码相机等设备获取的，它们称为取样图像，也称为点阵图像或位图图像（Bitmap），以下简称图像（Image）；另一类是使用计算机绘制而成的，它们称为矢量图形（Vector Graphics），简称图形（Graphics）。本节先介绍图像，然后介绍计算机图形。

6.3.1 数字图像的获取

1. 图像的数字化

从现实世界中获得数字图像的过程称为图像的获取。例如，对印刷品、照片或照相底片等进行扫描，用数码相机或数字摄像机对选定的景物进行拍摄等。图像获取过程的核心是模拟信号的数字化，它的处理步骤大体分为4步（如图6.6所示）。

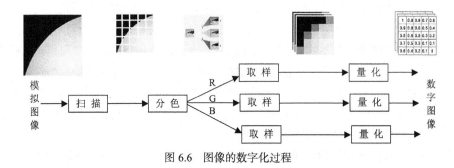

图 6.6 图像的数字化过程

（1）扫描：将画面划分为 $M \times N$ 个网格，每个网格称为一个取样点。这样，一幅模拟图像就转换为 $M \times N$ 个取样点所组成的一个阵列。

（2）分色：将每个取样点的颜色分解成红、绿、蓝 3 个基色（R、G、B），如果不是彩色图像（即灰度图像或黑白图像），则不必进行分色。

（3）取样：测量每个取样点的每个分量（基色）的亮度值。

（4）量化：对取样点每个分量的亮度值进行 A/D 转换，即把模拟量使用数字量（一般是 8 位至 12 位的正整数）来表示。

通过上述方法所获取的数字图像称为取样图像，通常简称为"图像"。

例如，灰色图像的具体数字化过程如下。

（1）对二维空间上连续的图像在水平和垂直方向上等间距地分割成矩形网状结构，所形成的微小方格称为像素点。一幅图像就被采样成有限个像素点构成的集合，如图6.7（a）所示。

（2）先采样：沿线段 AB 等间隔进行采样，如图6.7（b）所示，取样值在灰度值上是连续分布的，如图 6.7（c）所示，沿线段 AB（从左到右）的连续图像灰度值的曲线，取白色值最大，黑色值最小。

（3）再量化：连续的灰度值再进行数字化（8 个级别的灰度级标尺），如图 6.7（d）所示。

（4）还原：将采样数字还原成图像，如图 6.7（e）所示。

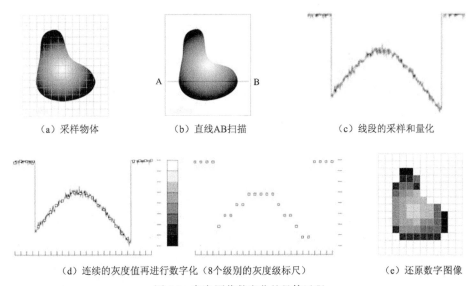

（a）采样物体　　　　　　　（b）直线 AB 扫描　　　　　　（c）线段的采样和量化

（d）连续的灰度值再进行数字化（8 个级别的灰度级标尺）　　　　（e）还原数字图像

图 6.7　灰色图像数字化的具体过程

2. 数字图像获取设备

图像获取所使用的设备统称为图像获取设备，其功能是将实际景物的映像输入到计算机内并以数字（取样）图像的形式表示。2D 图像获取设备（如扫描仪、数码相机等）只能对图片或景物的 2D 投影进行数字化，3D 扫描仪则能获取包括深度信息在内的 3D 景物的信息。

6.3.2　图像的表示与压缩编码

1. 图像的表示方法与主要参数

从取样图像的获取过程可以知道，一幅取样图像由 M（列）$\times N$（行）个取样点组成，每个取样点是组成取样图像的基本单位，称为像素（Pel）。

（1）黑白图像

黑白图像的每个像素只有一个分量，且只用 1 个二进位表示，其取值仅 "0"（黑）和 "1"（白）两种，如图 6.8 所示。

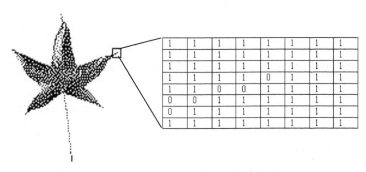

图 6.8　黑白图像数字化

（2）灰度图像

灰度图像的每个像素也只有一个分量，一般用8~12个二进位表示，其取值范围是0~2^n−1，可表示2^n个不同的亮度，如图6.9所示。

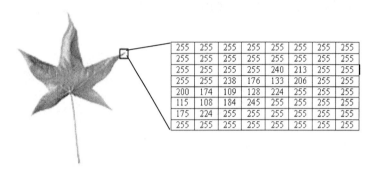

图6.9　灰度图像数字化

（3）彩色图像

彩色图像的每个像素有3个分量，分别表示3个基色即红（R）、绿（G）、蓝（B）的亮度，假设3个分量分别用n、m、k个二进位表示，则可表示2^{n+m+k}种不同的颜色，如图6.10所示。

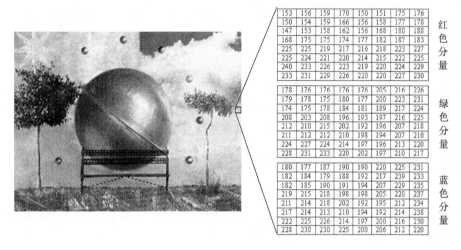

图6.10　彩色图像表示

由此可知，取样图像在计算机中的表示方法是：黑白图像用一个元素0、1的一个矩阵来表示；灰度图像用元素0~255的一个矩阵来表示；彩色图像用一组（一般是3个）矩阵来表示，每个矩阵称为一个位平面。矩阵的行数称为图像的垂直分辨率，列数称为图像的水平分辨率，矩阵中的元素是像素颜色分量的亮度值，通常它是一个8位至12位的二进制整数。

在计算机中存储的每一幅取样图像，除了像素数据之外，至少还必须给出如下一些关于该图像的描述信息（即图像的参数或属性）。

图像大小，也称为图像分辨率（用水平分辨率×垂直分辨率表示）。若图像大小为400×300，则它在800×600分辨率的屏幕上以100%的比例显示时，只占屏幕的1/4；若图像大小超过了屏幕或窗口大小，则屏幕或窗口只显示图像的一部分，用户需操纵滚动条才能看到全部图像。

颜色空间的类型，指彩色图像所使用的颜色描述方法，也叫颜色模型。通常，显示器使用的是 RGB（红、绿、蓝）模型，彩色打印机使用的是 CMYK（青、品红、黄、黑）模型，图像编辑软件使用的是 HSB（色彩、饱和度、亮度）模型，彩色电视信号传输时使用的是 YUV（"Y"表示明亮度、"U"和"V"表示色度）模型等。从理论上讲，这些颜色模型都可以相互转换。德国、英国、新加坡、中国、澳大利亚、新西兰等国家采用 YUV 模型。

像素深度，即像素的所有分量的二进位数之和，它决定了图像中不同颜色或不同亮度的最大数目。例如单色图像，若其像素深度是 8 位，则不同亮度等级（灰度）的总数为 $2^8 = 256$；又如，由 R、G、B 三基色组成的彩色图像，若 3 个分量中的像素位数分别为 4、4、4，则该图像的像素深度为 12，图像中不同颜色的数目最多为 $2^{4+4+4}=2^{12}=4096$。

2. 图像的压缩编码

一幅图像的数据量可按下面的公式进行计算（以字节为单位）：

图像数据量=图像水平分辨率×图像垂直分辨率×像素深度/8

表 6.2 列出了若干不同参数的取样图像在压缩前的数据量。从表中可以看出，即使是单幅静止的数字图像，其数据量也很大。为了节省存储数字图像时所需要的存储器容量，降低存储成本，特别是在因特网应用中，为了提高图像的传输速度，尽可能地压缩图像的数据是非常必要的。以使用电话拨号接入 Internet 的家庭用户为例，假设数据传输速率为 56 kbit/s，则理想情况下，传输一幅分辨率为 640×480 的未经压缩的 6.5 万种颜色的图像大约需要 （640×480×16）/56000 = 87.8s，如果图像的数据量压缩 10 倍（数据压缩比为 10∶1），那么下载时间仅需 10s 左右。

表 6.2　　　　　　　　　　　几种常用格式的图像的数据量（压缩前）

图像大小 ＼ 颜色数目	8 位（256 色）	16 位（65 536 色）	24 位（1600 万色）
640×480	300KB	600KB	900KB
1024×768	768KB	1.5MB	2.25MB
1280×1024	1.25MB	2.5MB	3.75MB

由于数字图像中的数据相关性很强，或者说，数据的冗余度很大，因此对数字图像进行大幅度数据压缩是完全可能的。再加上人眼的视觉有一定的局限性，即使压缩后的图像有一些失真，只要限制在人眼无法察觉的误差范围之内，也是允许的。

数据压缩可分成两种类型，一种是无损压缩，另一种是有损压缩。无损压缩是指使用压缩以后的数据还原图像（也称为解压缩）时，重建的图像与原始图像完全相同，没有一点误差，例如使用行程长度编码（RLE）、哈夫曼（Huffman）编码等压缩图像。有损压缩是指使用压缩后的图像数据进行还原时，重建的图像与原始图像虽有一些误差，但不影响人们对图像含义的正确理解和使用（如图 6.11 所示）。

图像压缩的方法很多，不同方法适用于不同的应用。为了得到较高的数据压缩比，数字图像的压缩一般都采用有损压缩，如变换编码、矢量编码等。评价一种压缩编码方法的优劣主要看 3 个方面：压缩比（压缩倍数）的大小、重建图像的质量（有损压缩时）及压缩算法的复杂程度。

为了便于在不同的系统中交换图像数据，人们对计算机中使用的图像压缩编码方法制订了一些国际标准和工业标准。ISO 和 IEC 两个国际机构联合组成了一个 JPEG 专家组，负责制定了一个静止图像数据压缩编码的国际标准，称为 JPEG 标准。JPEG 标准特别适合处理各种连续色调的彩色或灰度图像，算法复杂度适中，既可用硬件实现，也可用软件实现，目前已在计算机和数码相机中得到广泛应用。

（a）原始图像　　　　　　　　　　　　（b）失真图像

图 6.11　图像压缩及重建图像的失真

3. 常用图像文件格式

图像是一种普遍使用的数字媒体，有着广泛的应用。多年来不同公司开发了许多图像处理软件，因而出现了多种不同的图像文件格式。表 6.3 给出了目前因特网和 PC 常用的几种图像文件的格式。

表 6.3　　　　　　　　　　　　　　常用图像文件格式

名称	压缩编码方法	性质	典型应用	开发公司（组织）
BMP	不压缩	无损	Windows 应用程序	Microsoft
TIF	RLE，LZW（字典编码）	无损	桌面出版	Aldus，Adobe
GIF	LZW	无损	因特网	CompuServe
JPEG	DCT（离散余弦变换），Huffman 编码	大多为有损	因特网，数码相机等	ISO/IEC
PNG	LZ77 派生的压缩算法	无损	因特网等	W3C

BMP 是微软公司在 Windows 操作系统下使用的一种标准图像文件格式，每个文件存放一幅图像，通常不进行数据压缩（也可以使用行程长度编码 RLE 进行无损压缩）。BMP 文件是一种通用的图像文件格式，几乎所有图像处理软件都能支持。

TIF（或 TIFF）图像文件格式大多使用于扫描仪和桌面出版，能支持多种压缩方法和多种不同类型的图像，有许多应用软件支持这种文件格式。

GIF 是目前因特网上广泛使用的一种图像文件格式，它的颜色数目不超过 256 色，文件特别小，适合因特网传输。由于颜色数目有限，GIF 适用于在色彩要求不高的应用场合作为插图、剪贴画等使用。GIF 格式能够支持透明背景，具有在屏幕上渐进显示的功能。尤为突出的是，它可以将多张图像保存在同一个文件中，显示时按预先规定的时间间隔逐一进行显示，形成动画的效果，因而在网页制作中大量使用。

PNG 是 20 世纪 90 年代中期由 W3C 开发的一种图像文件格式，它既保留了 GIF 文件的特性，又增加了许多 GIF 文件格式所没有的特性，例如支持每个像素为 48 比特的真彩色图像，支持每个像素为 16 比特的灰度图像，可为灰度图像和真彩色图像添加 α 通道等。PNG 图像文件格式主要在互联网上使用。

6.3.3　数字图像处理与应用

1. 数字图像处理

使用计算机对借助照相机、摄像机、传真机、扫描仪、医用 CT 机、X 光机等设备获取的图像，进行去噪、增强、复原、分割、提取特征、压缩、存储、检索等操作处理，称为数字图像处理。一般来讲，对图像进行处理的主要目的有以下几个方面。

（1）提高图像的视感质量。如调整图像的亮度和彩色，对图像进行几何变换，包括特技或效果处理等，以改善图像的质量。

（2）图像复原与重建。如对航拍的照片进行图像校正，对拍摄多年的老照片消除退化的影响，或者使用多个一维投影重建图像，目的是产生一个等价于理想成像系统所获得的图像。

（3）图像分析。提取图像中的某些特征或特殊信息，如频域特征、灰度或颜色特征、边界特征、区域特征、纹理特征、形状特征、拓扑特征以及关系结构等，通过分析处理，进而对图像进行分类、识别、理解或解释。

（4）图像数据的变换、编码和数据压缩，用以更有效地进行图像的存储和传输。

（5）图像的存储、管理、检索以及图像内容与知识产权的保护等。

2. 图像处理软件

图像处理软件与应用领域有密切的关系，通常具有很强的专业性。如遥感图像处理软件、医学图像处理软件等。普通用户使用较多的是面向办公、出版与信息发布的图像处理软件，也称为图像修饰或图像编辑软件。它们能支持多种不同的图像文件格式，提供图像编辑处理功能，可制作出生动形象的图像。其中美国 Adobe 公司的 PhotoShop 最为有名，它集图像扫描、编辑、绘图、图像合成及图像输出等多种功能于一体。其主要功能如下。

（1）图像的显示控制。如图像的缩放、图像的全屏显示等。

（2）图像区域的选择。区域可以是矩形、正方形、椭圆形、圆形以及它们组合产生的规则区域，也可以是使用套索或魔术棒工具选择的不规则区域。

（3）图像的编辑操作。如调整图像尺寸，校正图像色彩，图像旋转与翻转，图像的变形，以及图像的增强（如图像的柔化、锐化、加光/遮光）等。

（4）图像的滤镜操作。用于弥补图像的缺憾，清除原图像上的灰尘、划痕、色沉着和网点等（如图 6.12 所示），或用于产生一些特技效果。

图 6.12　脸部美化

（5）绘图功能。用户利用绘图工具可以徒手绘画。绘图工具包括各种不同类型的画笔，直线、曲线、矩形、多边形、椭圆等基本形状，以及各种不同的色彩、底纹和图案等。

（6）文字编辑功能。用于在图片上添加文字，其字型、字号、文字的路径等都可以任意设定，并产生与图像融为一体的特殊效果。

（7）图层操作。允许用户将一幅图像分为若干层，每一层均可分别进行一些独立的编辑处理。利用图层操作（如图层复制、图层激活、图层显示、图层排列、图层关联等）可以大大提高图像编辑制作的灵活性（如图 6.13 所示）。

其他常用的图像编辑处理软件还有多种，如 Windows 操作系统附件中的画图软件（Paint）和映像软件（Imaging for Windows），Office 中的 Microsoft Photo Editor 和 Picture Manager 软件，Ulead System 公司的 Photo Impact 软件，ACD System 公司的 ACDSee32 等。它们各有自己的特点和用户群。

（a）背景图片   （b）前景图片   （c）复合后图片

图 6.13　图层操作

3. 数字图像处理的应用

数字图像处理在通信、遥感、电视、出版、广告、工业生产、医疗诊断、电子商务等领域得到了广泛的应用。

（1）图像通信。包括传真、可视电话、视频会议等。

（2）遥感。无论是航空遥感还是卫星遥感，都需要使用图像处理技术对图像进行加工处理并提取有用的信息。遥感图像处理可用于矿藏勘探和森林、水利、海洋、农业等资源的调查，自然灾害预测预报，环境污染监测，气象卫星云图处理以及用于军事目的的地面目标识别。

（3）医疗诊断。如通过 X 射线、超声、计算机断层摄影（即 CT）、核磁共振等进行成像，结合图像处理与分析技术，进行疾病的诊断与手术治疗（如图 6.14 所示）。

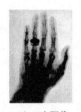

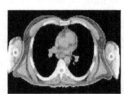

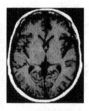

（a）X光图像   （b）CT图像   （c）核磁共振   （d）指纹图像   （e）虹膜图像

图 6.14　医学图像与生物特征图像

（4）工业生产中的应用。如产品质量检测，生产过程的自动监控等。

（5）机器人视觉。通过实时图像处理，对三维景物进行理解与识别，可用于军事侦察、危险环境作业、自动生产流水线等。

（6）军事、公安、档案管理等方面的应用。如军事目标的侦察、制导和警戒，自动火器的控制及反伪装，指纹、手迹、印章、人脸识别（如图 6.15 所示）等，古迹和图片档案的修复与管理等。

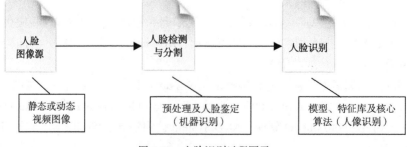

图 6.15　人脸识别过程图示

6.3.4　计算机图形

1. 景物的计算机表示

与从实际景物获取其数字图像的方法不同，人们也可以使用计算机来绘图。即使用计算机描述景物的结构、形状与外貌，然后根据其描述和用户的观察位置及光线的设定，生成该景物的图像。景物在计算机内的描述即为该景物的模型（Model），使用计算机进行景物描述的过程称为景物的建模（Modeling），计算机根据景物的模型生成其图像的过程称为"绘制"（Rendering），也叫作图像合成（Image synthesis），所产生的数字图像称为计算机合成图像（计算机图形）。研究如何使用计算机描述景物并生成其图像的原理、方法与技术的科学称为"计算机图形学"（Computer Graphics，简称 CG）。图 6.16 给出了计算机绘图的全过程。

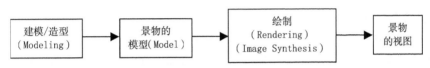

图 6.16　景物的建模与图像的合成

景物的两种描述（建模）方法：一是规则形体，如工业产品，利用几何造型技术，即用基本的几何元素（如点、线、面、体等）及材料的表面性质等进行描述；二是不规则形体，如自然现象，利用过程模型技术，即找出其生成规律，并使用相应的算法来描述。

在计算机中为景物建模的方法有多种，它与景物的类型有密切关系。以普通工业产品（如电视机、电话机、汽车、飞机等）为例，它们可使用各种几何元素（如点、线、面、体等）及表面材料的性质等进行描述，所建立的模型称为"几何模型"，这在工业产品的计算机辅助设计/制造（CAD/CAM）有着重要的应用（如图 6.17（a）所示）。现实世界中，有许多景物是很难使用几何模型来描述的，例如树木、花草、烟火、毛发、山脉等。对于这些景物，需要找出它们的生成规律，并使用相应的算法来描述其规律，这种模型称为过程模型或算法模型。图 6.17（b）是使用过程模型所描述和绘制的山脉。

（a）使用几何模型描绘的机械零件　　　　（b）使用过程模型描绘的山脉

图 6.17　使用几何模型和过程描述和绘制的景物

2. 图形的分类

根据图形在计算机里生成的结构和不同方式，可分为位图（Bitmap，也称为点阵图）和矢量图（Vector Graphic，也称为向量图形）两大类。构成位图的基本单位是像素，它是由许多个大小相同的色点即（像素）沿水平方向和垂直方向按统一的矩阵整齐排列而形成的，如图 6.18 所示。矢量图，是由线条和图块组成的。矢量图比较适用于编辑色彩较为单纯的色块或文字，如图 6.19 所示。

位图文件可以表现出色彩丰富的图像效果，可逼真表现自然界各类景物，但不能任意放大缩小，且图像数据量大；矢量图可以任意放大缩小而不失真，且图像数据量小，但色彩不丰富，无法表现逼真的景物。

图 6.18　位图文件

图 6.19　矢量图形

3. 计算机图形的绘制

在计算机中建立了景物的模型之后，按照该模型在显示屏幕上生成用户可见的具有真实感的该景物图像的过程，称为图形绘制或图像合成。图形绘制过程中，每个像素的颜色及其亮度都要经过大量计算才能得到，因此绘制过程的计算量很大，特别是三维图形和动画。

目前 PC 所配置的显卡（图形卡）上安装了功能很强的专用绘图处理器（GPU），它承担了绘制过程中的大部分计算任务。

4. 计算机图形的应用

使用计算机绘制图形，是继摄影技术和电影与电视技术之后最重要的一种制作图像的方法。使用计算机绘制图形的主要优点有：计算机不但能生成实际存在的具体景物的图像，还能生成假想或抽象景物的图像，如科幻片中的怪兽（如图 6.20 所示），工程师构思中的产品外形与结构等；计算机不仅能生成静止图像，而且还能生成各种运动、变化的动态图像。在绘制图形的过程中，人们可以与计算机进行交互，参与图像的生成。正因为这些原因，计算机绘制图形有着广泛的应用领域。例如，在计算机辅助设计和辅助制造（CAD/CAM）中的应用。如在电子 CAD 中，计算机可用来设计和绘制逻辑图、电路图、集成电路掩模图、印制板布线图等；又如在机械 CAD 中，用数学模型精确地描述机械零件

图 6.20　3D 制作的始祖鸟恐龙

的三维形状，既可用于显示和绘制零部件的图形，又可提供加工数据，还能分析其应力分布、运动特性等，大大缩短了产品开发周期，提高了产品加工质量。

利用计算机制作各种地形图、交通图、天气图、海洋图、石油开采图等。既可方便、快捷地制作和更新地图，又可用于地理信息的管理、查询和分析，这对于城市管理、国土规划、石油勘探、气象预报等提供了极为有效的工具。

作战指挥和军事训练。利用计算机通信和图形显示设备直接传输战场态势的变化和下达作战部署，在陆、海、空军的战役战术对抗训练乃至实战中可发挥很大作用。

计算机动画和计算机艺术。动画制作中无论是人物形象的造型、背景设计，还是中间画的制作均可由计算机来完成。计算机还可辅助人们进行美术和书法创作，这已经大量应用于工艺美术、装潢设计及电视广告制作等行业。

除此之外，计算机图形在电子游戏、出版、数据处理、工业监控、辅助教学等许多方面也有着很好的应用。

5. 矢量绘图软件

为了区别于通常的取样图像，计算机绘制的图像也称为矢量图形，用于绘制矢量图形的软件称为矢量绘图软件。由于不同的应用需要绘制不同类型的图形，例如机械零部件图、电路图、地图、工艺美术图、建筑设计与施工图等，因而存在着许多不同用途的矢量绘图软件。AutoCAD、ARCInfo、PROTEL 和国产的 SuperMap GIS 和 CAXA 电子图板等就是面向不同应用领域的专业绘图软件。

在日常的办公与事务处理、平面设计、电子出版等领域中，使用的大多是 2D 矢量绘图软件。流行的矢量绘图软件有 Corel 公司的 CorelDraw，Adobe 公司的 Illustrator，Macromedia 公司的 FreeHand，微软公司的 Microsoft Visio 等。需要注意的是，微软公司的 Office 办公套件中，例如 Word 和 PowerPoint 等都具有内嵌的矢量绘图功能，它们允许用户在文本或幻灯片的任意位置处插入临时制作的 2D 矢量图形。

当用户需要自己开发有关计算机绘图功能的应用软件时，可以选用工业标准 OpenGL 或微软公司的 Direct-X 中的 Direct-3D 作为支撑软件，它们都提供了丰富的 2D 和 3D 绘图功能。

6.4　数字声音及应用

声音是传递信息的一种重要媒体，也是计算机信息处理的对象之一，它在多媒体技术中起着重要的作用。计算机处理、存储和传输声音的前提是必须将声音信息数字化。数字声音的数据量大，对存储和传输的要求比较高。本节先介绍波形声音的获取、表示、编辑及应用，然后简单介绍计算机合成的声音。

6.4.1　波形声音的获取与播放

1. 声音信号的数字化

声音由振动而产生，通过空气进行传播。声音是一种波，它由许多不同频率的谐波组成。多媒体技术处理的声音主要是人耳可听见的音频信号（Audio），其中人的说话声音频率范围仅为 300～3400Hz，称为言语（Speech），也称为话音或语音。其他各种可听见的声音（如音乐声、风雨声、汽车声等）的频率范围要宽得多（20Hz～20kHz），它们通称为全频带声音。

声音是模拟信号。为了使用计算机进行处理，必须将它转换成二进制编码表示的形式，这个过程称为声音信号的数字化。声音信号数字化的过程如图 6.21 所示。

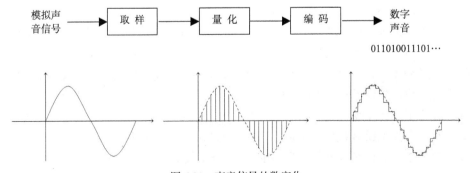

图 6.21　声音信号的数字化

（1）取样。把时间上连续的声音信号离散为不连续的一系列的样本。为了不产生失真，按照取样定理，取样频率不应低于声音信号最高频率的两倍。因此，语音的取样频率一般为 8kHz，音乐的取样频率应在 40kHz 以上。

（2）量化。取样得到的每个样本一般使用 8 位、12 位或 16 位二进制整数表示（称为"量化精度"），量化精度越高，声音的保真度越好；量化精度越低，声音的保真度越差。

（3）编码。经过取样和量化得到的数据，还必须进行数据压缩，以减少数据量，并按某种格式将数据进行组织，以便于计算机进行存储、处理和传输。

过去，声音信号的记录、回放、传输、编辑等一直是以模拟信号的形式进行的。随着数字技术的发展，把模拟声音信号转换成数字形式进行处理已经成为主流技术。这种做法有许多优点，例如，以数字形式存储的声音在复制和重放时没有失真；数字声音的可编辑性强，易于进行特效处理；数字声音能进行数据压缩，传输时抗干扰能力强；数字声音容易与文字、图像等其他媒体相互结合（集成）组成多媒体。

2. 波形声音的获取设备

声音获取设备包括麦克风和声卡。麦克风的作用是将声波转换为电信号，然后由声卡进行数字化。声卡既负责声音的获取，也负责声音的重建，它控制并完成声音的输入与输出。其主要功能包括波形声音的获取与数字化、声音的重建与播放、MIDI 声音的输入、MIDI 声音的合成与播放。

波形声音的获取过程就是把模拟的声音信号转换为数字形式。声源可以是话筒（麦克风）输入，也可以是线路输入（声音来自音响设备或 CD 唱机等）。声卡不仅能获取单声道声音，而且还能获取双声道（立体声）的声音。

声卡主要负责在数字信号与模拟信号之间转换，如图 6.22 所示。

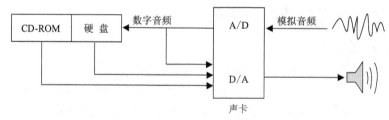

图 6.22　声卡的工作原理

随着 PC 主板技术的发展以及 CPU 性能的提高，同时也为了降低整机的成本，现在大多数中低档声卡几乎都已经集成在主板上。平时大家所说的"声卡"，指的多半就是这种"集成声卡"，只有少数专业用的高档声卡才做成独立的插卡形式。

集成声卡有软声卡和硬声卡之分。软声卡只有一个 CODEC 芯片（负责取样、量化、重建、滤波等处理），I/O 控制器部分集成在主板上的南桥芯片中，数字信号处理的功能需由 CPU 协助完成;而硬声卡除 CODEC 芯片之外主板上还有一块音频主处理芯片,很多音效处理任务无须 CPU 参与就可独立完成，减轻了 CPU 的负担。

除了利用声卡进行在线（On-line）声音获取之外，也可以使用数码录音笔进行离线（Off-line）声音获取，然后再通过 USB 接口直接将已经数字化的声音数据从数码录音笔送入计算机中。数码录音笔的原理与上述过程基本相同，不过由于取样频率较低，仅适合录制语音使用。

3. 声音的重建与播放

计算机输出声音的过程通常分为两步：首先要把声音从数字形式转换成模拟信号形式，这个过程称为声音的重建，然后再将模拟声音信号经过处理和放大送到扬声器发出声音。

声音的重建是声音信号数字化的逆过程，它也分为 3 个步骤：先进行解码，把压缩编码后的数字声音恢复为压缩编码前的状态（由软件和数字信号处理器芯片协同完成）；然后进行数模转换，把声音样本从数字量转换为模拟量；最后进行插值处理，通过插值，把时间上离散的声音信号转换成在时间上连续的模拟声音信号（如图 6.23 所示）。声音的重建也是由声卡完成的。

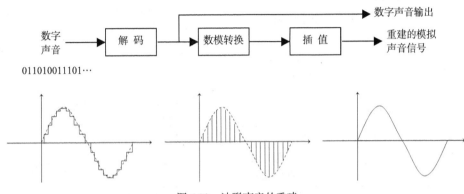

图 6.23　波形声音的重建

声卡输出的波形信号需送到音箱去发音。音箱有普通音箱和数字音箱之分，普通音箱接收的是重建的模拟声音信号，数字音箱则可直接接收数字声音信号，由音箱自己完成声音重建，这样可以避免信号在传输中发生畸变和受到干扰，声音的质量更有保证。

6.4.2　波形声音的表示与应用

1. 波形声音的主要参数

数字化的波形声音是一种使用二进制表示的按时间先后组织的串行比特流（Bitstream）。为了便于在不同系统之间进行交换，它必须按照一定的标准或规范进行编码。波形声音的主要参数包括取样频率、量化位数、声道数目、使用的压缩编码方法以及比特率（Bit Rate）。比特率也称为码率，它指的是每秒钟的数据量。波形声音未压缩前，码率的计算公式为：

波形声音的码率=取样频率×量化位数×声道数（单位：bit/s）

压缩编码以后的码率则为压缩前的码率除以压缩倍数（压缩比）。

表 6.4 是有线电话的中继线以及长途线路上传输的数字语音和 CD 唱片上记录的高保真全频带立体声数字声音的主要参数。

表 6.4　　　　　　　　　两种常用数字声音的主要参数

声音类型	声音信号带宽 （Hz）	取样频率（kHz）	量化位数 （bit）	声道数	未压缩时的码率 （kbit/s）
电话数字语音	300～3400	8	8	1	64
CD 立体声	20～20000	44.1	16	2	1411.2

2. 波形声音的文件类型及其应用

数字波形声音的数据量很大。从表 6.4 可以算出，1 小时数字语音的数据量接近 30 MB，CD

质量的立体声高保真的数字音乐 1 小时的数据量大约是 635MB。为了降低存储成本和提高在网络上的传输效率，必须对数字波形声音进行压缩。

根据不同的应用需求，波形声音采用的压缩编码方法有多种，文件格式也各不相同。表 6.5 是目前常用数字波形声音的文件类型、编码类型以及它们的主要应用。

表 6.5   常用数字波形声音的文件类型、编码方法及其主要应用

音频格式	文件扩展名	编码类型	效果	主要应用	开发者
WAV	.wav	未压缩	声音达到 CD 品质	支持多种采样频率和量化位数，获得广泛支持	微软公司
FLAC	.flac	无损压缩	压缩比为 2∶1	高品质数字音乐	Xiph.Org 基金会
APE	.ape	无损压缩	压缩比为 2∶1	高品质数字音乐	Matthew T.Ashland
M4A	.m4a	无损压缩	压缩比为 2∶1	QuickTime、iTunes、iPod、Real Player	苹果公司
MP3	.mp3	有损压缩	压缩比为 8∶1～12∶1	因特网、MP3 音乐	ISO
WMA	.wma	有损压缩	压缩比高于 MP3，使用数字版权保护	因特网、音乐	微软公司
AC3	.ac3	有损压缩	压缩比可调，支持 5.1、7.1 声道	DVD、数字电视、家庭影院等	美国 Dolby 公司
AAC	.aac	有损压缩	压缩比可调，支持 5.1、7.1 声道	DVD、数字电视、家庭影院等	ISO、MPEG-2/MPEG-4

其中，WAV 是未经压缩的波形声音，音质与 CD 相当，但对存储空间需求太大，不便于交流和传播。FLAC、APE 和 M4A 采用无损压缩方法，数据量比 WAV 文件大约少一半，而音质仍保持相同。MP3 是因特网上最流行的数字音乐格式，它采用国际标准化组织提出的 MPEG Audio Layer 3 技术进行有损的压缩编码，以 8～12 倍的比率大幅度降低了声音的数据量，加快了网络下载的速度，也使一张普通 CD 光盘可以存储大约 100 首 MP3 歌曲。WMA 是微软公司开发的声音文件格式，采用有损压缩方法，压缩比高于 MP3，质量大体相当，它在文件中增加了数字版权保护的措施，防止未经授权进行下载和复制。

语音也是波形声音的一种，但其频率范围远不如全频带声音，所以取样频率较低、数据量较小。为了能在固定或移动电话网和因特网上有效地进行传输，对数字语音也需要进行压缩编码。固定电话通信中使用 PCM 编码（脉冲编码调制，码率为 64 kbit/s）和 ADPCM 编码（自适应差分脉冲编码调制，码率为 32kbit/s），移动电话通信中采用了更有效的方法，能使压缩后语音的码率控制在 16kbit/s 以下。

电话是一种以传送与接收语音信号为主的通信设备，它已经有大约 150 年的历史。随着微电子、计算机和通信技术的进步，电话已经从固定电话向移动电话、模拟电话向数字电话、"笨"电话向"聪明"电话的方向发展。目前广泛使用的智能手机既是电话技术的最新成就，也是计算机和软件技术的发展成果。它不仅具有传统电话的语音通信功能，而且具有个人计算机的功能。

为了在因特网环境下开发数字音（视）频的实时应用，例如通过因特网进行在线音（视）频广播、音（视）频点播等，服务器必须做到以高于音（视）频播放的速度从因特网上向用户连续地传输数据，达到用户可以边下载边收听（看）的效果。这一方面要求数字音（视）频压缩后数

据量要小，另一方面还要合理组织音（视）频数据让它们能像流水一样进行传输，实现上述要求的媒体分发技术就称为"流媒体"。目前流行的流媒体技术有 Real Networks 公司的 RealMedia（RealAudio 和 RealVideo）、微软公司的 Windows Media Services（WMA、WMV 和 ASF）和苹果公司的 QuickTime 等。

6.4.3　波形声音的编辑与播放

在制作多媒体文档（如产品介绍、PPT 讲稿等）时，人们越来越多地需要自己录制和编辑数字波形声音。目前使用的声音编辑软件有多种，利用它们能够方便直观地对波形声音（wav 文件）进行各种编辑处理。

以 Windows 附件中娱乐类的"录音机"程序为例，它是一个非常简单的声音编辑器，具有如下功能。

（1）录制声音。将用户通过麦克风输入的模拟声音信号进行数字化，并以.wav 文件的格式保存在磁盘中。

（2）编辑声音。如声音的剪辑（删除、移动或复制一段声音，插入其他声音等）、声音音量的调节（加大或降低音量）、声音的加速或减速、更改声音的质量等。

（3）声音的效果处理。如混响、回声等。

（4）格式转换。将不同取样频率和量化位数的波形声音进行转换，甚至将其转换为 MP3 或 WMA 等格式。

（5）播放声音。只能播放.wav 格式的声音文件，其他格式不能播放。

Windows 操作系统中还捆绑了一个应用软件，称为 Windows 媒体播放器（Windows Media Player，简称 WMP），它是一个通用的数字媒体软件播放器，可以播放音（视）频文件，也可用来显示图片。该软件可以播放的音频文件格式包括 MP3、WMA、WAV、MIDI 等，也可播放 CD 和 DVD 光盘。不仅如此，它还具有管理功能，支持播放列表，支持从 CD 光盘上抓取音轨复制到硬盘，支持刻录 CD 光盘，支持与便携式音乐设备（如 MP3 播放器）进行同步，还能连接 WindowsMedia.com 网站，提供在线服务。

6.4.4　计算机合成声音

与计算机能合成（绘制）图像一样，计算机也能合成声音。计算机合成声音有两类：一类是计算机合成的语音，另一类是计算机合成的音乐。

通俗地说，计算机合成语音就是让计算机模仿人把一段文字朗读出来，这个过程称为文语转换（Text To Speech，TTS）。

计算机合成语音有多方面的应用。例如在股票交易、航班查询和电话报税等业务中，用户利用电话进行信息查询，计算机从数据库中检索得到结果后以准确、清晰的语音为用户提供查询结果。再如有声 Email 服务，它通过电话上网，以电话或手机作为 Email 的接收终端，计算机借助文语转换技术将邮件内容转换为声音，使用户能收听 Email 的内容，满足各类移动用户使用 Email 的要求。此外，文语转换在文稿校对、语言学习、语音秘书、自动报警、残疾人服务等方面都能发挥很好的作用。

计算机合成音乐是指计算机自动演奏乐曲。生活中的音乐是人们使用乐器按照乐谱演奏出来的，所以，计算机生成音乐需要具备 3 个要素：乐器、乐谱和"演奏员"。

PC 的声卡一般都带有"音源"，音源也称为音乐合成器，它能像电子琴一样模仿几十种不同的乐器发出各种不同音色、音调的音符声音。

乐谱在计算机中既不用简谱也不用五线谱表示，而是使用一种叫作 MIDI 的音乐描述语言来表示。MIDI 是乐谱的二进制编码表示方法，使用 MIDI 描述的音乐称之为 MIDI 音乐。一首乐曲对应一个 MIDI 文件，其文件扩展名为.mid 或.midi。

计算机中的"媒体播放器"软件相当于"演奏员"。在播放 MIDI 音乐时，媒体播放器先从磁盘上读入某个.mid 文件，解释其内容，然后向声卡上的音乐合成器发出指令（MIDI 消息），由音乐合成器合成出各种音色的音符，通过扬声器播放出音乐来（如图 6.24 所示）。

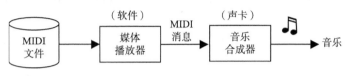

图 6.24　MIDI 音乐的播放

MIDI 音乐与高保真的波形声音相比，虽然在音质方面还有一些差距，且只能合成音乐，无法合成歌曲，但它的数据量很少（比 CD 少 3 个数量级，比 MP3 少 2 个数量级），又易于编辑修改，成本很低，因此在音乐作曲和自动配器、自动伴奏中得到了广泛的使用。

6.5　数字视频及应用

本书中所说的视频（Video）泛指内容随时间变化的图像序列，也称为活动图像或运动图像（Motion Picture）。常见的视频有电视（电影）和计算机动画。电视能传输和再现真实世界的图像与声音，是当代最有影响力的信息传播工具。计算机动画是计算机制作的图像序列，是一种计算机合成的视频。下面先介绍数字视频，然后再简单介绍计算机动画。

6.5.1　数字视频基础

数字视频就是以数字形式记录的视频，和模拟视频相对的。数字视频有不同的产生方式，存储方式和播出方式。比如通过数字摄像机直接产生数字视频信号，存储在数字带、P2 卡、蓝光盘或者磁盘上，从而得到不同格式的数字视频，然后通过 PC 上特定的播放器播放出来。

1.　电视基本知识

电视画面是一种由于光点在显示屏上自左向右、自上而下不断高速扫描而形成的光栅图像，一般都采用隔行扫描方式，即图像由奇数场和偶数场两部分组成，合起来组成一帧图像。NTSC（National Television System Committee）和 PAL（Phase Alternating Line）属于全球两大主要的电视广播制式，但是由于系统投射颜色影像的频率而有所不同。NTSC 标准主要应用于日本、美国、加拿大、墨西哥等国家或地区，PAL 主要应用于中国、中东地区和欧洲一带。PAL 电视标准为每秒 25 帧，电视扫描线为 625 线，场频为 50 场/s，奇场在前，偶场在后，标准的数字化，电视标准分辨率为 720×576，24bit 的色彩位深，画面的宽高比为 4∶3。PAL 制式的彩色电视信号在远距离传输时，像素的颜色不使用 RGB 三基色表示，而是使用亮度信号 Y 和两个色度信号 U、V来表示，这种方法有两个优点，①能与黑白电视接收机保持兼容，Y 分量由黑白电视接收机直接显示而无须做任何处理；②可以利用人眼对两个色度信号不太灵敏的视觉特性来节省电视信号的带宽和发射功率。彩色信号的 YUV 表示与 RGB 表示可相互转换。

2. 视频信号的数字化

数字视频与模拟视频相比有很多优点。例如，复制和传输时不会引起信号质量下降，容易进行编辑修改，有利于传输（抗干扰能力强，易于加密），节省频率资源等。

目前，有线电视台播放和传输的虽然已经是数字视频信号，但它需经机顶盒解码并转换为模拟电视信号后才能由电视机播放与收看，如需输入计算机存储、处理和显示，必须进行数字化。视频信号的数字化过程比声音复杂。PC 中用于视频信号数字化的插卡称为视频采集卡，简称视频卡，它能将输入的模拟视频信号及其伴音信号进行数字化然后存储在硬盘中。数字化的同时，视频图像经过彩色空间转换（从 YUV 转换为 RGB），然后与计算机图形显示卡产生的图像叠加在一起，用户可在显示器屏幕上指定窗口中监看（监听）其内容。

通常，在获取数字视频的同时还使用数字信号处理器（DSP）进行音频和视频数据的压缩编码，基本过程如图 6.25 所示。

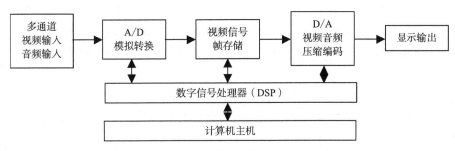

图 6.25　视频信号数字化过程

还有一种可以在线获取数字视频的设备是数字摄像头（如图 6.26（a）所示），它通过光学镜头和 CMOS（或 CCD）器件采集图像，然后直接将图像转换成数字信号并输入到 PC，不再需要使用专门的视频采集卡。数字摄像头分辨率一般为 640×480（30 万像素）或 800×600（50 万像素），速度在每秒 30 帧左右，镜头的视角可达到 45°～60°。数字摄像头的接口大多采用 USB 接口，也有些产品如平板计算机、笔记本计算机等已将数字摄像头集成为一体。

数字摄像机是一种离线的数字视频获取设备（如图 6.26（b）所示）。它的原理（如图 6.27 所示）与数码相机类似，但具有更多的功能和更好的性能。所拍摄的视频图像及记录的伴音使用 MPEG 进行压缩编码，记录在磁带、硬盘或存储卡中，需要时再通过 USB 或 IEEE-1394 接口输入计算机处理。

（a）数字摄像头　　　　　　　（b）数字摄像机

图 6.26　数字摄像头和数字摄像机

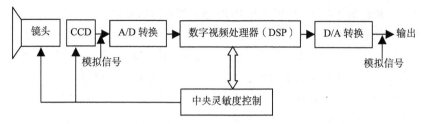

图 6.27　数字摄像机工作原理图

6.5.2　压缩编码与文件格式

数字视频的数据量非常大。1 分钟的标准清晰度（分辨率 720×576）数字电视其数据量约为 1G 字节。这样大的数据量，无论是存储、传输还是处理都有很大的困难。解决这个问题的出路就是对数字视频信息进行数据压缩。

由于视频信息中画面内部有很强的信息相关性，相邻画面的内容又高度连贯，再加上人眼的视觉特性，所以数字视频的数据量可压缩几十倍甚至几百倍。视频信息压缩编码的方法很多。目前，国际标准化组织制订的有关数字视频（及其伴音）压缩编码的几种常用标准及其应用范围可参见表 6.6。

表 6.6　　　　　　　　　　　　　视频压缩编码的国际标准及其应用

名称	源图像格式	压缩后的码率	主要应用
MPEG-1	360×288	1.2～1.5Mbit/s	适用于 VCD、数码相机、数字摄像机等
H.261	360×288 180×144	Px64kbit/s（当 P＝1、2 时，只支持 180×144；当 P≥6 时，可支持 360×288 格式）	应用于视频通信，如可视电话、会议电视等
MPEG-2（MP@ML）	720×576	5～15 Mbit/s	用途最广，如 DVD、数字卫星电视转播、数字有线电视等
MPEG-2	1440×1152	80～100Mbit/s	高清晰度电视（HDTV）
MPEG-4 ASP	1920×1152 分辨率较低的图像格式	最低码率仅为 64kbit/s	应用在低分辨率低码率领域，如监控、IPTV、手机、MP4 播放器等
MPEG-4 AVC（H.264）	多种不同的图像格式	采用许多新技术，相同分辨率时码率比 MPEG-4 ASP 显著减少	最新也是应用最多，如 HDTV、蓝光光盘、IPTV、XBOX、iPad、iPod、iPhone、RMVB 等

存储和传输视频文件（也称为音像文件或影音文件）所使用的文件格式有很多种。例如，国际标准 MPEG 格式（.dat、.mpg、.mpeg、.mp4、.vob、.3gp、.3g2 等），微软公司的 AVI（.avi）和 ASF（.asf）格式（后者适合流媒体应用），苹果公司的 Quck-Time 格式（.mov 和.qt），Real Network 公司的 RM（.rm）和 RMVB（.rmvb）格式，Adobe 公司的 FLV（.flv）和 F4V（.f4v）格式等。其中 .asf、.wmv、.mov、.rm、.rmvb、.flv 和.f4v 等均支持流式传输，能很好地在因特网上进行音/视频流的实时传输和实时播放，得到了广泛的应用。

6.5.3　编辑

数字视频的编辑处理，通常是在称之为非线性编辑器的软件支持下进行的。编辑时把电视节目素材存入计算机硬盘中，然后根据需要对不同长短、不同顺序的素材进行剪辑，同时配上字幕、特技和各种动画，再进行配音、配乐，最终制作成所需要的视频节目。Adobe 公司的 Premiere Pro 就是 Mac 和 PC 平台上流行的一种数字视频编辑软件。

在 Windows 操作系统中安装了一个简单的视频编辑软件——Windows Movie Maker。使用该软件可以通过摄像机、数字摄像头或其他视频源将音频和视频捕获到计算机中，也可以打开硬盘中已有的音频、视频或静止图片，然后在 Windows Movie Maker 中完成对音频与视频内容的编辑（包括添加片头、使用视频过渡或特技效果等），最后就可以将制作的视频保存到硬盘中，或者通过 CD 或 DVD 刻录机保存在光盘上，供媒体播放器进行播放。

6.5.4　计算机动画

计算机动画是用计算机制作的，可供实时演播的一系列连续画面的一种技术。它可以辅助制作传统的卡通动画片，或通过对物体运动、场景变化、虚拟摄像机及光源设置的描述，逼真地模拟三维景物随时间而变化的过程，所生成的画面以每秒 50 帧左右的速率演播时，利用人眼视觉暂留效应便可产生连续运动或变化的效果。计算机动画也可转换成电视或电影输出。与模拟电视信号经过数字化得到的自然数字视频不同，计算机动画是一种计算机合成的数字视频。

计算机动画的基础是计算机图形学，它的制作过程是先在计算机中生成场景和形体的模型，然后描述它们的运动，最后再生成图像并转换成视频信号输出。动画的制作要借助于动画制作软件，如二维动画软件 Animator Pro 和三维动画软件 3D Studio Max、MAYA、Adobe Director、Renderman 等。

随着因特网的发展，使用 Web 网页发布信息已经成为最基本的一项应用。为了使网页图文并茂、生动活泼，动画是网页中十分重要的组成部分。GIF 图像文件中可以包含一组图像，显示时按照预先规定的时间和顺序反复播放，从而产生动画的效果。制作 GIF 动画的工具相当多，像 Adobe 的 ImageReady、Macromedia 的 Fireworks、Ulead 的 Gif Animator 等。使用时，只要预先将每一幅图片制作好，保存为 GIF、BMP 或 JPG 格式，然后再按序导入 GIF 文件中即可。

另一个广泛使用的网络动画制作软件是美国 Adobe 公司的 Flash。与 GIF 不同，用 Flash 制作的动画是矢量图形（也支持位图图像），不管怎样放大缩小，它都清晰可见。采用矢量图形制作的动画文件（文件扩展名为.swf，其源文件的扩展名为.fla）很小，便于在因特网上传输，而且还采用流媒体技术，用户能流畅地观看动画。它可以将音乐（例如 MP3 音乐）、声效、视频与动画画面结合在一起，制作出有声有色的高品质网络动画。此外，它还支持用户交互，在动画播放过程中，用户可以通过单击按钮、选择菜单、输入参数等来控制动画的播放过程。正是由于上述特点，Flash 已经成为目前网络动画的主流，大多数浏览器都支持 Flash 动画的播放。

计算机动画发展非常迅速，应用领域也很广泛，包括娱乐、广告、电视、教育和科研各个方面。随着人工智能等技术的进展，它还将取得更大的发展。

6.5.5　数字视频的应用

1. VCD 与 DVD

CD 是小型光盘的英文缩写，最早应用于数字音响领域，代表产品就是 CD 唱片。每张 CD 唱片的存储容量是 650 MB 左右，可存放 1 小时的立体声高保真音乐。

1994 年由 JVC、Philips 等公司联合定义了一种在 CD 光盘上存储数字视频和音频信息的规范——Video CD（简称 VCD），该规范规定了将 MPEG-1 音频/视频数据记录在 CD 光盘上的文件系统的标准，使一张普通的 CD 光盘可记录约 60 分钟的音视频数据，图像质量达到家用录放像机的水平，可播放立体声。VCD 播放机（如图 6.28（a）所示）体积小，价格便宜，曾经受到广大用户的欢迎。

CD 的进一步发展是 DVD（即数字多用途光盘），它有多种规格，用途非常广泛。其中的 DVD-Video（即日常所说的 DVD）就是一种类似于 Video CD 的家用影碟，它与 VCD 相比存储容量要大得多。VCD 光盘的容量为 650 MB，仅能存放约 1 小时分辨率为 352×240 的视频图像，而单面单层 DVD 容量为 4.7 GB，它能存放约 2 小时的接近于广播级图像质量（720×576）的整部电影。DVD 采用 MPEG-2 标准压缩视频图像，画面品质比 VCD 明显提高。

DVD-Video 可以提供 32 种文字或卡拉 OK 字幕，最多可录放 8 种语言的声音。它还具有多结局（欣赏多种不同的故事情节发展）、多角度（从 9 个角度选择观看图像）、变焦（Zoom）和家长锁定控制（切去儿童不宜观看的画面）等功能。DVD-Video 的伴音可支持 5.1 声道（左、右、中、左环绕、右环绕和超重低音，简称为 5.1 声道），足以实现三维环绕立体音响效果。图 6.28（b）所示为 DVD 播放机。

（a）VCD 播放机　　　　　　　　（b）DVD 播放机

图 6.28　视频播放机

2. 可视电话与视频会议

顾名思义，可视电话就是在打电话的同时还可以互相看见对方的图像。视频会议（如图 6.29 所示）则是通过电信网或计算机网实时传送声音和图像，使分散在两个或多个地点的用户就地参加会议。

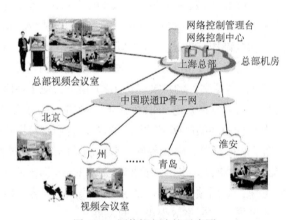

图 6.29　网络视频会议示意图

参加视频会议的成员，可以面对摄像机和麦克风发表意见，将声音和图像传送给与会的其他成员，需要时还可以出示实物、图纸和文件，或者通过使用计算机上的"电子白板"写字画图，使参加会议的成员感到大家正在进行"面对面"的商谈，其效果大体上可以代替现场举行的会议。

视频会议可以节省大量的差旅费用,在办公自动化、紧急救援、现场指挥调度、远程教学等许多方面能发挥很好作用,有较好的发展前景。

使用电信局的公用电信网举行视频会议,质量好,但费用也比较高。而利用因特网进行可视电话和视频会议具有使用方便、成本较低的优点。例如,微软公司的 MSN Messenger、腾讯公司的 QQ 等即时通信软件都具有音频、视频通信的功能,用户可以通过网络与他人进行笔谈,还可以打可视电话,甚至可以在网上召开视频会议,用电子白板交流图形或文本信息,用文件传输功能向其他会议成员发送文件等。

3. 数字电视

数字电视是传统电视技术与数字技术相结合的产物,它将电视信号进行数字化,然后以数字形式进行编辑、制作、传输、接收和播放。

数字电视除了具有频道利用率高、图像清晰度好等优点之外,它还可以开展交互式数据业务,包括电视购物、电视银行、电视商务、电视通信、电视游戏、电视点播、观众参与的电视竞赛等。

数字电视(如图 6.30 所示)的传输途径是多种多样的,因特网性能的不断提高已经使其成为数字电视传播的一种新途径(即所谓的 IPTV),近几年出现的越来越多的视频网站(如 CNTV、土豆网、优酷网、爱奇艺等)受到了广大用户的欢迎。

图 6.30　优酷网视频网站

数字电视接收设备大体有 3 种形式:第 1 种是专用的播放设备,如 DVD 播放机、MP4 播放器等;第 2 种是传统模拟电视机外加一个数字机顶盒;第 3 种是连接因特网的 PC、平板计算机或手机等手持终端设备。

4. 视频点播

视频点播(Video On Demand,VOD)也称为交互式电视点播系统(如图 6.31 所示)。视频点播是计算机技术、网络技术、多媒体技术发展的产物，即用户可以根据自己的需要选择观看电视节目，它从根本上改变了用户只能被动收看电视的状况。

视频点播是基于数字网络的一种数字视频服务。首先它需要把电视（电影）节目数字化并保存在视频服务器中，点播时再以实时数据流的形式进行传输，传输一旦开始，就必须以稳定的速率进行，以保证节目平滑地播放。任何由于网络拥塞、CPU争用或磁盘的I/O瓶颈产生的系统或网络的停滞，都可能导致视频传送的延迟，影响用户的收看质量。因此，大型视频点播系统在技术上是相当复杂的。

图6.31所示为视频点播系统的示意图。视频点播系统的工作过程如下：用户在客户端发出播放请求，通过网络传送给分配服务器，经身份验证后，系统把视频服务器中可访问的节目单发送给用户浏览，用户选择某个节目后，视频服务器读出该节目的内容，并传送到客户端进行播放。现在不少中心城市的数字有线电视推出的互动机顶盒，就能很好地提供VOD功能。

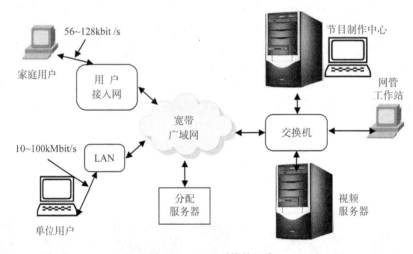

图6.31 VOD系统的组成

校园内的VOD系统可应用于网络教学，系统可采用Real Networks公司的Real System之类的软件作为视频服务器的控制软件，它提供开放式的流媒体服务，包括MPEG-1、MPEG-2多种音频视频格式的节目都能播放。系统不仅能提供课件的点播服务，还可以借助视频捕获卡通过校园网进行视频直播。

习 题 6

一、选择题

1. 超文本（超媒体）由许多节点组成，下面关于节点的叙述中错误的是（   ）。

  （A）节点可以是文字，也可以是图片

  （B）把节点互相联系起来的是超链

  （C）超链的起点只能是节点中的某个句子

  （D）超链的目的地可以是一段声音或视频

2. GBK是汉字内码的一种扩充规范，下面叙述中错误的是（   ）。

（Ａ）它共有 20 000 多个汉字

（Ｂ）它使用双字节表示，字节的最高位均为 0

（Ｃ）它与 GB 2312 保持向下兼容

（Ｄ）它不但有简体字，也有繁体字

3．在利用拼音输入汉字时，有时虽正确输入拼音码但却找不到所要的汉字，其原因不可能是（　　）。

（Ａ）计算机显示器的分辨率不支持该汉字的显示

（Ｂ）汉字显示程序不能正常工作

（Ｃ）操作系统当前所支持的汉字字符集不含该汉字

（Ｄ）汉字输入软件出错

4．使用计算机进行文本编辑与文本处理是常用的两种操作，下列不属于文本处理的是（　　）。

（Ａ）文本检索　　　（Ｂ）字数统计　　　（Ｃ）文字输入　　　（Ｄ）文语转换

5．下列关于图像的说法错误的是（　　）。

（Ａ）图像的数字化过程大体可分为三步：取样、分色、量化

（Ｂ）像素是构成图像的基本单位

（Ｃ）尺寸大的彩色图片数字化后，其数据量必定大于尺寸小的图片的数据量

（Ｄ）黑白图像或灰度图像只有一个位平面

6．目前有许多不同的图像文件格式，下列哪一种不是数字图像的文件格式？（　　）

（Ａ）TIF　　　　　（Ｂ）JPEG　　　　　（Ｃ）GIF　　　　　（Ｄ）PDF

7．在下列有关数字图像和图形的叙述中，错误的是（　　）。

（Ａ）图像都是由一些排成行列的像素组成的，通常称为位图或点阵图

（Ｂ）为了使网页传输的图像数据尽可能少，常用的 GIF 格式图像文件采用了有损压缩

（Ｃ）矢量图形（简称图形）是指使用计算机技术合成的图像

（Ｄ）计算机辅助设计和计算机动画是计算机合成图像的典型应用

8．MP3 音乐采用_____编码方法（　　）。

（Ａ）MPEG-1 Layer 1　　　　　　　　（Ｂ）MPEG-1 Layer 2

（Ｃ）MPEG-1 Layer 3　　　　　　　　（Ｄ）MPEG-2audio

9．计算机在数字音频信息获取与播放过程中正确的顺序为（　　）。

（Ａ）模数转换、采样、编码、存储、解码、数模转换、插值

（Ｂ）采样、编码、模数转换、存储、解码、插值、数模转换

（Ｃ）采样、模数转换、编码、存储、解码、数模转换、插值

（Ｄ）采样、数模转换、编码、存储、解码、模数转换、插值

10．下面关于视频的叙述中，错误的是（　　）。

（Ａ）视频泛指内容随时间变化的图像序列，也称为活动图像或运动图像

（Ｂ）.mpg、.mpeg、.mp3、.mp4 是常用的视频文件格式

（Ｃ）数字视频的数据量大得惊人，为了便于存储、传输和处理，可以对数字视频信息进行数据压缩

（Ｄ）可视电话、视频会议、数字电视等都是数字视频的具体应用

二、填空题

1．_____不仅可以包含文字，而且还可以包含图形、图像、动画、声音和视频等多媒体信

息，这些媒体之间以非线性的方式用超链接进行组织。

2．标准 ASCII 码由 7 位二进制数表示一个字符，总共可以表示 128 个字符，a 的编码值为 97，g 的编码值为_____。

3．中文标点符号"。"在计算机中存储时占用_____个字节。

4．以 0.75MB/s 传输一幅分辨率为 1280×1024 的 24 位未经压缩的图像大约需要_____，如果图像的数据量压缩 10 倍，那么传输时间需要_____。

5．一个参数为 2 分钟双声道、16 位采样位数、22.05kHz 采样频率的声音，不压缩的数据量约为_____。

6．与模拟电视信号经过数字化得到的自然数字视频不同，计算机动画是一种计算机合成的数字视频，计算机动画的基础是_____。

三、简答题

1．简述汉字处理过程中汉字编码的转换过程。

2．数据压缩可分成无损压缩和有损压缩，两者有何区别？

3．数字视频比模拟视频有什么优势？

第7章
软件开发相关知识

计算机专业人员的一项重要工作是开发软件，开发软件（特别是中大规模软件）以程序设计能力作为基础，以软件工程知识作为指导，以数据库知识作为支撑。

7.1 数据库原理及应用

信息处理是计算机的一个重要应用领域。在信息处理领域，由于数据量庞大，如何有效组织、存储数据对实现高效率的信息处理至关重要。数据库技术是目前最有效的数据管理技术。

7.1.1 关系数据库

数据库（Database，DB）是长期存储在计算机内的、有组织的、可共享的相关数据集合。对于大批量数据的存储和管理，数据库技术是非常有效的。数据库中的数据按一定的数据模型组织、描述和存储，具有较低的数据冗余度、较高的数据独立性，并且可以为多个用户共享。

数据库管理系统（Database Management System，DBMS）是位于用户和操作系统之间的一层数据管理软件，主要完成数据定义、数据操纵、数据库的运行管理和数据库的维护等功能。

数据库应用系统是以数据库为核心的，在数据库管理系统的支持下完成一定的数据存储和管理功能的应用软件系统，数据库应用系统也称为数据库系统（Database System，DBS）。

数据管理技术的发展大体上经历了3个阶段：人工管理阶段、文件系统阶段和数据库阶段。

相对于人工管理，文件系统是一大进步。数据库技术的出现，是数据管理技术发展的又一次跨越。与文件系统相比，数据库技术是面向系统的，而文件系统则是面向应用的。所以形成了数据库系统两个鲜明的特点。

（1）数据库系统的数据冗余度低，数据共享度高。由于数据库系统是从整体角度上看待和描述数据，所以数据库中同样的数据不会多次出现，从而降低了数据冗余度，减少了数据冗余带来的数据冲突和不一致性问题，也提高了数据的共享度。

（2）数据库系统的数据和程序之间具有较高的独立性。由于数据库系统提供了内模式/模式和模式/外模式之间的两级映像功能，使得数据具有高度的物理独立性和逻辑独立性。当数据的物理结构（内模式）发生变化或数据的全局逻辑结构（模式）改变时，它们对应的应用程序不需要改变仍可正常运行。

数据模型是数据特征的抽象，它是对数据库如何组织的一种模型化表示，是数据库系统的核心与基础。它具有数据结构、数据操作和完整性约束条件三要素。从逻辑层次上看，常用的数据模型是层次模型、网状模型和关系模型，而目前使用最广泛的是关系模型。

关系可以理解为二维表。一个关系模型就是指用若干关系表示实体及其联系，用二维表的形式存储数据。

例 7.1　对某高校中学生选课（不同年级甚至同一年级学生所选课程可以不同）进行管理，可以用二维表表示，如图 7.1 所示。

学号	姓名	年龄	系别
S1	许文秀	21	电信系
S2	赵国兴	23	计算机系
S3	周新娥	22	计算机系
S4	刘德峰	24	电信系

（a）学生关系

课程号	课程名	学分
C1	计算机导论	2.0
C2	C++程序设计	3.0
C3	数据库原理及应用	3.5
C4	数字信号处理	3.0

（b）课程关系

学号	课程号	分数
S1	C2	78
S1	C4	85
S2	C1	88
S2	C2	90
S2	C3	76
S3	C1	91
S3	C2	92
S3	C3	84
S4	C1	8
S4	C4	76

（c）选课关系

图 7.1　二维表表示

用关系表示如下，其中带下画线的属性为主码，主码能唯一确定某个实体，如学号能唯一确定某个学生。

学生（学号，姓名，年龄，系别）

课程（课程号，课程名，学分）

选课（学号，课程号，分数）

数据库管理系统是提供建立、管理、维护和控制数据库功能的一组计算机软件。主要功能有数据定义功能、数据操纵功能、数据库的建立和维护功能、数据库的运行管理功能。

数据库管理系统由 3 类程序组成：语言编译程序、控制数据库运行程序、维护数据库程序。

用户访问数据库的过程是用户向数据库管理系统提出请求，数据库管理系统检查请求的合法性，如果请求合法，数据库管理系统定位操作对象，然后对数据库执行必要的操作。

7.1.2　关系数据库语言

1974 年由 Boyce 和 Chamberlin 提出了结构化查询语言（Structured Query Language，SQL）。1975—1979 年 IBM 公司在研制的关系数据库管理系统 System R 中实现了这种语言。由于 SQL 功能丰富，语言简洁，使用方法灵活，备受用户和计算机业界的青睐，被众多的计算机公司和软件公司所采用。

1986 年 10 月，美国国家标准局（ANSI）批准采用 SQL 作为关系数据库语言的美国标准，1987 年国际标准化组织将之采纳为国际标准。ANSI 于 1989 年公布了 SQL-89 标准，后来又公布了新的标准 SQL-99 和 SQL3。目前所有主要的关系数据库管理系统都支持某种形式的 SQL，大部分都遵守 SQL-89 标准。

SQL 由于其功能强大，简洁易学，从而被程序员、数据库管理员（Database Administrator，DBA）和终端用户广泛使用。其主要特点如下。

1. 非过程化的语言

所谓面向过程的语言（如 C 语言），指当用户要完成某项数据请求时，需要用户了解数据的存储结构、存储方式等相关情况，需要详细说明如何做，加重了用户负担。而当使用 SQL 这种非过程化语言进行数据操作时，只要提出"做什么"，而不必指明"如何做"，对于存取路径的选择和语句的操作过程均由系统自动完成。如查看"学生"关系的内容的 SQL 语句为：

SELECT * FROM 学生

在关系数据库管理系统（RDBMS）中，所有 SQL 语句均使用查询优化器，由它来决定对指定数据使用何种存取手段以保证最快的速度，这既减轻了用户的负担，又提高了数据的独立性与安全性。

2. 功能一体化的语言

SQL 集数据定义语言（Data Define Language，DDL）、数据操纵语言（Data Manipulation Language，DML）、数据控制语言（Data Control Language，DCL）及附加语言元素于一体，语言风格统一，能够完成包括关系模式定义，数据库对象的创建、修改和删除，数据记录的插入、修改和删除，数据查询，数据库完整性、一致性保持与安全性控制等一系列操作要求。SQL 的功能一体化特点使得系统管理员、数据库管理员、应用程序员、决策支持系统管理员以及其他各种类型的终端用户只需要学习一种语言形式即可完成多种平台的数据请求。

3. 一种语法两种使用方式

SQL 既可以作为一种自含式语言，被用户以一种人机交互的方式在终端键盘上直接输入 SQL 命令来对数据库进行操作；又可以作为一种嵌入式语言，被程序设计人员在开发应用程序时直接嵌入到某种高级语言（如 PowerBuilder）中使用。不论在何种使用方式下的 SQL 语法结构都是基本一致的，具有较好的灵活性与方便性。

4. 面向集合操作的语言

非关系数据模型采用面向记录的操作方式，操作对象是单一的某条记录，而 SQL 允许用户在较高层的数据结构上工作，操作对象可以是若干记录的集合，简称记录集。所有 SQL 语句都接受记录集作为输入，返回记录集作为输出，其面向集合的特性还允许一条 SQL 语句结果作为另一条 SQL 语句的输入。

5. 语法简洁、易学易用的标准语言

SQL 不仅功能强大，而且语法接近英语口语，符合人类的思维习惯，因此较为容易学习掌握。同时又由于它是一种通用的标准语言，使用 SQL 编写的程序也具有良好的可移植性。

例 7.2　对于例 7.1 中的学生选课关系，如果查询选修了计算机导论课程的学生的姓名，可以写出如下查询语句：

SELECT 学生.姓名
FROM 学生,选课,课程
WHERE 学生.学号=选课.学号 AND 选课.课程号=课程.课程号 AND 课程.课程名="计算机导论"

7.1.3 常用数据库管理系统

目前，数据库领域中有 4 种主要的数据模型，即层次模型、网状模型、关系模型和面向对象模型。以这些模型为基础的数据库管理系统分别称为层次数据库、网状数据库、关系数据库和面向对象数据库。

层次数据库、网状数据库在 20 世纪 70 年代至 80 年代初非常流行，在数据库产品市场上占主导地位。在美国等一些应用数据库技术较早的国家，由于早期开发的应用系统都是基于层次或网状数据库的，因此目前仍有一些层次数据库系统或网状数据库系统在继续使用。

自 1970 年美国 IBM 公司的埃德加·科德（Edgar F.Codd）研究员首次提出关系模型后，关系数据库得到了快速的发展，为此科德获得 1981 年度图灵奖。20 世纪 80 年代以来，计算机厂商推出的数据库管理系统都支持关系模型，关系数据库成为数据库市场的主流产品，得到了非常广泛的使用。

层次、网状数据库已经过时，面向对象数据库管理系统的研究和开发虽然取得了大量的成果，但要想得到广泛的应用，还有很多理论和技术问题需要研究解决。真正得到广泛应用的仍是关系数据库管理系统（有的数据库系统扩展进了面向对象思想，也称为对象-关系数据库管理系统，如Oracle），所以本节以介绍关系数据库管理系统为主。

近年来，计算机科学技术不断发展，关系数据库管理系统也不断发展进化，MySQL AB 公司（2009 年被 Oracle 公司收购）的 MySQL、Microsoft 公司的 Access 等是小型关系数据库管理系统的代表，Oracle 公司的 Oracle、Microsoft 公司的 SQL Server、IBM 公司的 DB2 等是功能强大的大型关系数据库管理系统的代表。

中大规模的数据库应用系统，需要系统能够存储大量的数据，要有良好的性能，要能保证系统和数据的安全性以及维护数据的完整性，要具有自动高效的加锁机制以支持多用户的并发操作，还要能够进行分布式处理等，大型数据库管理系统能够很好地满足这些要求。

大型数据库管理系统主要有如下 7 个特点。

（1）基于网络环境的数据库管理系统。可以用于 C/S 结构的数据库应用系统，也可以用于 B/S 结构的数据库应用系统。

（2）支持大规模的应用。可支持数千个并发用户、多达上百万的事务处理和超过数百 GB 的数据容量。

（3）提供的自动锁功能使得并发用户可以安全而高效地访问数据。

（4）可以保证系统的高度安全性。

（5）提供方便而灵活的数据备份和恢复方法及设备镜像功能，还可以利用操作系统提供容错功能，确保设计良好的应用中的数据在发生意外的情况下可以最大限度地被恢复。

（6）提供多种维护数据完整性的手段。

（7）提供了方便易用的分布式处理功能。

7.1.4 数据库应用系统开发工具

早期的数据库应用于比较简单的单机系统，数据库管理系统选用 dBASE、FoxBASE、FoxPro等，这些系统自身带有开发环境，特别是后来出现的 Visual FoxPro 带有功能强大、使用方便的可视化开发环境，所以这时的数据库应用系统开发可以不用再选择开发工具。

随着计算机技术（特别是网络技术）和应用需求的发展，数据库应用模式已逐步发展到 C/S

模式和 B/S 模式，数据库管理系统需要选用功能强大的 Oracle、MS SQL Server、DB2 等，虽然说借助于其自身的开发环境也可以开发出较好的应用系统，但效率较低，不能满足实际开发的需要。选用合适的开发工具成为提高数据库应用系统开发效率和质量的一个重要因素。

针对这种需要，1991 年美国 PowerSoft 公司（1995 年被 Sybase 公司收购）推出了 PowerBuilder 1.0，这是一个基于 C/S 模式的面向对象的可视化开发工具，一推出就受到了广泛的欢迎，连续 4 年被评为世界风云产品，获得多项大奖，曾在 C/S 领域的开发工具中占有主要的市场份额。PowerSoft 公司不断推出新的版本，1995 年推出 PowerBuilder 4.0，1996 年推出 PowerBuilder 5.0，后来又相继推出了 PowerBuilder 6.0、7.0、8.0、9.0、11、12 等版本，功能越来越强大，使用越来越方便。目前，常用于数据库应用系统的开发语言还有 C#、Java、ASP、ASP.NET 和 PHP 等。

7.1.5　数据库设计

数据库设计要与整个数据库应用系统的设计开发结合起来进行，只有设计出高质量的数据库，才能开发出高质量的数据库应用系统，也只有着眼于整个数据库应用系统的功能要求，才能设计出高质量的数据库。

数据库设计包括如下 6 个主要步骤。

（1）需求分析：了解用户的数据需求、处理需求、安全性及完整性要求。

（2）概念设计：通过数据抽象，设计系统概念模型，一般为 E-R 模型。

（3）逻辑结构设计：设计系统的模式和外模式，对于关系模型主要是基本表和视图。

（4）物理结构设计：设计数据的存储结构和存取方法，如索引的设计。

（5）系统实施：组织数据入库、编制应用程序、试运行。

（6）运行维护：系统投入运行，长期的维护工作。

7.1.6　数据库的发展

数据库技术与多学科技术的相互结合与相互渗透是当前数据库技术发展的重要特征，并在此基础上产生和发展了一系列支持特殊应用领域的新型数据库系统。

1. 分布式数据库

随着计算机网络技术的快速发展，具有多个分布在不同地理位置上的分支机构的组织对数据库提出了更为高级的应用需求。例如，某大学有 3 个校区，每个校区一个学部，学部下面有若干个学院。每个学部建有一个集中数据库用来存放本学部教师、学生、课程及学生选课的有关信息，在此基础上，如何有效统一管理 3 个校区的教学信息，这种需求导致了分布式数据库系统（Distributed Database System，DDBS）的产生。

分布式数据库是由一组数据组成的，这些数据物理上分布在计算机网络的不同站点（计算机）上，逻辑上属于同一个系统。从物理位置上看，数据分别存放在地理位置不同的数据库中，但从用户使用的角度看，数据如同存放在一个统一的数据库中一样。每个用户可以方便地查询到所有数据库中的数据。

如何把物理上分散的数据库整合成逻辑上统一的数据库，需要分布式数据库管理系统（Distributed Database Management System，DDBMS）的支持。分布式数据库管理系统是建立、管理和维护分布式数据库的一组软件。分布式数据库管理系统可以有多种不同的体系结构，图 7.2 所示的是一种常见的体系结构。

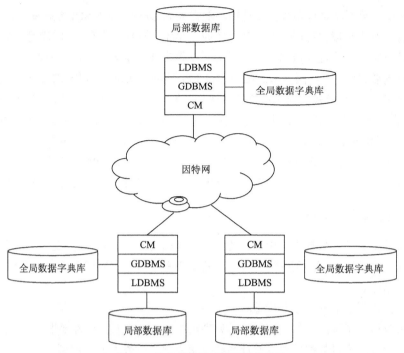

图 7.2　分布式数据库管理系统结构

DDBMS 由以下 4 个主要部分组成。

（1）本地数据库管理系统（Local DBMS，LDBMS）。每个节点上都有一个局部数据库管理系统，其功能是建立和管理局部数据库，执行局部应用及全局查询的子查询。

（2）全局数据库管理系统（Global DBMS，GDBMS）。主要功能是把物理上分散的局部数据库整合成逻辑上统一的全局数据库，协调各局部 DBMS 以完成全局应用，保证数据库的全局一致性，提供全局恢复功能等。

（3）全局数据字典（Global Data Directory，GDD）。存放全局数据库结构、局部数据库结构及各局部数据库结构和全局数据库结构之间联系的定义，存放有关用户存取权限的定义。全局数据字典支持全局数据库管理系统对各局部数据库的操作。

（4）通信管理（Communication Management，CM）。在分布式数据库各节点之间传送消息和数据，完成通信功能。

2．XML

随着 WWW 的快速发展，互联网上的信息急剧增加，人们在享受着网上信息检索方便的同时，也越来越觉得难以找到自己真正需要的信息。主要原因之一就是网上信息大多是以 HTML 页面的形式出现的。HTML 作为 Web 页面信息的主要载体，可以在用户界面这个层次上提供丰富的显示效果，是被广为接受的一种网络上的流行语言，具有简单、易用的特点。但是，HTML 无法提供管理数据的标准方式，在数据管理方面的功能明显不足。由于 HTML 标记几乎不含任何数据信息，因此很难支持对数据的检索，即 HTML 只是描述了页面的外观（显示）形式，而没有描述数据的内在语义信息。

人们采用各种方法尝试对 HTML 页面的数据抽取。其中，大多数方法是先采用一些专用查询语言把 HTML 页面的各个部分映射成为代码，然后用这些代码将 Web 页面上的信息填入到数据库中。尽管这些方法都能实现一定的数据抽取功能，但实用性并不好。主要原因有两个，一是需要开发人员花费一定的时间去学习一种无法在其他情况下使用的查询语言；二是在健壮性方面存在严重缺陷，当目标 Web 页面有所改动时，哪怕只是很简单的改动，都将难以处理。所以，随着 Web 应用的不断扩展，基于 HTML 的 Web 信息表达方式已经不能适应人们进行信息查询和对 Web 数据进行管理的需要。

由互联网协会（World Wide Web Consortium，W3C）提出和设计的可扩展标记语言（Extensible Markup Language，XML）正在逐步成为新一代 Web 数据描述和数据交换的标准。XML 是一种自描述的半结构化语言，不仅能描述数据的外观，还可以表达数据本身的含义。在兼容原有 Web 应用的同时，XML 还可以更好地实现 Web 中的信息共享与交换。

作为一种 Web 上通用的数据表示和交换格式，XML 的应用越来越广泛，如何帮助用户快速有效地检索大量的 XML 数据，得到想要的信息，基于 XML 的信息搜索都是需要研究解决的问题。XML 不仅描述了文档的内容，还包含了一定的结构和语义信息，在进行基于 XML 的信息搜索时要充分利用这些结构和语义信息。

3. 数据仓库

数据仓库是在数据库已经大量存在的情况下，为了进一步挖掘数据资源和决策需要而产生的，它并不是所谓的"大型数据库"。数据仓库方案建设的目的，是为前端查询和分析做基础，由于有较大的冗余，所以需要的存储空间也较大。

根据数据仓库之父在 1991 年出版的一书中所提出的定义，数据仓库（Data Warehouse）是一个面向主题的、集成的、相对稳定的、反映历史变化的数据集合，用于支持管理决策。

这里的主题指用户使用数据仓库进行决策时所关心的重点方面，如收入、客户、销售渠道等，所谓面向主题，是指数据仓库内的信息是按主题进行组织的，而不是像业务支撑系统是按照业务功能进行组织的。这里的集成指数据仓库中的信息不是从各个业务系统中简单抽取出来的，而是经过一系列加工、整理和汇总的过程，因此数据仓库中的信息是关于整个企业的一致的全局信息。这里的随时间变化指数据仓库内的信息并不只是反映企业当前的状态，而是记录了从过去某一时刻到当前各个阶段的信息。通过这些信息，可以对企业的发展历程和未来趋势做出定量分析和预测。

数据仓库的出现，并不是要取代数据库，它们各有不同的应用，有如下几点不同。

（1）出发点不同：数据库是面向事务的设计；数据仓库是面向主题的设计。

（2）存储的数据不同：数据库一般存储在线交易数据；数据仓库存储的一般是历史数据。

（3）设计规则不同：数据库设计是尽量避免冗余，一般采用符合范式的规则来设计；数据仓库在设计时有意引入冗余，采用反范式的方式来设计。

（4）提供的功能不同：数据库是为捕获数据而设计；数据仓库是为分析数据而设计。

（5）基本元素不同：数据库的基本元素是事实表；数据仓库的基本元素是维度表。

（6）容量不同：数据库在基本容量上要比数据仓库小得多。

（7）服务对象不同：数据库是为了高效的事务处理而设计的，服务对象为企业业务处理方面的工作人员；数据仓库是为了分析数据进行决策而设计的，服务对象为企业高层决策人员。

4. 数据挖掘

随着数据库技术的广泛应用，各行各业逐步积累了大量的历史数据，为了从这些数据中找出有用的规律用以指导目前的工作，数据挖掘应运而生。数据挖掘（Data Mining，DM）又称为数据中的知识发现（Knowledge Discovery in Data，KDD），是从存放在数据库、数据仓库或其他信息库中的大量数据中发现有用知识的过程。数据挖掘主要完成如下功能。

（1）概念描述（Concept Description）。归纳总结出某个数据集合的特征，或者对照说明两个或多个数据集的不同特征。

（2）关联分析（Association Analysis）。找出数据集中相互有关联的因素。

（3）分类（Classification）。在分析已有类别标记的数据的基础上，总结出不同类别数据的特征，据此特征对分类数据进行类别标注。

（4）聚类（Clustering）。对数据进行分组，使得同一组内的数据相似度比较高，而不同组中的数据相似度比较低。

（5）孤立点分析（Outlier Analysis）。孤立点就是数据集中明显偏离正常值的数据，找到这样的数据就是孤立点分析。

（6）演变分析（Evolution Analysis）。发现行为随时间变化的数据所遵循的规律或趋势。

例如，超市数据库中存储有大量的客户购买物品的信息以及客户本身的信息。分类或聚类可以把客户按购买力的大小分成若干组；概念描述可以对比说明每组客户的特征；关联分析可以发现人们购买物品时的一些规律，如购买牛奶的人一般同时购买了面包等；孤立点分析可以发现反常的购买行为，如消费额特大；演变分析可以发现某种（些）商品在不同季节的销售趋势。

这些数据挖掘的结果可以使超市的经营者制定出更为精准的营销策略，在提高服务质量的同时，取得更好的经济效益。通过分类/聚类/概念描述，可以针对不同的客户群体制定不同的折扣比例，有针对性地推荐他们所需要的商品；关联分析/趋势分析有助于在进货时考虑季节及不同商品在数量上的合理搭配，使得商品不积压；孤立点分析有助于发现恶意消费（如用捡来的信用卡恶意透支）等行为。

数据挖掘是一个交叉学科领域，受多个学科影响，主要包括数据库、人工智能、机器学习、统计分析、信息检索、模式识别、图像分析、可视化等方法和技术。

5．大数据

大数据（Big Data）是指规模大到目前的软件工具难以有效收集、存储、管理和分析的数据。大数据具有如下4个特点（4V特点）。

（1）数据量巨大（Volume），一般都在太字节（TB）以上。

（2）类型多样（Variety），包括数值、文本、图像、视频、音频等各种类型的结构化和非结构化数据。

（3）处理速度快（Velocity），对大数据的分析处理速度要快，分析结果要能及时用于支持决策，也有人解释为数据的增长速度快。

（4）价值大（Value），原始数据量大，价值密度低（数月的监控录像中可能只有几分钟甚至几秒的录像有用），但经分析处理后能够带来巨大的经济社会价值。

被誉为大数据时代预言家的维克托·迈尔·舍恩伯格（Viktor Mayer Schonberger）在与肯尼斯·库克耶（Kenneth Cukier）合著的《大数据时代》一书中，提供了一个大数据案例：美国华盛顿大学计算机专家奥伦·埃齐奥尼（Oren Etzioni）开发了一个机票价格预测系统 Farecast，基于对以往机票实际价格的分析来预测未来机票的价格，帮助人们在合适的时间以最低的价格购买机票（并不是买得越早越便宜，埃齐奥尼就是因为吃过这样的亏才决定开发这个预测系统的）。到 2012 年为止，FareCast 系统用了将近 10 万亿条价格记录来帮助预测美国国内航班的票价。Farecast 票价预测的准确度已经高达 75%，使用 Farecast 票价预测工具购买机票的旅客，平均每张机票可节省 50 美元。考虑到美国每年有数亿人次乘坐国内航班，使用该系统可为客户节省的费用是相当可观的。

这是一个比较有代表性的大数据应用实例，少量的价格记录（如 1 万条）可能没有多大利用价值，但是通过对大数据（实例中的近 10 万亿条价格记录）的分析，就能产生巨大的经济价值。

实际上，早在 1980 年，著名未来学家阿尔文·托夫勒（Alvin Toffler）就提到了大数据的概念，在其所著的《第三次浪潮》一书中预言："如果说 IBM 的主机拉开了信息化革命的大幕，那么大数据则是第三次浪潮的华彩乐章"。从 2009 年开始，大数据逐渐成为信息技术领域的流行词汇。2012 年 3 月，美国政府发布《大数据研究和发展计划》，将发展大数据提升到战略层面，日本、英国等国家也分别制定了有关大数据的研究计划。2012 年 12 月，我国国家发改委将数据分析软件的开发和服务列入专项指南，2013 年科技部将大数据列入 973 基础研究计划，专项支持有关大数据的研究开发工作。

目前，传统的数据库应用系统已不能满足一些稍大规模企事业单位的需要，综合了分布式数据库、XML、数据仓库、数据挖掘和大数据技术的数据分析系统得到人们的广泛重视，在银行、电信、保险、证券、交通、超市、互联网等领域得到了广泛的应用。

7.2　软件工程

随着计算机应用日益普及和深化，计算机软件数量以惊人的速度急剧膨胀。而且现代软件的规模往往十分庞大，包含数百万行代码，耗资几十亿美元，花费几年时间，经过几千人的劳动才开发出来的软件产品，现在已经屡见不鲜了。例如，Windows 3.1 约有 250 万行代码，曾被广泛使用的 Windows XP 的开发历时 3 年，代码约有 4000 万行，耗资 50 亿美元，仅产品促销就花费了 2.5 亿美元。为了降低软件开发的成本，提高软件的开发效率，20 世纪 60 年代末一门新的工程学科诞生了——软件工程学。

7.2.1　软件工程概述

由于"软件危机"的产生，迫使人们不得不研究、改变软件开发的技术和管理方法，软件开发也进入了软件工程时代。

1. 软件危机

随着微电子学技术的进步，计算机硬件性能/价格比平均每十年提高两个数量级，而且质量稳步提高；与此同时，计算机软件成本却在逐年上升且质量没有可靠的保证，软件开发的生产率也远远跟不上普及计算机应用的要求。可以说软件已经成为限制计算机系统发展的关键因素。在 20 世纪 60 年代至 70 年代，西方计算机科学家把软件开发和维护过程中遇到的一系列严重问题统称为"软件危机"，它表现在如下几个方面。

● 软件开发的生产率远远不能满足客观需要，使得人们不能充分利用现代计算机硬件所提供的巨大潜力。

● 开发的软件产品往往与用户的实际需要相差甚远。软件开发过程中不能很好地了解并理解用户的需求，也不能适应用户需求的变化。

● 软件产品质量与可维护性差。软件的质量管理没有贯穿到软件开发的全过程，直接导致所提交的软件存在很多难以改正的错误。软件的开发基本没有实现软件的可重用性，软件也不能适应硬件环境的变化，也很难在原有软件中增加一些新的功能。再加之软件的文档资料通常既不完整也不合格，使得软件的维护变得非常困难。

● 软件开发的进度计划与成本的估计很不准确。实际成本可能会比估计成本高出一个数量级，而实际进度却比计划进度延迟几个月甚至几年。开发商为了赶进度与节约成本会采取一些权宜之计，这往往会使软件的质量大大降低。这些现象极大地损害了软件开发商的信誉。

由上述的现象可以看出，所谓的"软件危机"并不仅仅表现在不能开发出完成预定功能的软件，更麻烦的是还包含那些如何开发软件、如何维护大量已经存在的软件以及开发速度如何跟上目前对软件越来越多的需求等相关的问题。为了克服"软件危机"，人们进行了不断的探索。有人从制造机器和建筑楼房的过程中得到启示，无论是制造机器还是建造楼房都必须按照规划→设计→评审→施工（制造）→验收→交付的过程来进行，那么在软件开发中是否也可以像制造机器与建造楼房那样有计划、有步骤、有规范地开展软件的开发工作呢？答案是肯定的。于是20世纪60年代末用工程学的基本原理和方法来组织和管理软件开发全过程的一门新兴的工程学科诞生了，这就是计算机软件工程学，通常简称为软件工程。

2. 软件工程的定义及其研究内容

自从1968年第一次提出软件工程的概念以来，软件工程的定义也一直在不停地完善着。IEEE（IEE93）对软件工程的定义如下。

软件工程是将系统化的，严格约束的，可量化的方法应用于软件的开发、运行和维护，即将工程化应用于软件。

通俗地说，软件工程是指导软件开发和维护的一门工程学科。它采用工程的概念、原理、技术和方法，把经过时间检验而证明是正确的管理技术和当前能够得到的最好的技术方法结合起来，用于开发和维护软件。

软件工程是一门综合性的交叉学科，它涉及哲学、计算机科学、工程科学、管理科学、数学及应用领域知识。软件工程研究的内容主要集中在软件的开发技术与管理两大方面。开发技术包括软件的开发模型、开发过程、开发方法、工具与环境等；管理技术包括人员组织、项目计划、标准与配置、成本估算、质量评价等。

从另一方面来说，软件工程又是一种层次化的技术（如图7.3所示）。因为任何工程方法都必须以质量控制为基础，因此质量控制是整个软件工程的基础。保证软件开发质量的前提条件是对软件工程中的各个过程进行有效的管理，为此必须为软件过程规定一系列的关键过程域，以此作为软件项目管理控制的基础，通过人员组织管理、项目计划管理、质量管理等环节来保证软件开发按时按质量完成。软件工程中的"方法"提供了实现软件过程的技术，它涉及一系列的任务：需求分析、开发模型、设计、编码、测试和支持等等。利用"工具"可以对软件工程的过程与方法提供自动的或半自动的支持，在适当的软件工具辅助下，开发人员可以既快又好地做好软件开发工作，这些工具被称为计算机辅助软件工程（Computer Aided Software Engineering，CASE）工具。所以，一般将"过程""方法"和"工具"称为软件工程的三要素。这也是现代软件工程的研究内容。

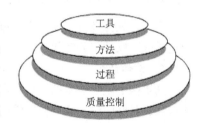

图7.3 软件工程的层次

3. 软件工程的作用

软件工程的目标是提高软件的质量与生产率，最终实现软件的工程化管理、工业化生产。而质量与生产率往往是一对矛盾，软件的供需双方由于其利益的不同，关心的焦点也不同。质量是软件需方最关心的问题，他要求供方提供货真价实满足需求的软件产品；而生产率则是供方最为关心的问题，他追求的是高的生产率，以获得最大的利益。因此如何在提高生产率的情况下开发出高质量的软件，就必然成为软件工程的主要目标，好的软件工程方法可以同时提高质量和生产率。

由于软件工程一开始是为了应对"软件危机"而提出的，如果软件在开发过程中能较好地利用软件工程的原理对软件开发的过程进行有效的管理，就可以充分保证软件开发的质量和生产率，反之就有可能造成项目的失败。下面介绍两个正反方面的实例。

例 7.3　成功案例——美国联邦速递公司（FedEX）的管理信息系统。

美国联邦速递公司是一个具有数十亿美元资产，经营速递业务的大型企业。它拥有 643 架飞机、43 000 辆汽车、138 000 名员工，每天运送超过 310 万个包裹，通达全世界近 200 个国家和地区。该公司为适应管理的需要开发了覆盖整个公司的管理信息系统，从系统的架构、分析、开发直至运行、维护始终遵循需求至上的原则，将先进的软件工程的原理与方法贯穿整个开发过程，最终该项目取得了圆满的成功。通过管理信息系统，公司在任何时间都可以知道每件包裹在什么位置以及以后的运送路线，客户只要登录该公司的网站也可以得到同样的信息。后来，该系统又逐步扩展成为集成了从一个工厂的成品到送达用户之间的所有涉及分拣、运输、仓储、递送过程中每一步的状态数据。

例 7.4　失败案例——英国伦敦的急救服务管理信息系统。

伦敦急救服务中心覆盖了 680 多万人口，每天接送 5000 个病人，接听 2500 个电话。为提高对急救电话的响应速度，更有效及时地处理紧急情况，该中心开发了相应的急救信息管理系统，试图通过该系统对急救信息进行实时管理，最终目标是平均每 14 分钟响应一个电话，1992 年 10 月新系统正式投入运行。由于新的系统既没有经过严格的调试也没有经过完全的测试，尤其是满负荷下测试，另一方面全体职员更没有经过对新系统的使用培训，使得系统在运行过程中发生了一系列致命的问题：有些紧急电话要花 30 分钟才能打进去，由于救护车延迟了 3 个小时，造成数十人死亡。伦敦急救服务中心的一位发言人说："真是一场可怕的噩梦！"。

以上正反两个方面的例子充分说明了软件工程在软件开发中的重要作用。

4. 软件工程的基本原理

既然是工程，那就有许多相关的准则与基本原理，软件工程也不例外。自从 1968 年第一次提出软件工程的概念以来，全世界研究软件工程的专家学者们陆续提出了 100 多条关于软件工程的准则与基本原理，1983 年 B.Woehm 对这 100 多条准则进行了总结归纳，提出了软件工程的七条基本原理。他认为这七条原理是保证软件产品质量和开发效率的最小且相当完备的集合，这七条基本原理如下。

（1）用分阶段的生命周期计划严格管理。统计表明，在不成功的软件项目中有一半左右是由于计划不周造成的，可见把建立完善的计划作为第一条基本原理是吸取了前人的教训而提出来的。在软件开发与维护的漫长的生命周期中，需要完成许多性质各异的工作。这条基本原理意味着，应该把软件生命周期划分成若干个阶段，并相应地制定出切实可行的计划，然后严格按照计划对软件的开发与维护工作进行管理。Boehm 认为，在软件的整个生命周期中应该制定并严格执行 6 类计划，它们是项目概要计划、里程碑计划、项目控制计划、产品控制计划、验证计划、运行维护计划。不同层次的管理人员都必须严格按照计划各尽其职地管理软件开发与维护工作，绝不能受客户或上级人员的影响而擅自背离预定计划。

（2）坚持进行阶段评审。Boehm 当时就已经认识到，软件的质量保证工作不能等到编码阶段结束之后再进行。这样说至少有两个理由：第一，大部分错误是在编码之前造成的，例如，根据

Boehm 等人的统计，设计错误占软件错误的 63%，编码仅占 37%；第二，错误发现与改正得越晚，所需付出的代价也越高。因此，在每个阶段都进行严格的评审，以便尽早发现在软件开发过程中所犯的错误，是一条必须遵循的重要原则。

（3）实行严格的产品控制。在软件开发过程中不应随意改变需求，因为改变一项需求往往需要付出较高的代价，但是，在软件开发过程中改变需求又是难免的，由于外部环境的变化，相应地改变用户需求是一种客观需要，显然不能硬性禁止客户提出改变需求的要求，而只能依靠科学的产品控制技术来顺应这种要求。也就是说，当改变需求时，为了保持软件各个配置成分的一致性，必须实行严格的产品控制，其中主要是实行基准配置管理。所谓基准配置又称基线配置，它们是经过阶段评审后的软件配置成分（各个阶段产生的文档或程序代码）。基准配置管理也称为变动控制：一切有关修改软件的建议，特别是涉及对基准配置的修改建议，都必须按照严格的规程进行评审，获得批准以后才能实施修改。绝对不能谁想修改软件（包括尚在开发过程中的软件）就随意进行修改。

（4）采用现代程序设计技术。从提出软件工程的概念开始，人们一直把主要精力用于研究各种新的程序设计技术。60 年代末提出的结构化程序设计技术，已经成为绝大多数人公认的先进的程序设计技术。以后又进一步发展出各种结构化分析（SA）与结构化设计（SD）技术。而面向对象技术的出现又使软件开发发生了翻天覆地的变化。实践表明，采用先进的技术既可提高软件开发的效率，又可提高软件维护的效率。

（5）结果应能清楚地审查。软件产品不同于一般的物理产品，它是看不见摸不着的逻辑产品。软件开发人员（或开发小组）的工作进展情况可见性差，难以准确度量，从而使得软件产品的开发过程比一般产品的开发过程更难于评价和管理。为了提高软件开发过程的可见性，更好地进行管理，应该根据软件开发项目的总目标及完成期限，规定开发组织的责任和产品标准，从而使得所得到的结果能够清楚地审查。

（6）开发小组的人员应该少而精。这条基本原理的含义是，软件开发小组的组成人员的素质应该好，而人数则不宜过多。开发小组人员的素质和数量是影响软件产品质量和开发效率的重要因素。素质高的人员的开发效率比素质低的人员的开发效率可能高几倍至几十倍，而且素质高的人员所开发的软件中的错误明显少于素质低的人员所开发的软件中的错误。此外，随着开发小组人员数目的增加，因为交流情况讨论问题而造成的通信开销也急剧增加。当开发小组人员数为 N 时，可能的通信路径有 $N(N-1)/2$ 条，可见随着人数 N 的增大，通信开销将急剧增加。因此，组成少而精的开发小组是软件工程的一条基本原理。

（7）承认不断改进软件工程实践的必要性。遵循上述 6 条基本原理，就能够按照当代软件工程基本原理实现软件的工程化生产，但是，仅有上述 6 条原理并不能保证软件开发与维护的过程能赶上时代前进的步伐和技术上的不断进步。因此，Boehm 提出应把承认不断改进软件工程实践的必要性作为软件工程的第 7 条基本原理。按照这条原理，不仅要积极主动地采纳新的软件技术，而且要注意不断总结经验，例如，收集进度和资源耗费数据，收集出错类型和问题报告数据等等。这些数据不仅可以用来评价新的软件技术的效果，而且可以用来指明必须着重开发的软件工具和应该优先研究的技术。

随着软件开发技术的不断发展，今天面向数据与面向对象的程序设计已经成为软件开发的主流。以上这 7 条基本原理尽管是在面向过程的程序设计时代提出的，但这些基本原理仍然是适用的。不过在现代的软件设计中有一种现象是必须要注意的，那就是所谓的"二八定律"（也称为 Parato 定律）。对软件项目进度和工作量的估计：认为已经完成了 80%，但实际上只有 20%；对程序中的错误估计：80%的问题存在于20%的程序之中；对模块功能的估计：20%的模块实现了80%的软件功能；对人力资源的估计：20%的人解决了软件设计中80%的问题；对资金投入的估计：企业信息系统中80%的问题可以用20%的资金来解决。

7.2.2 软件生存周期与开发模型

软件生命周期（Systems Development Life Cycle，SDLC）将软件开发划分为若干阶段，使得每个阶段都有明确的任务。软件开发模型（Software Development Model）是指软件开发全部过程、活动和任务的结构框架。

1. 软件生存周期

软件生存周期是指从提出软件产品开始直到该软件产品被淘汰的全过程。采用软件生存周期是为了更科学、更有效地组织和管理软件的生产，从而使用软件产品更可靠、更经济。它要求软件的开发必须分阶段进行，前一个阶段任务的完成是下一个阶段任务的前提和基础，而后一个阶段通常是将前一个阶段提出的方案进一步具体化。每一个阶段的开始与结束都有严格的标准，在每一个阶段结束之前都要接受严格的技术与管理评审。软件生存周期大体分为3个时期：软件定义、软件开发、软件支持，每个时期又可以分为若干个阶段。如表7.1所示。

表 7.1　　　　　　　　　　　　　　　软件周期

生存阶段	周期序号	周期名称
软件定义	1	问题定义 可行性分析
软件开发	2	需求分析
	3	概要设计
	4	详细设计
	5	编码
	6	测试
	7	软件发布或安装与验收
软件支持	8	软件使用
	9	维护或退役

（1）软件定义阶段。

软件项目或产品一般有两个方面的来源：一是订制软件，二是非订制软件。订制软件是软件开发者与固定的客户签订软件开发合同，由软件公司负责该项目的开发；非订制软件则是由软件公司通过市场调研，认为某产品具有很大的市场潜力，而且公司本身在人力、设备、风险抵御、资金与时间等方面都具备开发该产品的能力，从而决定立项开发。

无论是哪一类软件都要经过其生存周期的第一阶段，软件的定义主要解决3个方面的问题。

① 问题的定义。对于订制软件，首先要根据用户所提出的书面材料（设计要求或招标文件），研究用户的基本要求是什么，需要解决什么样的问题；而对于非订制软件则要研究软件的基本应用场合与功能，用户群等。通过对问题的研究应该得到关于软件的问题性质、工程目标与基本规模等。

② 可行性分析。可行性分析是为前一阶段提出的问题寻求一种（或几种）在技术上可行且在

经济上有较高效益的解决方案，最主要的是对系统进行成本/效益分析。如果是订制软件，要决定是否能参加投标或竞争；如果是非订制软件，则要决定是否进行开发。

③ 立项或签订合同。如果对开发软件的问题已经清楚，而且进行了比较全面的可行性分析，就需要拿出《立项建议书》进行立项或与用户签订正式的软件开发合同（如果竞争或投标成功）。

（2）软件开发阶段。

开发阶段一般经过四个步骤：需求分析、设计、编码与测试、发布或安装验收。

① 需求分析。分析用户对软件系统的全部需求，以确定软件必须具备哪些功能。

② 设计。设计包括概要设计与详细设计，概要设计确定程序的模块、结构及模块间的关系，而详细设计是针对单个模块的设计，以确定模块内的过程结构，形成若干个可编程的程序模块。

③ 编码。根据详细设计所形成的文档，采用某些编程语言将其转化为所要求的源程序，以实现功能，同时对程序进行调试和单元测试，以验证模块接口与详细设计文档的一致性。

④ 测试。测试的任务是根据概要设计各功能模块的说明及测试计划，将经过单元测试的模块逐步进行集成和测试，其目的是测试各模块连接正确性、系统的输入/输出是否达到设计要求、系统的处理能力与承载能力。

⑤ 发布或安装验收。当软件通过了测试后，就可以进入发布或安装验收阶段了。该阶段主要是对软件推向市场或为用户安装进行必须的准备，如相关资料的准备、培训、软件的客户化或初始化等。软件安装完成后经过用户的验收合格后即可正式移交用户使用。

（3）软件支持阶段。

软件支持阶段是软件生存周期中的最后一个阶段，也是最重要的阶段。它包括软件的使用、维护与退役 3 个阶段。

软件只有通过使用才能充分发挥社会效益与经济效益，而且使用的份数与时间越多，其社会与经济效益才越显著。在使用过程中客户与维护人员必须认真收集被发现的软件错误，定期撰写"软件问题报告"和"软件修改报告"。

由于软件是一种逻辑产品，在使用过程中必须要随着需求的变化、所发现的软件缺陷对软件进行必要的修改与维护。同时为了实现功能的扩充与完善和适应软件运行环境的变化，需要对软件进行维护或升级。

软件的退役意味着软件生存周期的终止，从客户来说要停止使用该软件，从开发方来说也就不再对该软件产品进行任何的技术支持。

2. 软件开发模型

从软件工程的观点来看，软件的开发要经历 3 个阶段：定义阶段、开发阶段和支持阶段。定义阶段主要集中于"做什么"，即要搞清楚软件处理什么样的信息、预期完成什么功能、希望有什么样的行为、需要何种界面、设计中有什么约束、确认系统成功的标准是什么等等。开发阶段则致力于"怎么做"，使用何种数据结构、功能如何体现、过程的细节如何实现、界面如何表示、设计怎样被变成程序代码、测试如何进行等等。而支持阶段则关注于"变化"，即纠正软件运行中的错误、随着软件环境的变化作适应性的修改、由于用户需求的变化所进行的增强性修改等。

在进行实际的软件开发时，软件开发各个阶段之间的关系不可能是顺序的、线性的，相反，每个阶段都是带有反馈的迭代过程。为了能够准确反映软件开发过程中的各个阶段以及这些阶段如何衔接，需要使用软件开发模型来进行直观的图示。软件开发模型实际上是软件工程思想的具体化，它是软件开发过程的概括。因此，软件开发模型是跨越整个软件生存周期的各个阶段所需要的全部工作与任务的结构框架。

由于采用的软件开发方法、开发工具及开发过程的不同，有不同的软件开发模型，如：瀑布模型、原型模型、快速开发模型（RAD）、螺旋模型、增量模型、并发过程模型、基于构件的过程模型等等。这里只介绍前两种模型。

（1）瀑布模型

瀑布模型是最传统的开发模型，在软件工程的实践中立下了汗马功劳，现在有些软件的开发仍然还在使用这种模型。

瀑布模型也称为线性顺序模型，其基本思想是：把软件生存周期划分为立项、需求分析、概要设计、详细设计、编程实现、测试、发布、运行与维护等阶段。将每个阶段当作瀑布中的一个个台阶，各个台阶自上而下排列、相互衔接、次序固定，把软件的开发过程比喻成瀑布中的流水在这些台阶上奔流而下。如图 7.4 所示。

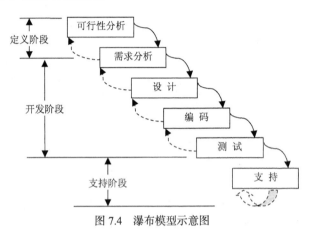

图 7.4　瀑布模型示意图

瀑布模型中的每一个阶段在完成后都要提交相应的文档资料，经过评审、复审和审查，通过后方能进入下一阶段，逐步完成各个阶段的任务。在开发过程中，如果发现某阶段的上游存在缺陷，可以通过追溯来予以消除或改进，但要付出很大的代价，尤其是当前期存在的缺陷到开发后期才发现时，其影响将是致命的。

瀑布模型是基于文档驱动或称为里程碑驱动、基线驱动的，每个阶段的结束称为里程碑或基线。它具有简单、便于分工协作、开发难度低、能保证质量等优点。该模型的缺点主要表现如下几个方面。

- 开发过程一般不能逆转，否则代价太大。
- 实际的项目开发很难严格按该模型进行。
- 客户往往很难清楚地给出所有的需求，而该模型却要求如此。
- 软件的实际情况必须到项目开发的后期客户才能看到，这要求客户有足够的耐心。

尽管瀑布模型存在着许多缺点，但该模型在软件工程的实践中仍然占有肯定的重要的位置，它仍然是使用最为广泛的过程模型。

（2）原型模型

在实际的软件开发中，用户可能只给出一般性的需求（或称为目标）而不能给出详细的输入、处理、输出需求，开发者可能也不能很快确定算法的有效性、操作系统的适应性或人机交互的形式。此时就不能采用传统的瀑布模型来开发了，原型模型可能就是最好的选择了。

原型模型是由开发者根据客户所提出的一般性目标，与客户一起先进行初步的需求分析，然后进行快速设计,快速设计致力于软件中那些对用户可见部分的表示(如输入方式与输出表示等),这样导致了原型的产生。原型由客户评估并进一步细化待开发软件的需求,再对原型进行修改完善,再交客户运行并评估,如此反复直到客户满意,显然这是个迭代的过程。开发过程如图 7.5 所示。

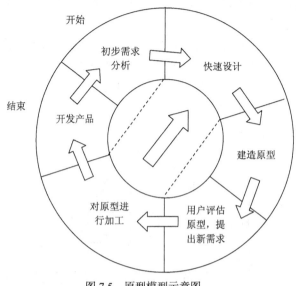

图 7.5　原型模型示意图

在该模型中,如何快速进行原型的开发是关键,快速开发原型的途径一般有如下 3 种。

① 利用计算机模拟一个软件的人机界面与交互方式。

② 开发一个能实现部分功能(如输入界面、输出格式等)的软件,这部分功能往往是重要的,但也可能是容易引起误解的。

③ 寻找一个或几个类似的正在运行的软件,利用这些软件向客户展示软件需求中的部分或全部功能。

为了快速地开发原型,要尽量采用软件重用技术,以争取时间,尽快地向客户提供原型。

原型模型具有如下优点。

● 该模型是基于原型驱动的。

● 可以得到比较良好的需求定义,便于开发者与客户进行全面的沟通与交流,而且原型系统也比较容易适应用户需求的变化。

● 原型系统既是开发的原型,又可以作为培训的环境,这样有利于开发与培训的同步。

● 原型系统的开发费用低、开发周期短、维护容易且对用户更友好。

● 尽管开发者和客户都喜欢使用原型模型,但原型模型也有其固有的缺点。

● 在对原型的理解上客户与开发者有很大的差异,客户以为原型就是软件的最终版本,而开发者只将原型当作一个漂亮美丽的软件外壳,在实际开发过程中要对原型进行不断修改完善,这就需要开发人员与客户相互沟通、相互理解。

● 由于原型是开发者快速设计出来的,而开发者有时所开发领域是陌生的,因此容易将次要部分当作主要的框架,做出不符合实际的原型。

● 软件的整个开发都是围绕着原型来展开的,在一定程度上不利于开发人员的创新。

原型模型适合于目前非常流行的企业资源计划（ERP）系统,因为市场上推出了许多分行业的 ERP 解决方案，但这种解决方案的产品化程度很低，都必须在实施中针对大量的客户做开发工作，因此，这种分行业的解决方案就可以作为分行业的原型，进行二次开发。

一般情况下，应用原型模型的条件并不严苛，只要对所开发的领域比较熟悉而且有快速的原型开发工具就可以使用原型模型。尤其是在项目招投标时，可以以原型模型作为软件的开发模型，去制作投标书并给客户讲解，一旦中标，再以原型模型作为实施项目的指导方针对软件进行进一步的开发。在进行产品移植或升级时，或对已有产品原型进行客户化工程时，原型模型是非常适合的。

7.2.3　软件工程过程

在软件开发中只有好的方法与工具是远远不够的，要使软件得以合理地、及时地被开发，必须通过一种手段将这两者很好地结合在一起，形成凝聚力，这种手段就是软件工程的过程。

1. 软件工程过程的概念

一般来讲，过程是指为了实现某一个目标而采取的一系列步骤。一个软件过程就是指人们从开发到维护软件相关产品所采取一系列管理活动。主要包括项目管理、配置管理、质量管理、文档管理等等。软件工程过程为软件的整个开发过程建立了一种管理环境，如采用什么样的开发模型、技术方法，相关的工程产品（模型、文档、数据、报告、表格等）。

目前应用比较广泛的有如下两类过程管理。

- ISO 9000 质量管理和质量保证体系。
- CMM 软件能力成熟度模型。

当然，并不是所有的软件企业都应用这两种方法来管理的，有些著名的企业，如微软、IBM 等既没有通过 ISO 9000 的认证，也没有进行过 CMM 任何级别的评估，但这并没有影响这些企业成为世界超一流的计算机企业，究其原因，这些软件都有一套自己的企业文化，对软件开发过程的管理是通过这些企业文化的潜移默化的影响与企业本身严格的管理制度来实现的。

2. 常用软件过程管理方法简介

（1）ISO 9000 质量管理和质量保证体系。

ISO 是国际标准化组织的英语简称，成立于 1947 年 2 月，总部位于瑞士日内瓦，至今已制订了 8000 多个标准，其中"ISO 9000 系列"是品质管理和品质保证体系的国际标准，由 1959 年的美军质保标准发展演变而来，1987 年首次颁布。

ISO 9000 族标准中有关质量体系保证的标准有 3 个：ISO 9001、ISO 9002、ISO 9003。

- ISO 9001 质量体系标准是设计、开发、生产、安装和服务的质量保证模式。
- ISO 9002 质量体系标准是生产、安装和服务的质量保证模式。
- ISO 9003 质量体系标准是最终检验和试验的质量保证模式。

软件企业贯彻实施 ISO 9000 质量管理体系认证，应当选择质量保证模式标准 ISO 9001。

现在 ISO 9000 标准已被各国软件企业（尤其是欧洲的软件企业）广泛采用，并将其作为建立企业质量体系的依据。

（2）CMM 软件能力成熟度模型。

CMM（Capability Maturity Model）是卡耐基梅隆大学软件工程研究院（Software Engineering Institute，SEI）受美国国防部委托制定的软件过程改良、评估模型。CMM 的核心是把软件开发视为一个过程，并根据这一原则对软件开发和维护进行过程监控和研究，以使其更加科学化、标准化，使企业能够更好地实现商业目标。

由于 CMM 是为美国国防部制订的，所以这一标准比国际上质量认证的其他一些标准如 ISO 9000 系列要复杂许多。CMM 把软件开发机构按照不同开发水平划分为 5 个级别：初始级（Initial）、可重复级（Repeatable）、已定义级（Defined）、已管理级（Managed）和优化级（Optimizing）。

7.2.4 软件开发工具简介

软件开发工具既包括传统的工具如：操作系统、开发平台、数据库管理系统等，又包括支持需求分析、设计、编码、测试、配置、维护等的各种开发工具与管理工具。这里主要讨论支持软件工程的工具，这些工具通常是为软件工程直接服务的，所以人们也将其称为计算机辅助软件工程（Computer Aided Software Engineering，CASE）工具。CASE 是一组工具和方法集合，可以辅助软件开发生命周期各阶段进行软件开发。使用 CASE 工具的目标一般是为了降低开发成本，达到软件的功能要求、取得较好的软件性能，使开发的软件易于移植，降低维护费用，使开发工作按时完成并及时交付使用。

CASE 有如下三大作用，这些作用从根本上改变了软件系统的开发方式。

（1）CASE 是一个具有快速响应、专用资源和早期查错功能的交互式开发环境。

（2）使软件的开发和维护过程中的许多环节实现了自动化。

（3）通过一个强有力的图形接口，实现了直观的程序设计。

借助于 CASE，计算机可以完成与开发有关的大部分繁重工作，包括创建并组织所有诸如计划、合同、规约、设计、源代码和管理信息等人工产品。另外，应用 CASE 还可以帮助软件工程师解决软件开发的复杂性并有助于小组成员之间的沟通，它包含计算机支持软件工程的所有方面。几种常用的 CASE 工具简介如下。

1. IBM Rational 系列产品

Rational 公司是专门从事 CASE 工具研制与开发的软件公司，2003 年被 IBM 公司收购。该公司所研发的 Rational 系列软件是完整的 CASE 集成工具，贯穿从需求分析到软件维护的整个软件生命周期。其最大的特点是基于模型驱动，使用可视化方法来创建 UML（Unified Modeling Language）模型，并能将 UML 模型直接转化为程序代码。IBM Rational 系列产品主要由以下几部分构成。

（1）需求、分析与设计工具。核心产品是 IBM Rational Rose，它集需求管理、用例开发、设计建模、基于模型的开发等功能于一身。

（2）测试工具。包括为开发人员提供的测试工具 IBM Rational PurifyPlus 和自动化测试工具 IBM Rational Robot。Rational Robot 可以对使用各种集成开发环境（IDE）和语言建立的软件应用程序，创建、修改并执行自动化的功能测试、分布式功能测试、回归测试和集成测试。

（3）软件配置工具。IBM Rational ClearCase。包括版本控制、软件资产管理、缺陷和变更跟踪。

2. 北大青鸟

北大青鸟系列 CASE 工具是北大青鸟软件有限公司开发研制的，在国内有较高的知名度，北京大学软件工程国家工程研究中心就设在该公司。其主要产品包括如下几个方面。

（1）面向对象软件开发工具集（JBOO/2.0）。该软件支持 UML 的主要部件，对面向对象的分析、设计和编程阶段提供建模与设计支持。

（2）构件库管理系统（JBCLMS）。青鸟构件库管理系统 JBCLMS 面向企业的构件管理需求，提供构件提交、构件检索、构件管理、构件库定制、反馈处理、人员管理和构件库统计等功能。

（3）项目管理与质量保证体系。该体系包括配置管理系统（JBCM）、过程定义与控制系统（JBPM）、变化管理系统（JBCCM）等。JBCM 系统主要包括基于构件的版本与配置管理、并行开发与协作支持、人员权限控制与管理、审计统计等功能。

（4）软件测试系统（Safepro）。Safepro 是一系列的软件测试工具集，主要包括了面向 C、C++、Java 等不同语言的软件测试、理解工具。

3. 版本控制工具

版本控制工具（Visual Source Safe，VSS）通过将有关项目文档，包括文本文件、图像文件、二进制文件、声音文件、视频文件，存入数据库进行项目研发管理工作。用户可以根据需要随时快速有效地共享文件。VSS 的主要功能如下。

● 文件检入与检出：用于保持文档内容的一致性，避免由于多人修改同一文档而造成内容的不一致。

● 版本控制：VSS 可以保存每一个文件的多种版本，同时自动对文件的版本进行更新与管理。

● 文件的拆分与共享：利用 VSS 可以很方便地实现一个文件同时被多个项目的共享，也可以随时断开共享。

● 权限管理：VSS 定义了四级用户访问权限，以适应不同的操作。

习 题 7

一、选择题

1. 在下列类型的数据库系统中，目前应用最广泛的是（　　）。

（A）分布型数据库系统　　　　　　（B）逻辑型数据库系统

（C）关系型数据库系统　　　　　　（D）层次型数据库系统

2. 数据库系统是在（　　）基础上发展起来的。

（A）操作系统　　　（B）文件系统　　　（C）应用程序系统　　　（D）数据管理

3. SQL 语言按照用途可以分为 3 类，下面选项中哪一种不是？（　　）

（A）DML　　　　（B）DCL　　　　（C）DQL　　　　　（D）DDL

4. 数据库系统与文件系统的主要区别是（　　）。

（A）数据库系统复杂，而文件系统简单

（B）文件系统不能解决数据冗余和数据独立性问题，而数据库系统可以解决

（C）文件系统只能管理程序文件，而数据库系统能够管理各种类型的文件

（D）文件系统管理的数据量较少，而数据库系统可以管理庞大的数据量

5. 下列 4 项中，不属于数据库特点的是（　　）。

（A）数据共享　　　　　　　　　（B）数据完整性强

（C）数据冗余很高　　　　　　　（D）数据独立性高

6. 作坊式小团体合作方式的时代是（　　）时代。

（A）程序设计　　　　　　　　　（B）软件生产自动化

（C）程序系统　　　　　　　　　（D）软件工程

7. 开发软件所需高成本和产品的低质量之间有着尖锐的矛盾，这种现象称为（　　）。

（A）软件工程　　　（B）软件周期　　（C）软件危机　　　　（D）软件产生

8. 软件工程管理是对软件项目的开发管理，即对整个软件（　　）的一切活动的管理。

（A）软件项目　　　（B）生存期　　　（C）软件开发计划　　（D）软件开发

9. 可行性研究的目的是决定（　　）。

（A）开发项目　　　　　　　　　　（B）项目是否值得开发

（C）规划项目　　　　　　　　　　（D）维护项目

10. 瀑布模型存在的问题是（　　）。

（A）用户容易参与开发　　　　　　（B）缺乏灵活性

（C）用户与开发者易沟通　　　　　（D）适用可变需要

11. 快速原型模型的主要特点之一是（　　）。

（A）开发完毕才见到产品　　　　　（B）及早提供全部完整的软件产品

（C）开发完毕后才见到工作软件　　（D）及早提供工作软件

二、填空题

1. 迄今为止，数据管理技术经历了人工、文件和_____发展阶段

2. SQL 语言提供数据库定义、_____、数据控制等功能。

3. 关系数据库数据操作的处理单位是_____，层次和网状数据库数据操作的处理单位是记录。

4. 在关系模型中，把数据看成一个_____，每一个二维表称为一个关系。

5. 从软件工程的观点来看，软件的开发要经历 3 个阶段：定义阶段、_____和支持阶段。

6. 软件生存周期一般可以划分为，问题定义、可行性研究、需求分析、设计、编码、_____和运行以及维护。

7. CASE 可以帮助软件工程师解决_____的复杂性并有助于小组成员之间的沟通。

8. 项目管理与质量保证体系包括配置管理系统（JBCM）、_____、变化管理系统（JBCCM）等。

三、简答题

1. 什么是数据库？数据库有几种类型？

2. 什么是数据仓库？

3. 简述数据库设计的步骤。

4. SQL 语言具有哪些主要的特点？

5. 软件危机的原因是什么？软件危机现在还存在吗，为什么？

6. 软件工程有哪些基本原理？

7. CASE 工具在软件工程有起哪些作用？说出常见的 CASE 工具的作用与应用场合。

第**8**章
人工智能

人工智能（Artificial Intelligence，AI）是计算机科学的一个分支，它是一门综合了计算机科学、生理学、哲学的交叉学科，它作为新一代科技革命和产业变革的核心驱动力，将深刻改变人类社会生活，改变世界。

8.1　人工智能概述

人工智能是研究使计算机来模拟人的某些思维过程和智能行为（如学习、感知、推理、思考、规划等）的学科，主要包括计算机实现智能的原理、制造类似于人脑智能的计算机，使计算机能实现更高层次的应用。

8.1.1　人工智能的概念

人工智能的定义可以分为两部分，即"人工"和"智能"。"人工"比较好理解，即人力所能及制造的；关于什么是"智能"，涉及其他诸如意识、自我、思维（包括无意识的思维）等问题。著名的美国斯坦福大学人工智能研究中心尼尔逊教授对人工智能下了这样一个定义："人工智能是关于知识的学科——怎样表示知识以及怎样获得知识并使用知识的科学。"而另一位美国麻省理工学院的教授温斯顿认为："人工智能就是研究如何使计算机去做过去只有人才能做的智能工作。"这些说法反映了人工智能学科的基本思想和基本内容。即人工智能是研究人类智能活动的规律，构造具有一定智能的人工系统，研究如何让计算机去完成以往需要人的智力才能胜任的工作，也就是研究如何应用计算机的软、硬件来模拟人类某些智能行为的基本理论、方法和技术。

8.1.2　人工智能发展史

人工智能在其过去的 60 多年时间里，有了长足的发展，但并不是十分顺利。目前人们大致将人工智能的发展划分成了 5 个阶段。

1. 萌芽期

这是人工智能发展的第一阶段，发生在 1956 年之前。自古以来，人类一直在寻找能够提高工作效率、减轻工作强度的工具。只是受限于当时的科学技术水平，人们只能制作一些简单的物品来满足自身的需求。而人类的历史上却因此留下了很多脍炙人口的传说。传说可以追溯到古埃及时期，人们制造出了可以自己转动的大门，自动涌出的圣泉。我国最早的记载是在公元前 900 多年，出现了能歌能舞的机器人。这一时期出现了各种大家：法国 17 世纪的物理学家、数学家

B.Pascal、德国18世纪数学家、哲学家Leibnitz以及20世纪的图灵、冯·诺依曼等。他们为人工智能的发展做出了十分重要的贡献。

2. 第一次高潮期

这是人工智能发展的第二阶段，发生在1956年至1966年。1956年夏，美国达特莫斯大学（Dartmouth）助教麦卡锡（J.McCarthy）、哈佛大学（Harvard University）的明斯基（M.L.Minsky）、贝尔（Bell）实验室的香农（E.Shannon）、IBM公司信息研究中心的罗彻斯特（N. Lochester）共同在达特莫斯大学举办了一个沙龙式的学术会议，他们邀请了卡内基梅隆大学（Carnegie Mellon University，CMU）的纽厄尔（A.Newell）和赫伯特.西蒙（H.A.Simon）、麻省理工学院（Massachusetts Institute of Technology，MIT）的塞夫里（O. Selfridge）和索罗门夫（R.Solomamff），以及IBM公司的塞缪尔（A.Samuel）和莫尔（T.More），这就是著名的"达特莫斯（Dartmouth）"会议。从不同学科的角度探讨人类各种学习和其他职能特征的基础，并研究如何在原理上进行精确的描述，探讨用机器模拟人类智能等问题，引发一场历史性事件——人工智能学科的诞生。会议结束后，人工智能进入了一个全新的时代。会议上诞生了几个著名的项目组：Carnegie-RAND协作组、IBM公司工程课题研究组和MIT研究组。在众多科学家的努力下，人工智能取得了喜人的成果：1956年，Newell和Simon等人在定理证明工作中首先取得突破，开启了以计算机程序来模拟人类思维的道路；1960年，McCarthy建立了人工智能程序设计语言LISP。此时出现的大量专家系统直到现在仍然被人使用，人工智能学科在这样的氛围下正在茁壮地成长。

3. 低谷发展期

这是人工智能发展的第三阶段，发生在1967年至20世纪80年代初期。1967年之后，人工智能在进行进一步的研究发展的时候遇到了很大的阻碍。这一时期没有比上一时期更重要的理论诞生，人们被之前取得的成果冲昏了头脑，低估了人工智能学科的发展难度。一时之间人工智能受到了各种责难，人工智能的发展进入到了瓶颈期。尽管如此，众多的人工智能科学家并没有灰心，在为下一个时期的到来积极地准备着。

4. 第二次高潮期

这是人工智能发展的第四阶段，发生在20世纪80年代中期至20世纪90年代初期。随着其他学科的发展，第五代计算机的研制成功，人工智能获得了进一步的发展。人工智能开始进入市场，人工智能在市场中的优秀表现使得人们意识到了人工智能的广阔前景。由此人工智能进入到了第二次高潮期，并且进入发展的黄金期。

5. 平稳发展期

这是人工智能发展的第五阶段，发生在20世纪90年代之后。国际互联网的迅速发展使得人工智能的开发研究由之前的个体人工智能转换为网络环境下的分布式人工智能，之前出现的问题在这一时期得到了极大的解决。Hopfield多层神经网络模型的提出，使人工神经网络研究与应用再度出现了欣欣向荣的景象。人工智能已经渗入到我们生活的方方面面。

1997年5月11日，号称人类最聪明的国际象棋世界冠军卡斯帕罗夫，在与一台名叫"深蓝"的IBM超级计算机经过六局对抗后，最终拱手称臣。2016年3月，谷歌人工智能AlphaGo 3.0与韩国棋手李世石进行了3场较量，最终AlphaGo战胜李世石，连续取得3场胜利。

在2014年6月7日，在英国皇家学会举行的"2014图灵测试"大会上，聊天程序"尤金·古斯特曼"（Eugene Goostman）首次通过了图灵测试。

8.1.3 人工智能领域发展状况

从智能手表、手环等可穿戴设备，到服务机器人、无人驾驶、智能医疗、AR/VR 等热点词汇的兴起，智能产业成为新一代技术革命的急先锋。人工智能产业是智能产业发展的核心，是其他智能科技产品发展的基础，国内外的高科技公司以及风险投资机构纷纷布局人工智能产业链。

据 Venture Scanner 统计，2014 年人工智能领域全球投资额为 10 亿美元，同比增长近 50%。2015 全球人工智能公司共获得近 12 亿美元的投资，这个数字放在过去 20 年全年投资总额来看，已经超过了其中 17 年全年投资总额。2014 年风险投资领域共完成 40 笔交易，总金额高达 3.09 亿美元，同比增加 302%，预计 2020 年全球人工智能市场规模超千亿。在未来 10 年甚至更久的时间里，人工智能将是众多智能产业技术和应用发展的突破点。

当前人工智能的浪潮已席卷了全球，人工智能领域的公司也在不断激增。根据 Venture Scanner 的统计，截至 2016 年初，全球共有 957 家人工智能公司，美国以 499 家位列第一。覆盖了深度学习/机器学习（通用、应用）、自然语言处理（通用、语音识别）、计算机视觉/图像识别（通用、应用）、手势控制、虚拟私人助手、智能机器人、推荐引擎和协助过滤算法、情境感知计算、语音翻译、视频内容自动识别 13 个细分行业。

我国人工智能领域约 65 家创业公司获得投资，合计 29.1 亿元人民币。覆盖范围从深度学习等软件算法以及 GPU、CPU、传感器等关键硬件组成的基础支撑层，到语音/图像识别、语义理解等人工智能软件应用，以及数据中心、高性能计算平台等硬件平台组成的技术应用层，到 AI 解决方案集成层，再到工业机器人、服务机器人等硬件产品层，以及智能客服、商业智能（BI）等软件组成的运营服务层。

2017 年 7 月 20 日，国务院印发了《新一代人工智能发展规划》，提出了面向 2030 年我国新一代人工智能发展的指导思想、战略目标、重点任务和保障措施，部署构筑我国人工智能发展的先发优势，加快建设创新型国家和世界科技强国。

8.2 人工智能的应用

人工智能模拟、延伸和扩展了人类智能，使客观事物具有智能化的理论、方法、技术和应用。智能化的技术和产品在人类生产和生活中的应用将越来越广泛。

8.2.1 机器人

1920 年捷克斯洛伐克（Czechoslovakia）作家雷尔·卡佩克（Karel Capek）发表了科幻剧《罗萨姆的万能机器人》。在剧本中，卡佩克把捷克语"Robota"写成了"Robot""Robota"是农奴的意思。该剧预告了机器人的发展对人类社会的悲剧性影响，引起了大家的广泛关注，被当成了机器人一词的起源。

1. 什么是机器人

机器人是具有一些类似人的功能的机械电子装置，或者叫自动化装置。

机器人有 3 个特点：一是有类人的功能，比如说作业功能、感知功能、行走功能、还能完成各种动作；二是根据人的编程能自动地工作；三是它可以编程，改变它的工作、动作、工作的对象和工作的一些要求。它是人造的机器或机械电子装置，所以这个机器人仍然是个机器，如图 8.1 所示。

图 8.1　机器人

以下 3 个基本特点可以用来判断一个机器人是否是智能机器人。

（1）具有感知功能，即获取信息的功能。机器人通过"感知"系统可以获取外界环境信息，如声音、光线、物体温度等。

（2）具有思考功能，即加工处理信息的功能。机器人通过"大脑"系统进行思考，它的思考过程就是对各种信息进行加工、处理、决策的过程。

（3）具有行动功能，即输出信息的功能。机器人通过"执行"系统（执行器）来完成工作，如行走、发声等。

2. 机器人三原则

美国科幻小说家阿西莫夫总结出了著名的"机器人三原则"。

第一，机器人不可伤害人，或眼看着人将遇害而袖手不管；第二，机器人必须服从人给它的命令，当该命令与第一条抵触时，不予服从；第三，机器人必须在不违反第一、第二项原则的情况下保护自己。

3. 机器人的发展阶段

1947 年，美国橡树岭国家实验室在研究核燃料的时候，由于 X 射线对人体具有伤害性，必须有一台机器来完成像搬运等核燃料的处理工作。于是，1947 年产生了世界上第一台主从遥控的机器人。机器人经历了如下 3 个发展阶段。

第一阶段生产的第一代机器人，也叫示教再现型机器人，它是通过一个计算机，来控制多自由度的一个机械，通过示教存储程序和信息，工作时把信息读取出来，然后发出指令，这样的话机器人可以重复地根据人当时示教的结果，再现出这种动作，比如说汽车的点焊机器人，只需要把这个点焊的过程示教完以后，总是重复这样一种工作，它对于外界的环境没有感知，这个操作力的大小，这个工件存在不存在，焊得好与坏，它并不知道，实际上这是第一代机器人的缺陷。第一代机器人如图 8.2 所示。

第二阶段（在 20 世纪 70 年代后期）人们开始研究第二代机器人，叫带感觉的机器人，这种带感觉的机器人是类似人在某种功能的感觉，在力觉、触觉、滑觉、视觉、听觉和人进行相类比，有了各种各样的感觉。比如说在机器人抓一个物体的时候，它能感觉出来实际力的大小，能够通过视觉去感受和识别物体的形状、大小、颜色。抓一个鸡蛋，它能通过触觉，知道力大小和鸡蛋滑动的情况。第二代机器人如图 8.3 所示。

图 8.2　第一代机器人

图 8.3　第二代机器人佳奇 TT313

第三阶段生产的第三代机器人，也是我们机器人学中一个所追求的最高级的理想的阶段，叫智能机器人。只要告诉它做什么，不用告诉它怎么去做，它就能完成运动，感知思维和人机通信的这种功能和机能。这个阶段目前的发展还是相对的，只是在局部有这种智能的概念和含义，真正完整意义的这种智能机器人实际上还未出现。随着科学技术不断的发展，智能的概念越来越丰富，内涵也越来越宽。理想的智能机器人如图 8.4 所示。

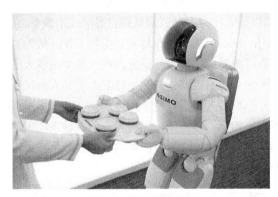

图 8.4　第三代机器人

4. 机器人的发展趋势

现在科技界研究机器人大体上是沿着 3 个方向前进：一是让机器人具有更强的智能和功能；二是让机器人更具人形，也就是更像人；三是微型化，让机器人可以做更多细致的工作。

（1）类人机器人。目前，机器人正在进行"类人机器人"的高级发展阶段，无论从相貌到功能还是思维能力和创造能力方面，都向人类"进化"，甚至在某些方面大大超过人类，如计算能力和特异功能等。类人型机器人技术，集自动控制、体系结构、人工智能、视觉计算、程序设计、组合导航、信息融合等众多技术于一体。专家指出，未来的机器人在外形方面将大有改观，如目前的机器人大都为方脑袋、四方身体以及不成比例的粗大四肢，行进时要靠轮子或只作上下、前后左右的机械运动，而未来的机器人从相貌上来看与人无区别，它们将靠双腿行走，其上下坡和上下楼梯的平衡能力也与人无异，有视觉、有嗅觉、有触觉、有思维，能与人对话，能在核反应堆工作，能灭火，能在所有危险场合工作，甚至能为人治病，还可以克隆自己和自我修复。总之，它们能在各种非常艰难危险的工作中，代替人类去从事各种工作，其工作能力甚至会超过人类，如图 8.5 所示。

图 8.5　第十四届东西部合作与投资贸易洽谈会上的高仿真美女机器人

（2）生化机器人。人类的终极形态将是生化机器人。未来的人类和机器人的界限将逐渐消失，人类将拥有机器人一样强壮的身体，机器人将拥有人类一样聪明的大脑。随着生化机器人技术的逐步成熟，人脑机器人可能是人类的终极形态，而肉身机器人可能是机器人的终极形态。有了生化机器人技术后，机器器官和人类大脑能够"对话"，让身体的免疫系统接受这个外来的器官，这样就不会产生不良的排斥反应。人类到死亡的时候，往往大脑中的大部分细胞还是活的。如果把这些细胞移植到一个机器身体内，制造一个具有人类大脑的机器人，人类就有望实现永生的梦想。

（3）微型机器人。微型机器人作为人们探索微观世界的技术装备，在微机械零件装配、MEMS（Micro-Electro-Mechanical Systems）的组装和封装、生物工程、微外科手术、光纤耦合作业、超精密加工及测量等方面具有广阔的应用前景和研究价值。微型机器人的研究方向，包括纳米级微驱动机器人、微操作机器人和微小型机器人。纳米微驱动机器人是指机器人的运动位移在几微米和几百微米的范围内；微操作机器人是指对微小物体的整体或部分进行精度在微米或亚微米级的操作和处理；微小型机器人体积小、耗能低，能进入一般机械系统无法进入的狭窄作业空间，方便地进行精细操作。韩国科学家 2007 年 10 月研制出一种微型机器人，可以很轻松地进入人体的动脉血管，清除一些血栓内的疾病，如图 8.6 所示。

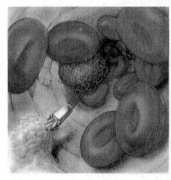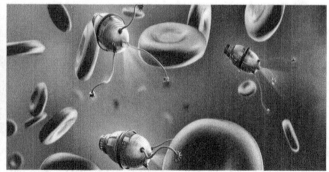

图 8.6　血管机器人

8.2.2　决策支持系统

1. 决策支持系统概述

决策支持系统（Decision Support System，DSS)是辅助决策者通过数据、模型和知识，以人机交互方式进行半结构化或非结构化决策的计算机应用系统。它是管理信息系统（MIS）向更高一级发展而产生的先进信息管理系统。它为决策者提供分析问题、建立模型、模拟决策过程和方案的环境，调用各种信息资源和分析工具，帮助决策者提高决策水平和质量。

决策支持系统基本结构主要由 4 个部分组成，即数据部分、模型部分、推理部分和人机交互部分。数据部分是一个数据库系统；模型部分包括模型库（MB）及其管理系统（MBMS）；推理部分由知识库（KB）、知识库管理系统（KBMS）和推理机组成；人机交互部分是决策支持系统的人机交互界面，用以接收和检验用户请求，调用系统内部功能软件为决策服务，使模型运行、数据调用和知识推理达到有机地统一，有效地解决决策问题。决策支持系统的结构如图 8.7 所示。

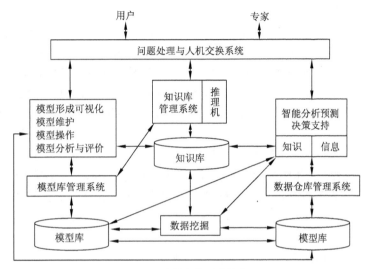

图 8.7　决策支持系统结构

2. 决策支持系统的发展过程

自从 20 世纪 70 年代决策支持系统概念被提出以来，决策支持系统已经得到很大的发展。1980 年 Sprague 提出了决策支持系统三部件（对话部件、数据部件、模型部件）结构，明确了决策支持系统的基本组成，极大地推动了决策支持系统的发展。

20 世纪 80 年代末 90 年代初，决策支持系统开始与专家系统（Expert System，ES）相结合，形成智能决策支持系统（Intelligent Decision Support System，IDSS）。智能决策支持系统既充分发挥了专家系统以知识推理形式解决定性分析问题的特点，又发挥了决策支持系统以模型计算为核心的解决定量分析问题的特点，充分做到了定性分析和定量分析的有机结合，使得解决问题的能力和范围得到了一个大的发展。智能决策支持系统是决策支持系统发展的一个新阶段。

20 世纪 90 年代中期出现了数据仓库（Data Warehouse，DW）、联机分析处理（On-Line Analysis Processing，OLAP）和数据挖掘（Data Mining，DM）等新技术，DW+OLAP+DM 逐渐形成新决策支持系统的概念。把数据仓库、联机分析处理、数据挖掘、模型库、数据库、知识库结合起来形成的决策支持系统，即将传统决策支持系统和新决策支持系统结合起来的决策支持系统是更高级形式的决策支持系统，称为综合决策支持系统（Synthetic Decision Support System，SDSS）。

由于 Internet 的普及，网络环境的决策支持系统将以新的结构形式出现。决策支持系统的决策资源，如数据资源、模型资源、知识资源，将作为共享资源，以服务器的形式在网络上提供并发、共享服务，为决策支持系统开辟一条新路。网络环境的决策支持系统是决策支持系统的发展方向。

知识经济时代的管理和知识管理（Knowledge Management，KM）与新一代 Internet 技术——网格计算，都与决策支持系统有一定的关系。知识管理系统强调知识共享，网格计算强调资源共享。决策支持系统是利用共享的决策资源（数据、模型、知识）辅助解决各类决策问题，基于数据仓库的新决策支持系统是知识管理的应用技术基础。在网络环境下的综合决策支持系统将建立在网格计算的基础上，充分利用网格上的共享决策资源，达到随需应变的决策支持系统。

8.2.3　专家系统

1. 专家系统概述

专家系统是一个智能计算机程序系统，其内部含有大量的某个领域专家水平的知识与经验，能够利用人类专家的知识和解决问题的方法来处理该领域的问题。也就是说，专家系统是一个具有大量的专门知识与经验的程序系统，它应用人工智能技术和计算机技术，根据某领域一个或多个专家提供的知识和经验，进行推理和判断，模拟人类专家的决策过程，以便解决那些需要人类专家处理的复杂问题。简而言之，专家系统是一种模拟人类专家解决领域问题的计算机程序系统。

专家系统是人工智能中最重要的也是最活跃的一个应用领域，它实现了人工智能从理论研究走向实际应用、从一般推理策略探讨转向运用专门知识的重大突破。20 多年来，知识工程的研究，专家系统的理论和技术不断发展，应用渗透到几乎各个领域，包括化学、数学、物理、生物、医学、农业、气象、地质勘探、军事、工程技术、法律、商业、空间技术、自动控制、计算机设计和制造等众多领域，开发了几千个专家系统，其中不少在功能上已达到，甚至超过同领域中人类专家的水平，并在实际应用中产生了巨大的经济效益。

2. 发展历史

专家系统的发展已经历了三代，正向第四代过渡和发展。

第一代专家系统以高度专业化、求解专门问题的能力强为特点。但在体系结构的完整性、可移植性等方面存在缺陷，求解问题的能力弱。

第二代专家系统属单学科专业型、应用型系统，其体系结构较完整，移植性方面也有所改善，而且在系统的人机接口，解释机制，知识获取技术，不确定推理技术，增强专家系统的知识表示和推理方法的启发性、通用性等方面都有所改进。

第三代专家系统属多学科综合型系统，采用多种人工智能语言，综合采用各种知识表示方法和多种推理机制及控制策略，并开始运用各种知识工程语言、骨架系统及专家系统开发工具和环境来研制大型综合专家系统。

在总结前三代专家系统的设计方法和实现技术的基础上，已开始采用大型多专家协作系统、多种知识表示、综合知识库、自组织解题机制、多学科协同解题与并行推理、专家系统工具与环境、人工神经网络知识获取及学习机制等最新人工智能技术来实现具有多知识库、多主体的第四代专家系统。

3. 专家系统的基本结构

专家系统的基本结构如图 8.8 所示，其中箭头方向为数据流动的方向。专家系统通常由人机交互界面、知识库、推理机、解释器、综合数据库、知识获取 6 个部分构成。

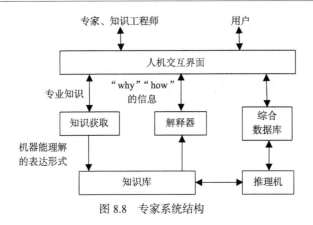

图 8.8　专家系统结构

知识库用来存放专家提供的知识。专家系统的问题求解过程是通过知识库中的知识来模拟专家的思维方式的，因此，知识库是专家系统质量是否优越的关键所在，即知识库中知识的质量和数量决定着专家系统的质量水平。

推理机针对当前问题的条件或已知信息，反复匹配知识库中的规则，获得新的结论，以得到问题求解结果。推理机就如同专家解决问题的思维方式，知识库就是通过推理机来实现图 8.8 所示专家系统结构图的价值。

人机界面是系统与用户进行交流时的界面。通过该界面，用户输入基本信息、回答系统提出的相关问题，并输出推理结果及相关的解释等。

综合数据库专门用于存储推理过程中所需的原始数据、中间结果和最终结论，往往是作为暂时的存储区。

解释器能够根据用户的提问，对结论、求解过程做出说明，因而使专家系统更具有人情味。

知识获取是专家系统知识库是否优越的关键，也是专家系统设计的"瓶颈"问题，通过知识获取，可以扩充和修改知识库中的内容，也可以实现自动学习功能。

8.2.4　机器翻译

1. 机器翻译概述

机器翻译（Machine Translation），又称为自动翻译，是利用计算机把一种自然源语言转变为另一种自然目标语言的过程，一般指自然语言之间句子和全文的翻译。它是自然语言处理的一个分支，与计算语言学、自然语言理解之间存在着密不可分的关系。

2. 发展历史

机器翻译的研究历史可以追溯到 20 世纪三四十年代。20 世纪 30 年代初，法国科学家 G. B. 阿尔楚尼提出了用机器来进行翻译的想法。1933 年，苏联发明家 П.П.特罗扬斯基设计了把一种语言翻译成另一种语言的机器，由于 30 年代技术水平还很低，他的翻译机没有制成。1946 年，第一台现代电子计算机 ENIAC 诞生，随后不久，信息论的先驱、美国科学家 W. Weaver 和英国工程师 A. D. Booth 在讨论电子计算机的应用范围时，于 1947 年提出了利用计算机进行语言自动翻译的想法。1949 年，W. Weaver 发表《翻译备忘录》，正式提出机器翻译的思想。机器翻译经历了如下 4 个阶段。

（1）开创期（1947—1964 年）。1954 年，美国乔治敦大学（Georgetown University）在 IBM 公司协同下，用 IBM-701 计算机首次完成了英俄机器翻译试验。中国在 1956 年把这项研究列入了全国科学工作发展规划。从 20 世纪 50 年代开始到 20 世纪 60 年代前半期，机器翻译研究呈不断上升的趋势。

（2）受挫期（1964—1975 年）。1964 年，为了对机器翻译的研究进展做出评价，美国科学院成立了语言自动处理咨询委员会（Automatic Language Processing Advisory Committee，ALPAC），开始了为期两年的综合调查分析和测试。1966 年 11 月该委员会公布了一个题为《语言与机器》的报告（ALPAC 报告），该报告全面否定了机器翻译的可行性，并建议停止对机器翻译项目的资金支持。机器翻译步入萧条期。

（3）恢复期（1975—1989 年）。进入 20 世纪 70 年代后，随着科学技术的发展和各国科技情报交流的日趋频繁，国与国之间的语言障碍显得更为严重，传统的人工作业方式已经远远不能满足需求，迫切地需要计算机来从事翻译工作。同时，计算机科学、语言学研究的发展，特别是计算机硬件技术的大幅度提高以及人工智能在自然语言处理上的应用，从技术层面推动了机器翻译研究的复苏，机器翻译项目又开始发展起来，各种实用的以及实验的系统被先后推出，如 Weinder 系统、EURPOTRA 多国语翻译系统、TAUM-METEO 系统等。"784"工程给予了机器翻译研究足够的重视，20 世纪 80 年代中期以后，我国的机器翻译研究发展进一步加快，首先研制成功了 KY-1 和 MT/EC863 两个英汉机译系统，表明我国在机器翻译技术方面取得了长足的进步。

（4）新时期（1990 年至今）。随着 Internet 的普遍应用，世界经济一体化进程的加速以及国际社会交流的日渐频繁，传统的人工作业的方式已经远远不能满足迅猛增长的翻译需求，人们对于机器翻译的需求空前增长，机器翻译迎来了一个新的发展机遇。国际性的关于机器翻译研究的会议频繁召开，中国也取得了前所未有的成就，相继推出了一系列机器翻译软件，如"译星""雅信""通译""华建"等。在市场需求的推动下，商用机器翻译系统迈入了实用化阶段，走进了市场，来到了用户面前。

3．机器翻译的原理

整个机器翻译的过程可以分为原文分析、原文译文转换和译文生成 3 个阶段。在具体的机器翻译系统中，根据不同方案的目的和要求，可以将原文译文转换阶段与原文分析阶段结合在一起，而把译文生成阶段独立起来，建立相关分析独立生成系统。在这样的系统中，原语分析时要考虑译语的特点，而在译语生成时则不考虑原语的特点。在做多种语言对一种语言的翻译时，宜采用这样的相关分析独立生成系统。也可以把原文分析阶段独立起来，把原文译文转换阶段同译文生成阶段结合起来，建立独立分析相关生成系统。在这样的系统中，原语分析时不考虑译语的特点，而在译语生成时要考虑原语的特点，在做一种语言对多种语言的翻译时，宜采用这样的独立分析相关生成系统。还可以把原文分析、原文译文转换与译文生成分别独立开来，建立独立分析、独立生成的系统。在这样的系统中，分析原语时不考虑译语的特点，生成译语时也不考虑原语的特点，原语译语的差异通过原文译文转换来解决。在做多种语言对多种语言的翻译时，宜采用这样的独立分析独立生成系统。

8.2.5　机器学习

1．机器学习概述

机器学习（Machine Learning）是研究计算机怎样模拟或实现人类的学习行为，以获取新的知识或技能，重新组织已有的知识结构使之不断改善自身的性能。它是人工智能的核心，是使计算机具有智能的根本途径，其应用遍及人工智能的各个领域，它主要使用归纳、综合，而不是演绎。

机器学习在人工智能的研究中具有十分重要的地位。机器学习逐渐成为人工智能研究的核心之一。它的应用已遍及人工智能的各个分支，如专家系统、自动推理、自然语言理解、模式识别、计算机视觉、智能机器人等领域。其中尤其典型的是专家系统中的知识获取瓶颈问题，人们一直在努力试图采用机器学习的方法加以克服。

机器学习的研究是根据生理学、认知科学等对人类学习机理的了解，建立人类学习过程的计算模型或认识模型，发展各种学习理论和学习方法，研究通用的学习算法并进行理论上的分析，建立面向任务的具有特定应用的学习系统。这些研究目标相互影响相互促进。自从 1980 年在卡内基·梅隆大学召开第一届机器学术研讨会以来，机器学习的研究工作发展很快，已成为中心课题之一。

2. 发展历史

机器学习是人工智能研究较为年轻的分支，它的发展过程大体上可分为 4 个时期。第一阶段是在 20 世纪 50 年代中期到 60 年代中期，属于机器学习的热烈时期。第二阶段是在 20 世纪 60 年代中期至 70 年代中期，被称为机器学习的冷静时期。第三阶段是从 20 世纪 70 年代中期至 80 年代中期，称为复兴时期。机器学习的最新阶段始于 1986 年。

机器学习进入新阶段的重要表现如下。

（1）机器学习已成为新的边缘学科，并在高校形成一门课程。它综合应用心理学、生物学和神经生理学，以及数学、自动化和计算机科学，形成机器学习理论基础。

（2）结合各种学习方法，取长补短的多种形式的集成学习系统研究正在兴起。特别是连接学习符号学习的耦合，可以更好地解决连续性信号处理中知识与技能的获取与求精问题，这种学习方法因此而受到重视。

（3）机器学习与人工智能各种基础问题的统一性观点正在形成。例如学习与问题求解结合进行、知识表达便于学习的观点产生了通用智能系统 SOAR 的组块学习。类比学习与问题求解结合的基于案例的方法已成为经验学习的重要方向。

（4）各种学习方法的应用范围不断扩大，一部分已形成商品。归纳学习的知识获取工具已在诊断分类型专家系统中广泛使用。连接学习在声图文识别中占优势。分析学习已用于设计综合型专家系统。遗传算法与强化学习在工程控制中有较好的应用前景。与符号系统耦合的神经网络连接学习将在企业的智能管理与智能机器人运动规划中发挥作用。

（5）与机器学习有关的学术活动空前活跃。国际上除每年一次的机器学习研讨会外，还有计算机学习理论会议以及遗传算法会议。

8.2.6　模式识别

1. 模式识别概述

模式识别（Pattern Recognition）是人类的一项基本智能，在日常生活中，人们经常在进行"模式识别"。随着 20 世纪 40 年代计算机的出现以及 50 年代人工智能的兴起，人们当然也希望能用计算机来代替或扩展人类的部分脑力劳动。（计算机）模式识别在 20 世纪 60 年代初迅速发展并成为一门新学科。

模式识别是指对表征事物或现象的各种形式的（数值的、文字的和逻辑关系的）信息进行处理和分析，以对事物或现象进行描述、辨认、分类和解释的过程，是信息科学和人工智能的重要组成部分。模式识别又常称作模式分类，从处理问题的性质和解决问题的方法等角度，模式识别分为有监督的分类（Supervised Classification）和无监督的分类（Unsupervised Classification）两种。二者的主要差别在于，各实验样本所属的类别是否预先已知。一般说来，有监督的分类往往需要提供大量已知类别的样本，但在实际问题中，这是存在一定困难的，因此研究无监督的分类就变得十分有必要了。

应用计算机对一组事件或过程进行辨识和分类，所识别的事件或过程可以是文字、声音、图像等具体对象，也可以是状态、程度等抽象对象。这些对象与数字形式的信息相区别，称为模式信息。

模式识别所分类的类别数目由特定的识别问题决定。有时候，开始时无法得知实际的类别数，需要识别系统反复观测被识别对象以后确定。

模式识别与统计学、心理学、语言学、计算机科学、生物学、控制论等都有关系。它与人工智能、图像处理的研究有交叉关系。例如自适应或自组织的模式识别系统包含了人工智能的学习机制，人工智能研究的景物理解、自然语言理解也包含模式识别问题。又如模式识别中的预处理和特征抽取环节应用图像处理的技术，图像处理中的图像分析也应用模式识别的技术。

2. 模式识别的应用

文字识别：文字识别可应用于许多领域，如阅读、翻译、文献资料的检索、信件和包裹的分拣、稿件的编辑和校对、大量统计报表和卡片的汇总与分析、银行支票的处理、商品发票的统计汇总、商品编码的识别、商品仓库的管理，以及水、电、煤气、房租、人身保险等费用的征收业务中的大量信用卡片的自动处理和办公室打字员工作的局部自动化等。

语音识别：近20年来，语音识别技术取得显著进步，开始从实验室走向市场。语音识别技术将进入工业、家电、通信、汽车电子、医疗、家庭服务、消费电子产品等各个领域。

图像识别：图像识别，是利用计算机对图像进行处理、分析和理解，以识别各种不同模式的目标和对象的技术。遥感图像识别已广泛用于农作物估产、资源勘察、气象预报和军事侦察等领域。

医学诊断：在癌细胞检测、X射线照片分析、血液化验、染色体分析、心电图诊断和脑电图诊断等方面，模式识别已取得了成效。

习 题 8

一、选择题

1. 被认为是人工智能"元年"的时间应为（　　）。

（A）1948年　　　（B）1946年　　　（C）1956年　　　（D）1961年

2. 人工智能是一门（　　）。

（A）数学和生理学　　　　　　　　（B）心理学和生理学

（C）语言学　　　　　　　　　　　（D）综合性的交叉学科和边缘学科

3. 智能行为包括（　　）、推理、学习、通信和复杂环境下的动作行为。

（A）感知　　　　（B）理解　　　　（C）学习　　　　（D）网络

4. 1997年5月11日著名的"人机大战"中，世界国际象棋棋王卡斯帕罗夫最终1胜2负3平输给了计算机，这台计算机被称为（　　）。

（A）深思　　　　（B）IBM　　　　（C）深蓝　　　　（D）蓝天

5. 要想让机器具有智能，必须让机器具有知识。因此，在人工智能中有一个研究领域，主要研究计算机如何自动获取知识和技能，实现自我完善，这门研究分支学科叫（　　）。

（A）专家系统　　　　（B）机器学习　　　（C）神经网络　　　（D）模式识别

6．下列哪部分不是专家系统的组成部分？（　　　）

（A）知识库　　　　　（B）综合数据库　（C）推理机　　　　（D）用户

7．人工智能应用研究的两个最重要最广泛领域为（　　　）。

（A）专家系统、自动规划　　　　　　（B）专家系统、机器学习

（C）机器学习、智能控制　　　　　　（D）机器学习、自然语言理解

二、填空题

1．机器学习系统由环境、学习、＿＿＿＿＿＿＿和执行几部分构成。

2．人工智能是计算机科学中涉及研究、设计和应用智能机器的一个分支，它的近期目标在于研究用机器来模仿和＿＿＿＿＿＿＿的某些智力功能。

3．智能机器人是能够在各类环境中自主地或交互地执行各种＿＿＿＿＿＿＿的机器人。

4．人工智能的远期目标是制造＿＿＿＿＿＿＿，近期目标实现机器智能。

5．整个机器翻译的过程可以分为原文分析、＿＿＿＿＿＿＿转换和译文生成 3 个阶段。

三、简答题

1．简述人工智能的应用。

2．什么是决策支持系统？

3．什么是专家系统？

4．什么是机器学习？

第9章
职业道德与相关法律法规

计算机技术，特别是网络技术的飞速发展，也给社会带来很多和计算机职业相关的问题，比如在网络环境下的隐私问题、知识产权问题、言论自由问题、信息的真实性问题、计算机犯罪问题、计算机从业人员的职业道德问题等。

作为计算机和网络的使用者以及计算机专业人员，如何对待和解决这些问题已经成为一个重要的课题。必须了解计算机相关的文化、社会、法律和道德等方面的知识，才能有助于使用好计算机和网络，让它在保护自己、有利于他人、有利于社会的前提下发挥作用。

9.1 计算机职业道德

随着网络在人们生活中的普及，诞生了一批新的人类群体，他们在网上进行交流、贸易，甚至生存。但是一些社会问题也随着这一新事物的发展日益暴露出来，如网上谩骂、造谣传谣、刺探隐私、盗取信息、制造传播有害内容、制造传播恶意程序、剽窃、盗版和诈骗等不道德的行为。要解决这些问题，需要使用法律法规来约束控制人们的言行，但是法律法规具有明显的滞后性，因此，目前网络秩序的管理很大程度上要依靠道德这种具有自律性的行为来约束人们在网络中的所作所为。

9.1.1 计算机职业道德的概念

1. 计算机职业道德

道德是社会意识形态之一，是在一定条件下调整人与人之间以及人与社会之间关系的行为规范的总和，它通过各种形式的教育及社会力量，使人们逐渐形成一个良好的信念和习惯。

职业道德是从事一定职业的人们在其特定工作或劳动中的行为规范总和，它是一般社会道德在职业生活中的特殊要求，带有具体职业或行业的特征。职业道德通过调整职业工作者与服务对象的关系、职业内部关系、职业之间的关系，对社会的发展起着重要的积极作用。计算机职业作为一种特定职业，有较强的专业性和特殊性，从事计算机职业的工作人员在职业道德方面有许多特殊的要求，但作为一名合格的职业计算机工作人员，在遵守特定的计算机职业道德的同时，首先要遵守一些最基本的通用职业道德规范，也就是社会主义职业道德的基本规范，这些规范是计算机职业道德的基础组成部分。

道德规范一般是在一种职业出现以后较晚才明确的，它是一种基本的需要，表明其对社会服务的道德义务。例如，医师、律师、图书馆员等都有其相应的职业道德。计算机职业道德是用来约束计算机从业人员的言行，指导他们思想的一整套道德规范。

增强计算机职业道德规范是法律行为规范的补充，是非强制性的自律要求，其目的在于使计算机事业得以健康发展，保障计算机信息系统的安全，预防及尽可能避免计算机犯罪，从而降低计算机犯罪给人类社会带来的破坏和损失。

2. 可借鉴的规范

目前，国外一些计算机和网络组织制定了一系列相应的规则。在这些规则中，比较著名的是美国计算机伦理协会为计算机伦理学所制定的 10 条戒律，具体内容是：不应用计算机去伤害别人；不应干扰别人的计算机工作；不应窥探别人的文件；不应用计算机进行偷窃；不应用计算机作伪证；不应使用或复制没有付钱的软件；不应未经许可而使用别人的计算机资源；不应盗用别人的智力成果；应该考虑所编的程序的社会后果；应该以深思熟虑和慎重的方式来使用计算机。

再如，美国计算机协会是一个全国性的组织，它希望其成员支持下列一般的伦理道德和职业行为规范：为社会和人类做出贡献，避免伤害他人，要诚实可靠，要公正并且不采取歧视性行为，尊重包括版权和专利在内的财产权，尊重知识产权，尊重他人的隐私，保守秘密。

国外有些机构还明确划定了被禁止的网络违规行为，如南加利福利亚大学网络伦理协会指出了以下 6 种网络不道德行为类型。

（1）有意地造成网络交通混乱或擅自闯入网络及其相关联的系统。

（2）商业性或欺骗性地利用计算机资源。

（3）偷窃资料、设备或智力成果。

（4）未经许可而接近他人的文件。

（5）在公共用户场合做引起混乱或造成破坏的行动。

（6）伪造电子邮件信息。

9.1.2　软件工程师的道德规范与实践要求

职业道德规范是一个成熟和合格的软件工程师应当遵守的行动准则。IEEE-CS （Institute of Electrical & Electronic Engineer - Computing Society，电气电子工程师学会-计算机学会）和 ACM （Association for Computing Machinery，国际计算机协会）组织一批专家，经过几年的努力，现已发表《软件工程职业道德规范和实践要求（5.2 版）》，在工业界施行，一共 80 条，由于汇总了大量专家的心血，内容非常全面，可以作为工业决策、职业认证和教学课程的基础。该规范在序言中指出："计算机正逐渐成为商业、工业、政府、医疗、教育、娱乐和整个社会的发展中心，软件工程师通过直接参与或者教授方式，对软件系统的分析、说明、设计、开发、授证、维护和测试做出贡献，正因为他们在开发软件系统中的作用，软件工程师有很大机会去做好事或带来危害，有能力让他人或影响他人做好事或带来危害。为了尽可能确保他们的努力用于好的方面，软件工程师必须做出自己的承诺，使软件工程成为有益和受人尊敬的职业，为符合这一承诺，软件工程师应当遵循下列职业道德规范。"

本规范不单是用来判断有问题行为的性质，它也具有重要的教育功能，由于这一规范表达了行业对职业道德的一致认识，它是教育公众和有志向职业人员有关软件工程师道德责任的一种工具。

该规范要求软件工程师为实现他们对公众健康、安全和利益的承诺目标，应当坚持以下 8 项原则。

（1）公众——软件工程师应当以公众利益为目标。

（2）客户和雇主——在保持与公众利益一致的原则下，软件工程师应注意满足客户和雇主的最高利益。

（3）产品——软件工程师应当确保他们的产品和相关的改进符合最高的专业标准。

（4）判断——软件工程师应当维护他们职业判断的完整性和独立性。

（5）管理——软件工程师经理和领导人员应赞成和促进对软件开发和维护合乎道德规范的管理。

（6）专业——在与公众利益一致的原则下，软件工程师应当推进其专业的完整性和声誉。

（7）同行——软件工程师对其同行应持平等、互助和支持的态度。

（8）自我——软件工程师应当参与终生职业实践的学习，并促进合乎道德的职业实践方法。

任何规范，如果认真制定并正确执行，都会成为推动职业化和建立社会安全保障的有力工具。该规范向实践者指明社会期望他们达到的标准，以及他们同行的要求和相互的期望。规范并不意味着鼓励竞争，并且它们也不代表立法；但它们的确就影响专业人员及其客户的一些问题给出了实际的建议，同时也给政策的制订者提供借鉴。

9.2 知识产权

随着高新技术的迅速发展，知识产权在国民经济发展中的作用日益受到各方面的重视。其中，软件盗版是一个全球性的问题，打击软件盗版行为对于保护我国民族软件产业的健康成长，意义尤其重大。

9.2.1 知识产权的概念

知识产权包括著作权和工业产权两个主要部分。著作权是文学、艺术、科学技术作品的原创作者，依法对其作品所享有的一种民事权利；工业产权是指人们在生产活动中对其取得的创造性的脑力劳动成果依法取得的权利。工业产权除专利权外，还包括商标、服务标记、厂商名称、货源标记或者原产地名称等产权。

1. 著作权

著作权也称版权，是公民、法人或非法人单位按照法律享有的对自己文学、艺术、自然科学、工程技术等作品的专有权。它主要包括如下几方面的内容。

（1）主体：指著作权所有者，即著作权人。包括作者、继承著作权的人、法人或非法人单位、国家。

（2）客体：指受著作权保护的各种作品。可以享受著作权保护的作品，涉及文学、艺术和科学作品，它是由作者创作并以某种形式固定下来能够复制的智力成果。

（3）权利：人身权和财产权。人身权包括发表权、署名权、修改权、保护作品完整权。财产权包括使用权，获得报酬权。

2. 专利权

专利权是依法授予发明创造者或单位对发明创造成果独占、使用、处分的权利。它主要包括如下几方面的内容。

（1）主体：有权提出专利申请和专利权，并承担相应的义务的人，包括自然人和法人。

（2）客体：发明、实用新型、外观设计。

（3）权利：独占实施权、许可实施权、转让权、放弃权、标记权。

（4）义务：实施专利的义务、缴纳年费的义务。

3．商标权

商标是为了帮助人们区别不同的商品而专门有人设计、有意识地置于商品表面或其包装物上的一种标记。商标权是指商标使用人依法对所使用的商标享有的专用权利。它主要包括如下几方面的内容。

（1）主体：申请并取得商标权的法人或自然人。

（2）客体：经过国家商标局核准注册受商标法保护的商标，即注册商标，包括商品商标和服务商标。

（3）权利：使用权、禁止权、转让权、许可使用权。

（4）义务：保证使用商标的商品质量、负责缴纳规定的各项费用的义务。

4．法律法规

我国已经出台的部分有关知识产权保护的法律法规有：《中华人民共和国知识产权海关保护条例》《奥林匹克标志保护条例》《中华人民共和国合同法》《中华人民共和国担保法》《中华人民共和国商标法》《中华人民共和国著作权法》《中华人民共和国植物新品种保护条例》《中华人民共和国海关关于知识产权保护的实施办法》和《计算机软件保护条例》等。

9.2.2 软件知识产权

保护计算机知识产权，是为了鼓励软件开发和交流，能够促进计算机应用的健康发展。所以，对软件的保护越来越引起人们和社会的重视，并且在法律上做出规定。1991 年 5 月 24 日国务院第 83 次常务会议上通过了《计算机软件保护条例》，并于 2013 年 1 月 16 日国务院第 231 次常务会议进行了修订，即《国务院关于修改〈计算机软件保护条例〉的决定》，其中将第二十四条第二款修改为："有前款第一项或者第二项行为的，可以并处每件 100 元或者货值金额 1 倍以上 5 倍以下的罚款；有前款第三项、第四项或者第五项行为的，可以并处 20 万元以下的罚款。"

《计算机软件保护条例》规定中国公民和单位对其开发的软件，不论是否发表，不论在何地发表，均享有著作权。计算机软件是指计算机程序及其有关文档。

凡有侵权行为的，应当根据情况，承担停止侵害、消除影响、公开赔礼道歉、赔偿损失等民事责任，并可由国家软件著作权行政管理部门给予没收非法所得、罚款等行政处罚。条例发布以后发表的软件，可向软件登记管理机构提出登记申请，获准之后，由软件登记管理机构发放登记证明文件，并向社会公告。

9.2.3 软件盗版

软件盗版是指未经授权对软件进行复制、仿制、使用或生产。盗版是侵犯受相关知识产权法保护的软件著作权人的财产权的行为。计算机软件的性质决定了软件的易复制性，每一个最终用户，哪怕是初学者都可以准确无误地将软件从一台计算机复制并安装到另一台计算机上，这个过程非常简单，但不一定合法。软件盗版的主要形式如下。

1．最终用户盗版

当企业或机构（"最终用户"）使用盗版软件或未经授权而复制软件时，便是最终用户软件盗版行为，并构成侵权。需要注意，用户购买了一套正版软件，并不意味着他就可以在两台或多台计算机上安装和运行该软件，这取决于软件许可协议授予他的权限；一般情况下，正版软件的一个使用许可，是只可在一台计算机上安装和使用。

2. 购买硬件预装软件

计算机硬件经销商为了使其所售的计算机硬件更具有吸引力，往往在计算机上预先安装未经授权的软件，即为"硬件预装"。

3. 客户机/服务器连接导致的软件"滥用"

通过客户机/服务器的形式连接多台计算机，用户可以调用存在于局域网内的软件。服务器软件的使用许可一般对服务器用户的数量有明确的限定，或者要求用户取得单独调用的许可。

4. 盗版软件光盘

仿制是通过模仿享有版权的软件作品，并进行非法复制和销售。

5. Internet 在线软件盗版

随着 Internet 的普及，在线软件剽窃变得更加流行。用户下载并使用网络上未经授权的软件也属于违法。一些共享软件允许下载试用，但在使用一定时间或次数后，应该付费。

软件盗版是对软件制造商的重大威胁，严重侵害软件制造商的利益。盗版还是一种犯罪行为，对于触犯者而言会承担一定的法律责任。而且，购买盗版软件的用户没有资格获得技术支持、担保保护或升级。盗版软件还很有可能包含计算机病毒或漏洞。

9.3　隐私和公民自由

9.3.1　隐私权和网络隐私权

1890 年，美国法学家沃伦（Samuel D.Warren）和布兰戴斯（Louis D.Brandis）在《哈佛法律评论》上发表《隐私权》（The Right to Privacy）一文后，隐私权逐渐得到各国立法的认可。《隐私权》一文中正式提出了隐私权的概念，即个人有不受打扰的权利（Right to be Let Alone），在随后不长的时间里隐私权保护制度相继在各国得到直接或间接的确立，隐私权也因此成为一项重要的人格权利。随着网络技术突飞猛进的发展，隐私权保护问题也从现实世界向无形的网络空间迅速扩展。

隐私的基本内容应包括以下 3 方面的内容：个人生活安宁不受侵扰，私人信息保密不被公开，个人私事决定自由不受阻碍。隐私权就是法律赋予公民享有的对其个人的与公共利益无关的私人活动、私人信息和私人事务进行决定，不被他人非法侵扰的权利。

网络隐私权是隐私权在网络环境下的延伸。广义上讲应该是保护网络隐私不受侵害、不被公开、不被利用的权利。其内涵包括：第一是网络隐私有不被他人了解的权利；第二是自己的信息由自己控制；第三是个人数据如有错误，拥有修改的权利。简单地说，网络隐私权是指网络上未明确声明允许公开的所有的有关个人的信息和数据，不被非法收集、公开、侵犯和利用的权利。网络隐私权包括的范围如下。

1. 网络个人信息的保护

（1）非法收集、持有个人资料的行为。未通过合法的程序收集、持有的个人资料，构成侵权。如个人的身份情况，网络用户在申请上网开户，免费邮箱以及申请服务商提供网站、购物、医疗、交友等服务事项时，服务商往往要求用户登录姓名、年龄、住址、身份证、单位等身份信息，服务商有义务保守这些合法获得的用户个人隐私，未经授权不得泄露；个人的信用和财产状况，包括信用卡、电子消费卡、上网卡、上网账号和密码、交易账号和密码等均属于网络隐私。

（2）非法使用个人资料的行为。服务商或网站不经网络用户的同意或者超出承诺的范围，公开或利用自己掌握的网络用户个人资料牟利，或者错误发布用户的个人资料，给网络用户造成困扰或损害用户的合法利益。

2. 网络个人生活的保护

在网络上，网民有自己生活和好恶的权利，可以按照自己意志选择从事某种网络活动，不受他人的干扰和左右。对个人在网络的活动有保密的权利，非经同意，不被公开和利用。

3. 网络个人领域的保护

个人计算机内部资料及其网上所有的资料应当保证安全，不能因网络上非法入侵行为而泄露。如 IP 地址、浏览踪迹、活动内容均属个人隐私，显示、跟踪并将这些信息公布或提供给他人使用，都属侵权。

9.3.2　网络隐私权的侵犯

在电子信息时代，网络对个人隐私造成了极大的威胁。人们在网络活动中留下大量的痕迹和信息，这些信息有些是主动留下的，比如在一个网站上注册一个用户，会需要填写一些表单，留下个人信息；也有可能是被动留下的，比如 Cookie 技术的使用，或是有些网站会自动安装一些插件。无论是主动还是被动，个人的隐私信息在网络环境下很容易被收集和利用，从而导致网络隐私权保护问题的出现。个人隐私权的侵犯具体可分为以下几种情形。

（1）在网络通信过程中，个人的通信极有可能被雇主、ISP 公司和黑客截取，以致造成个人隐私权被侵害。在工作场所，雇员网上浏览冲浪、聊天、发送电子邮件等行为甚至邮件的内容都可能被雇主通过监视系统拦截获悉。例如利用专门软件就可以监视和记录雇员在办公计算机上的一举一动，雇员的隐私权在这里毫无保障。在网站未能建立有效的安全措施的情况下，黑客软件可以通过网络进行远程控制，侵入连在网上的另一台计算机，对储存在其硬盘中的资料任意浏览、复制、删除，侵害他人隐私权。

（2）未经他人同意搜集和使用他人电子邮件，甚至将搜集到的电子邮件转卖给他人的行为，即构成了对他人隐私权的侵害。有些网站安装监视用户上网习惯的软件，甚至在未经授权的情况下就制作了用户的档案，记录用户的电子邮件地址和网上购物习惯。这无疑是对公民私人信息的一种侵犯。另外，许多网站破产时往往违背以前所做的关于合理利用顾客个人资料以及不与任何第三方共享顾客个人信息的承诺，通过出售顾客的隐私资料赚钱。

（3）设备供应商的侵权行为。有些软件和硬件供应商在开发的产品中进行设置，可以轻易从网上把个人计算机中的资料和个人信息提取到他的数据库中，使用户的隐私权被严重地侵犯。

（4）网站服务的同时侵害个人的隐私权。用户在网上的行动，由于体现了其本人的兴趣爱好、价值取向、立场观点等，也成了一种隐私。为了获取这些隐私，产生了所谓的"监视软件"。其中应用最广的也许是 Cookie 技术。

Cookie 技术：当使用者访问设有 Cookie 装置的网站时，网站服务器会自动发送 Cookie 到用户的浏览器内，并储存到硬盘内的一个文本文件中，此 Cookie 便负责记录日后用户到访该网站的种种活动、个人资料、浏览习惯、消费习惯甚至信用记录。运用 Cookie 技术，网站能够为用户提供更加周到的个性化服务，并且提高效率；但同时也把用户在网上的个人行为转化为可以复制、转移的信息，其中当然也包括个人隐私。幸好现在很多浏览器为用户提供工具，来决定是否允许网站保存 Cookie，也可以删除 Cookie。

（5）电子邮件、网络广告中的个人隐私问题。电子邮件从发送到收取要经过几个服务器，在其中任何一个中转点，未加密的邮件信息都很容易被偷看，因此，一些喜欢窥探别人隐私的服务提供商就可以轻而易举地浏览进入其服务器的邮件包。另外，电子邮件用户会收到大量的垃圾邮件，这些垃圾邮件阻塞了网络，占用了邮箱空间、浪费了宝贵时间。这些垃圾邮件之所以发到用户的邮箱，很大的可能性就是因为用户的个人信息（邮件地址）的泄露。

9.3.3　隐私保护的法律基础

美国是世界上保护隐私权起步较早的国家之一，1974 年颁布的《隐私权法》可以被视为美国隐私权保护的基本法，20 世纪 70—80 年代又制定了一系列保护隐私权的法律法规，如《公平信用报告法》（1970 年）、《金融隐私权法》（1978 年）、《联邦有线通信政策法案》《家庭教育权和隐私权法案》《录像带隐私保护法》。作为电子商务最为发达的国家之一，美国对网络隐私权的保护更是非常重视，早在 1986 年美国国会就通过了《联邦电子通信隐私权法案》，它规定了通过截获、访问或泄露保存的通信信息侵害个人隐私权的情况、例外及责任，是处理网络隐私权保护问题的重要法案。1998 年年底，当时的美国总统克林顿签署了《公民网络隐私权保护暂行条例》。1999 年 5 月，美国通过了《个人隐私权和国家信息基础设施》白皮书。2000 年 4 月 2 日，《儿童网上隐私保护法》正式生效。美国从先前倾向于业界自律，转而采取政府干预立法方式。

"棱镜计划"（PRISM）是一项由美国国家安全局（NSA）自 2007 年开始实施的绝密电子监听计划，该事件的披露（2013 年 6 月，前中情局 "CIA" 职员爱德华·斯诺登将两份绝密资料交给英国《卫报》和美国《华盛顿邮报》），无疑是对全球大部分公民最大的隐私权的侵犯。这对向来标榜自己的自由、人权至上的美国政府来说就显得极富讽刺意义了。

欧洲各国政府普遍认为，个人隐私是法律赋予个人的基本权利，应当采取相应的法律手段对消费者的网上隐私权加以保护。1995 年 10 月 24 日，欧盟通过了《个人数据保护指令》，这项指令几乎涵盖了所有处理个人数据的问题，包括个人数据处理的形式，个人数据的收集、记录、储存、修改、使用或销毁，以及网络上个人数据的收集、记录、搜寻、散布等，它规定各成员国必须根据该指令调整或制定本国的个人数据保护法，以保障个人数据资料在成员国间的自由流通；1996 年 9 月 12 日通过了《电子通信数据保护指令》，这部指令是对 1995 年指令的补充和规定的特别条款；1998 年 10 月，有关电子商务的《私有数据保密法》开始生效；1999 年欧盟委员会先后制定了《互联网上个人隐私权保护的一般原则》《关于互联网上软件、硬件进行的不可见的和自动化的个人数据处理的建议》《信息公路上个人数据收集、处理过程中个人权利保护指南》；联合国人权理事会 2013 年 11 月 26 日一致通过了由巴西和德国发起的一项保护网络隐私权的决议等相关法规，为用户和网络服务商提供了清晰可循的隐私权保护原则，从而在成员国内有效地建立起了有关网络隐私权保护的统一的法律体系。

下面列举一些我国隐私权保护的法律法规相关条文。

（1）宪法第三十八条：中华人民共和国公民的人格尊严不受侵犯。禁止用任何方法对公民进行侮辱、诈骗和诬告陷害。

（2）民法通则第一百条：公民享有肖像权，未经本人同意，不得以获利为目的使用公民的肖像。

（3）民法通则第一百零一条：公民、法人享有名誉权，公民的人格尊严受到法律保护，禁止用侮辱、诽谤等方式损害公民、法人的名誉。

（4）刑法第二百五十二条规定的 "侵犯通信自由罪"。

（5）《计算机信息网络国际联网安全保护管理办法》第 7 条：用户的通信自由和通信秘密受法律保护。任何单位和个人不得违反法律规定，利用国际联网侵犯用户的通信自由和通信秘密。

（6）《计算机信息网络国际联网管理暂行规定实施办法》第 18 条：用户应当服从接入单位的管理，遵守用户守则；不得擅自进入未经许可的计算机系统，篡改他人信息；不得在网络上散发恶意信息，冒用他人名义发出信息，侵犯他人隐私；不得制造传播计算机病毒及从事其他侵犯网络和他人合法权益的活动。

（7）《互联网电子公告服务管理规定》第 12 条："电子公告服务提供者应当对上网用户的个人信息保密，未经上网用户同意不得向他人泄露，但法律另有规定的除外。"

9.3.4　隐私保护策略

1. 加强自我保护意识

个人隐私的泄漏，不仅仅由于目前 Internet 安全制度不够完善，而且还归因于人们的防范意识较弱。为此，用户在网上注册时，比如申请免费电子邮件时，尽量不要透露不必要的个人信息（如个人的兴趣爱好等）。另外还要有效管理 Cookie。在网络中，稍有疏忽，Cookie 就会成为泄露用户个人资料的祸首。用户可用手工删除，也可使用专用清除软件工具进行删除。

2. 加强网络隐私权立法保护

运用法律手段保护个人网络隐私是行之有效的手段。但是，我国针对网络隐私权的法律法规还不够完善，使得许多网络侵权事件缺乏恰当的法律依据。这就需要尽快制定专门的有关于网络隐私权的法律法规，构造一个安全的数字环境。

3. 加强行业自律

鉴于当前有关信息保护的法律还不完善，有必要采取自律机制来促进对于个人隐私信息的保护。所谓自律，就是作为社会组成的个体要自我约束，自我控制，把个体的所作所为主动纳入诚实守信的道德范畴里去。应该说，自律是保证全社会诚实守信的基础和基石。从用户本身来说，应该树立自我保护意识，在对个人隐私保护的基础上不侵犯他人隐私权。对于行业者来说，部分商业机构应该做出自我规范。

4. 加强网络道德教育

由于法律的滞后性，维护隐私权也得靠网络道德教育，使网络道德深入人心。通过网络道德教育，最终使人们懂得：未经许可进入他人系统，窃取系统内保管的个人信息资料，是不道德行为。从而使人们能够以道德理性来规范自己的网络行为，认识到任何借助网络进行的破坏、偷窃、诈骗等都是非道德的或违法的，从而杜绝任何恶意的网络隐私侵权行为。

9.4　计算机犯罪

9.4.1　计算机犯罪的定义

所谓计算机犯罪，是指各种利用计算机程序及其处理装置进行犯罪或者将计算机信息作为直接侵害目标的犯罪的总称。

计算机犯罪具有两个显著的特征：一是利用计算机进行的犯罪，二是危害计算机信息的犯罪。那种仅仅以计算机作为侵害对象的犯罪，不是纯粹的计算机犯罪。

9.4.2　基本类型

利用现代信息和电子通信技术从事计算机犯罪活动涉及政治、军事、经济、科技、文化社会等各个方面，最为常见的有以下这些表现。

1. 非法截获信息、窃取各种情报

犯罪分子可以通过并非十分复杂的技术窃取从国家机密、绝密军事情报、商业金融行情，到计算机软件、移动电话的存取代码、信用卡号码、案件侦破进展、个人隐私等各种信息。

2. 复制与传播计算机病毒、黄色影像制品和精神垃圾

犯罪分子利用高技术手段可以容易地产生、复制、传播各种错误的，对社会有害的信息。计算机病毒是人为编制的具有破坏性的计算机软件程序，它能自我复制，且能造成种种无法挽回的损失。另外，随着计算机游戏、多媒体系统和互联网络的日益普及，淫秽色情、凶杀恐怖以至教唆犯罪的影像制品将不知不觉地进入千家万户，毒害年轻一代。

3. 利用计算机技术伪造篡改信息、进行诈骗及其他非法活动

犯罪分子还可以利用电子技术伪造政府文件、护照、证件、货币、信用卡、股票、商标等。互联网络的一个重要特点是信息交流的互操作性。每一个用户不仅是信息资源的消费者，而且也是信息的生产者和提供者。这使得犯罪分子可以在计算机终端毫无风险地按几个键就可以篡改各种档案（包括犯罪史、教育和医疗记录等）的信息，改变信贷记录和银行存款余额，免费搭乘飞机和机场巴士、住旅馆吃饭、改变房租水电费和电话费等。

4. 借助于现代通信技术进行内外勾结、遥控走私、贩毒、恐怖及其他非法活动

犯罪分子利用没有国界的互联网络和其他通信手段可以从地球上的任何地方向政府部门、企业或个人投放计算机病毒、"逻辑炸弹"和其他破坏信息的装置，也可凭借计算机和卫星反弹回来的无线电信号进行引爆等。

9.4.3　主要特点

与传统的犯罪相比，计算机犯罪有如下特点。

（1）犯罪行为人的社会形象有一定的欺骗性。计算机犯罪的行为人大多是受过一定教育和技术训练、具有相当技能的专业工作人员，而且多数是受到信任的雇员。他们有一定的社会经济地位。犯罪行为人作案后大多无罪恶感，甚至还有一种智力优越的满足感。由于计算机犯罪手段是隐蔽的、非暴力的，犯罪行为人又有相当的专业技能，他们在社会公众前的形象不像传统犯罪那样可憎，因而有一定的欺骗性。

（2）犯罪行为隐蔽而且风险小，便于实施，难于发现。利用计算机信息技术犯罪不受时间地点限制，犯罪行为的实施地和犯罪后果的出现地可以是分离的，甚至可以相隔很远，而且这类作案时间短、过程简单，可以单独行动，不需借助武力，不会遇到反抗。由于这类犯罪没有特定的表现场所和客观表现形态，有目击者的可能性很少，而且即使有作案痕迹，也可被轻易销毁，因此发现和侦破都十分困难。

（3）社会危害性巨大。由于高技术本身具有高效率、高度控制能力的特点，以及它们在社会各领域的作用越来越大，高技术犯罪的社会危害性往往要超出其他类型犯罪。

（4）监控管理和惩治等法律手段滞后。社会原有的监控管理和司法系统中的人员往往对高技术不熟悉，对高技术犯罪的特点、危害性认识不足，或没有足够的技术力量和相应的管理措施来对付它们。因此，大部分的计算机犯罪没有被发现。

在计算机化程度较高的国家,计算机犯罪已形成了一定的规模和气候,成为一种严重的社会问题,威胁着经济发展、社会安定和国家安全。据不完全统计:美国计算机犯罪造成的损失已达上万亿美元,每年损失几百亿美元,平均每起损失 90 万美元;原联邦德国每年损失 95 亿美元;英国为 25 亿美元,且每 40 小时就发生一起计算机诈骗案。这些数字只是很粗略的,实际的数字可能要大得多,因有许多案件并不为人所知,也没有向警方报案。亚洲国家和地区的计算机犯罪问题也很严重,如日本、新加坡等。在我国计算机犯罪案件也有逐年上升趋势。这一切表明计算机犯罪已成为不容忽视的社会现象,各种机构、各国政府以至整个社会都应积极行动起来,打击和防范计算机犯罪。

9.4.4　相关法律法规

发达国家关注计算机安全立法是从 20 世纪 60 年代后期开始的。它们基本上都是根据各自的实际情况或对原有的刑事法典做某些适应现实的修改或补充,或制定某些相应的计算机安全法规。瑞典在 1973 年就颁布了《数据法》,这大概是世界上第一部直接涉及计算机安全的法规。随后,丹麦等西欧各国都先后颁布了数据法或数据保护法。1991 年欧洲共同体 12 个成员国批准了软件版权法等。日本政府对于计算机信息系统安全同样也相当重视。1984 年日本金融界成立了金融工业信息系统中心;1985 年制定了计算机安全规范;1986 年成立了日本安全管理协会;1989 年日本警视厅公布了《计算机病毒等非法程序的对策指南》。

在美国,国防部早在 20 世纪 80 年代就针对计算机安全保密问题开展了一系列有影响的工作。针对窃取计算机数据和对计算机信息系统的种种危害,于1981 年成立了国家计算机安全中心(NCSC);1983 年,NCSC 公布了可信计算机系统评价准则(TCSEC);作为联邦政府,1986 年制定了计算机诈骗条例;1987 年又制定了计算机安全条例。在美国 50 个州中,有 47 个颁布了计算机犯罪法,例如,早在 1978 年,佛罗里达州就通过了《佛罗里达计算机犯罪法》。

早在 1981 年,我国政府就对计算机信息系统安全予以了极大的关注。1983 年 7 月,公安部成立了计算机管理监察局,主管全国的计算机安全工作。为了提高和加强全社会的计算机安全意识观念,积极推动、指导和管理各有关方面的计算机安全治理工作,公安部于 1987 年 10 月推出了《电子计算机系统安全规范(试行草案)》,这是我国第一部有关计算机安全工作的管理规范。

到目前为止,我国已经颁布了的与计算机信息系统安全有关的法律法规和国家标准主要还有下列这些。

（1）《中华人民共和国治安管理处罚法》（2006 年 3 月 1 日施行）。

（2）《中华人民共和国标准化法》（1989 年 4 月 1 日施行）。

（3）《中华人民共和国保守国家秘密法》（经修订,2010 年 10 月 10 日施行）。

（4）《计算机软件保护条例》（经修订,2013 年 3 月 1 日施行）。

（5）《计算机软件著作权登记办法》（2002 年 2 月 20 日施行）。

（6）《军队通用计算机系统使用安全要求》（1992 年 9 月 1 日施行）。

（7）《中华人民共和国计算机信息系统安全保护条例》（1994 年 2 月 18 日施行）——它是我国的第一个计算机安全法规,是我国计算机安全工作的总纲。

（8）《中华人民共和国计算机信息网络国际联网管理暂行规定》（1997 年 5 月 20 修正并施行）。

（9）《中国互联网络域名管理办法》（2004 年 12 月 20 日实施）。

（10）《计算机信息网络国际联网安全保护管理办法》（1997 年 12 月 30 日施行）。

（11）《维护互联网安全的决定》（2000 年 12 月 28 日施行）。

中国 1997 年刑法在修改制订过程中,比较充分地考虑到计算机犯罪的这些特点。刑法关于计算机犯罪的规定如下。

（1）第二百八十五条（非法侵入计算机信息系统罪）：违反国家规定，侵入国家事务、国防建设、尖端技术领域的计算机信息系统的，处三年以下有期徒刑或者拘役。

（2）第二百八十六条（破坏计算机信息系统罪）：违反国家规定，对计算机信息系统功能修改、增加、干扰，造成计算机信息系统不能正常运行，后果严重的，处五年以下有期徒刑或者拘役；后果特别严重的，处五年以上有期徒刑。

（3）违反国家规定，对计算机信息系统中存储、处理或者传输的数据和应用程序进行删除、修改、增加的操作，后果严重的，依照前款的规定处罚。

（4）故意制作、传播计算机病毒等破坏性程序，影响计算机正常运行，后果严重的，依照第一款的规定处罚。

（5）第二百八十七条（利用计算机实施的各种犯罪）：利用计算机实施金融诈骗、盗窃、贪污、挪用公款、窃取国家机密或者其他犯罪的，依照本法有关规定定罪处罚。

9.5　青少年上网问题与对策

因特网向用户提供了大量有效的信息服务。人们在因特网上浏览新闻和赛事、看天气预报、玩游戏、订阅电子杂志、预定机票、买衣服、买卖股票、听世界各地的广播、参加视频会议、处理各种私人或公共的事务等。使用因特网省钱又省时间，给我们带来了许多方便。

但是因特网也给我们带来不少问题。首先是有些人沉迷于网络。对很多网迷来说，网络另一端的世界显得比现实世界更精彩更吸引人。一些网迷的体会是计算机聊天像可卡因一样会让人上瘾。网瘾和其他"瘾"一样，都会给个人以及社会带来严峻的问题。随着网民数目越来越多，尤其对于青少年这个问题已经日益严重，而且还没有找到有效的解决方法。其次是因特网并非一片净土。电子垃圾邮件、网络欺骗、网上银行盗窃、虚假邮件、色情、暴力、网络赌博、网络病毒、破坏网页、在线拦截等肮脏活动在网上随处可见，有些已经成了严重的社会问题。

9.5.1　青少年上网的危害

任何事的影响都是双向的，网络在带给青少年诸多益处的同时，也会带来负面的影响。

（1）对青少年的人生观、价值观和世界观的形成构成潜在威胁。互联网内容虽丰富却庞杂，良莠不齐，青少年在互联网上频繁接触西方国家的宣传论调、文化思想等，这使得他们头脑中沉淀的中国传统文化观念和我国主流意识形态形成冲突，使青少年的价值观产生倾斜，甚至盲从西方。长此以往，对于我国青少年的人生观和意识形态必将起一种潜移默化的作用，对于国家的政治安定显然是一种潜在的巨大威胁。

（2）使许多青少年沉溺于网络虚拟世界，脱离现实，荒废学业。与现实的社会生活不同，青少年在网上面对的是一个虚拟的世界，它不仅满足了青少年尽早、尽快占有各种信息的需要，也给人际交往留下了广阔的想象空间，而且不必承担现实生活中的压力和责任。虚拟世界，特别是网络游戏，使不少青少年沉溺于虚幻的环境中而不愿面对现实生活。而无限制地上网，将对日常学习、生活产生很大的影响，严重的甚至会荒废学业。

（3）不良信息和网络犯罪对青少年的身心健康和安全构成危害和威胁。当前，网络对青少年的危害主要集中到两点，一是某些人实施诸如诈骗或性侵害之类的犯罪，另一方面就是黄色垃圾对青少年的危害。据有关专家调查，因特网上非学术性信息中，有 47% 与色情有关，网络使色情内容更容易传播。据不完全统计，60% 的青少年虽然是在无意中接触到网上黄色的信息，但自制力较弱的青少年往往出于好奇或冲动而进一步寻找类似信息，从而深陷其中。调查还显示，在接触过网络上色情内容的青少年中，有 90% 以上有性犯罪行为或动机。

9.5.2　青少年上网原因分析

（1）青少年自身的原因。青少年的生理、心理特点，决定他们易于接受新事物，乐于追求新事物。他们对新鲜的事物充满了好奇，愿意跟着时代的潮流走，同时他们喜欢冒险，喜欢寻求刺激，喜欢逆反与标新立异，而网络恰恰给他们提供了这样一个机会。网络中的新鲜事物层出不穷，网络游戏的巧妙设计也使他们可以不断地寻求刺激与成就感。网络是一个巨大的资源库，正好能满足青少年的需要。青少年大都正处于求学阶段，来自父母、学校的压力，令许多学生喘不过气来。他们厌倦了每天的书海题库，也厌倦了父母的唠叨与老师的指责，他们有自己独特的思想与见解，却无法向父母倾诉，生怕得不到他们的理解。于是，他们愿意在虚拟的网络世界里放松精神，寻找朋友，以获得精神的寄托。对于青少年来说，最重要的是自制力问题。部分青少年流连于上网就是因为他们自制力不够强，经不住网络的诱惑，面对形形色色的游戏软件与精彩的游戏画面，便一头扎了进去，无法自拔。

（2）家庭的原因。家庭成员的关系也会影响青少年的上网行为。据有关方面调查显示，男生中有 6.9% 的人觉得自己与父母关系不好，甚至还有 2.3% 的人觉得自己完全无法与父母沟通；女生中亦有 2.8% 的人觉得自己与父母关系不好。他们需要寻找其他的倾诉对象，有些人找同学，有些人就在网上找朋友，通过 QQ，通过聊天室，在虚拟的世界里发泄内心的苦恼与不满。另外，父母亲之间的关系也会影响青少年的上网行为。父母关系不好，就会疏忽对孩子的关心，进而影响到孩子身心的健康发展。孩子需要寻找慰藉，自然而然就会开始依赖网络。

（3）群体从众效应的影响。群体中一旦有一部分人形成了某种习惯或偏好，其他人便会不自觉地受他们的话题引导，并渐渐地形成类似的偏好。学生在校学习，首先存在于班级这个大集体中，班上同学的言行举止或多或少会影响其他同学，而且流行时尚在班级中也最易传播，久而久之，几乎全班同学都会追求这种新鲜事物。其次，同学与同学之间也会结成不同的小群体，小群体内易形成共同的爱好和习惯。倘若群体中有人喜欢上了某种网络游戏，便会向群体中的其他人谈论他的一些战绩与心得，其他人也就会在不知不觉中受其影响，尝试该游戏，更喜欢该游戏。

（4）网络的吸引力。网络的特质决定了青少年上网的潮流。网络强调以"自我"为中心，个性的张扬，平等的交流，避免了直面交流的摩擦与伤害，满足了人们追求便捷与舒适的享受。自主性是青少年可以自主选择需要的信息，自由地发表自己的观点。互联网的自主性为青少年个性化发展提供了广阔的空间。开放性使整个世界变成了一个地球村。任何人随时随地都可以从网上获取自己所需的任何信息。网络成为信息的万花筒，使超地域的文化沟通变得轻而易举，它带来了网络文化的多元化。平等性使人为的等级、性别、职业等差别都尽可能小地隐去，不管是谁，大家都以符号的形式出现，大家都在同一起跑线上。地位的平等带来了交流的自由，任何人在互联网上都可以表达自己的观点。这对青少年来说具有很大魅力。虚拟性使网民可以身份"隐形"，尝试扮演各种社会角色；还能为你实现现实生活中无法企及的梦想。

（5）社会的两面性。网吧业务不规范。尽管网吧在门口张贴"禁止未成年人入内"的公告，但却接受未成年顾客。有些网吧甚至故意开在学校的附近，以招揽更多的学生顾客。随着软件技术的发展，软件开发者也不断地推陈出新，大量设计精良的游戏软件吸引广大青少年。而这又是国家引导和鼓励的新兴产业。

9.5.3 对策

（1）从宏观方面，要加强法制建设。立法机构必须针对新的情况即时制定相关的法律和规范，限制不良行为，引导网络、网吧业务在法制化的轨道中运行；要在全社会展开学法，守法的活动，加强政府的监督与管理；要加强社会舆论与公众的监督职能，坚决与不法行为做斗争。

（2）从市场方面，要加强管理。应该建立网吧业务行业的经营管理机制，实行严格的核准登记制，由国家统管服务业的部门在各省分设机构统一管理。对于违章、违法经营的网吧必须严肃惩处，严重违法者必须责令关闭，并禁止其再次开业。而对于网络这一虚拟的世界，政府若想切实有效地控制与管理，确实不便也不可能，唯有通过引导全社会健康积极的思想行为的形成，才能减少网络"垃圾"的流传。

（3）从学校方面，应该加强教育工作。学校可以向学生放映一些宣传片，并向他们展示青少年因沉迷于上网而堕落消沉甚至犯罪的典型事例，循循善诱，使得学生从内心抵制网络的不良影响。

（4）从家庭方面，家长应多与学生沟通，可以允许他们在空闲的时间适度地上网，但必须防止并限制他们过度沉迷于网络。家长、老师也应该多交流，及时发现并改正学生的不良行为，促进学生身心的健康发展。

（5）从青少年自身，要加强自制力和辨别能力的培养。要教会学生合理地利用网络资源，分配上网时间，抵制网络的诱惑。只有好好地把握与控制自己的行为，形成健康的生活方式，社会、学校和家庭的努力才会真正奏效。要帮助孩子提高自身抵制诱惑能力，树立远大理想，将全部精力用在学习和正当有益的特长爱好上。

（6）从技术上，要加强防御和引导。技术是辅助手段，但我们也要在这方面多做些工作。比如，从网络的角度限制青少年上黄色网站、限制玩游戏的时间、引导青少年访问健康的网站等。

9.5.4 注意事项

对于正在高校学习的广大同学，在熟练掌握上网技能、运用网络工具促进课程学习的同时，必须注意以下事项。

（1）控制上网时间，不需要上网就不要上网。因特网既是一个巨大的信息宝库，也是一个诱人的陷阱，稍不注意就可能陷入其中成为网虫。小心，再小心，网上很容易迷失自己和浪费时间。

（2）防止不健康信息的影响和毒害。网站良莠不齐，信息庞杂，甚至还有不少有害内容。对网上的信息要分析和复核，千万不要认为网上的信息都是真实正确的。

（3）避免信息过载。网上有大量资料和信息，不是越多越好，要有选择地查询和下载。不要浪费时间和精力来获取网上堆积如山的信息。信息不等于知识，知识不等于智慧。不良信息比没有信息更糟糕。

（4）上网要注意网络礼仪。在网上发表意见要谨言慎行，三思而后行。头脑要冷静，网络交流与面对面交流不同，与人争论使用的言语不要伤害别人的感情，因为一旦将电子信息发送出去就无法收回。意思表达要清楚、简短，学会使用网络语言（如 BTW 是"顺便说一下"的意思，IMHO 是"我的拙见"的意思，:-) 代表一张笑脸表示赞扬等）。

（5）正确使用电子邮件系统。定期接收邮件，阅读后删除不重要的邮件，分类存放需保留的邮件；书写邮件应简明扼要、主题明确，并保存重要信件的副本，充分发挥计算机潜力，对邮件进行过滤，发送邮件时自动签名，使用电子地址簿保存重要邮件的地址；不要与他人共用同一邮件地址，口令要经常改变，不告诉他人；未经杀毒软件检查不要打开附件，不要把邮件阅读器配置成自动打开附件；不要回复垃圾邮件、骚扰邮件、攻击邮件或邮件链接，特别要警惕钓鱼邮件。

（6）微博和博客不是私人日记，不要把脑海中飘过的每个想法都进行发布，内心深处的想法别放在网上。即便是使用隐私设置等方式，在网络上所发布的内容仍然会被公众所获知，要知道一旦被转载或者被他人复制粘贴之后，将会留在网上很长一段时间。不要轻易转发帖子，面对不真实甚至是恶意的指责，不要负气回帖。要定期清理缓存以消除网络使用的痕迹。

（7）参与网络社交要注意个人信息安全。在社交网站的个人档案中，有很多真实信息，比如电话号、QQ 号、邮件地址、博客、照片、音频以及视频等，甚至有些是涉及隐私的信息，如对谁感兴趣，跟谁成为好朋友等。此外，社交网站还记录着你社交活动的行为轨迹，包括日常爱好、常去的地点、作息时间等。这样一来，只要对你的社交活动进行分析，你就完全成了一个"透明人"，无隐私可言。社交网站往往是黑客攻击的对象，存在着大量的谎言和欺诈。调查表明，社交网站用户的个人信息更容易丢失和被盗，更容易遭受恶意软件感染和钓鱼软件欺骗，其严重性远超过用户自己的想象。因此对社交网站要趋利避害，不对之产生依赖，以免患上"社交成瘾症""网络强迫症"，耽误了学习，疏远了家人和亲朋好友，浪费了大好的青春年华。

（8）网上交友小心受骗。别和一个人在网上聊过几句就关注他或是加他为好友，与网友聊天不要随便透露自己的个人私密信息，不要随便与网友约会，如见面约会需采取切实保护措施，在不良诱惑面前应洁身自好，以防不法分子的侵害。

（9）谨防网络欺骗。网络是许多犯罪分子光顾的地方，因此个人信息一定要保密，包括使用的IP 地址、QQ 号、上网账号和密码等，要经常修改密码。个人机密信息如银行账号、手机密码等最好保存在单独的磁盘中，以防黑客盗取。进行在线交易和网上购物时要按照要求进行安全防范，注意别上当受骗，小心知名商业网站的"克隆"站点，务必分清真假。网上各种名目的网络诈骗很猖獗，尤其是通过 QQ、Skype 这一类即时通信工具的诈骗活动更容易令人中招，要时刻保持警惕。

（10）时刻记住信息安全和计算机病毒防范。一定要安装杀毒软件和防火墙，并及时更新病毒库和给操作系统打补丁，将防病毒、防黑客当成日常工作；防火墙软件应保持在常驻状态，要经常检查自己的机器是否具备防范病毒和恶意代码的能力；不要点击那些非法网站和色情网站，以免被木马软件侵入计算机；对一些奇怪的邮件和程序要提高警惕，不要打开不明电子邮件或运行不明来源的程序，对网上下载的不知名的程序（也包括.doc、.exe 文档），即使通过了杀病毒软件的检查也不要轻易运行；不要好奇地运行某些黑客工具，因为有些程序会在你不知不觉中将一些个人信息发到因特网上去；在不需要文件和打印共享时，关闭这些共享功能（它会将你的计算机暴露给寻找安全漏洞的黑客）。要事先做好最坏的打算，把重要的个人资料严加保护，并养成资料备份的习惯，一旦中招后还有恢复的可能；一切上网活动都要在自己的控制下，最好不要使用自动计划任务，防止应用程序自动连接到网站并向网站发送信息；要注意监视网络通信情况，查看是否有人在扫描你的计算机或试图连接你的计算机。

习　题　9

一、选择题

1. 计算机犯罪主要涉及刑事问题、民事问题和（　　　）。
　　（A）隐私问题　　　　　　　　　　（B）民生问题
　　（C）人际关系问题　　　　　　　　（D）上述所有问题

2. 黑客攻击造成网络瘫痪，这种行为是（　　　　）。

 （A）违法犯罪行为   （B）正常行为

 （C）报复行为   （D）没有影响

3. 我国在信息系统安全保护方面最早制定的一部法规也是最基本的一部法规是（　　　　）。

 （A）《中华人民共和国计算机信息系统安全保护条例》

 （B）《计算机信息网络国际联网安全保护管理办法》

 （C）《信息安全等级保护管理办法》

 （D）《计算机信息系统安全保护等级划分准则》

4.《垃圾邮件处理办法》是（　　　　）。

 （A）国务院颁布的国家法规 （B）地方政府公布的地方法规

 （C）中国电信出台的行政法规 （D）任何人的职权

5. 对计算机信息系统功能进行修改、增加、干扰，造成计算机信息系统不能正常运行，下列叙述正确的是（　　　　）。

 （A）后果严重的，处四年以下有期徒刑或者拘役；后果特别严重的，处四年以上有
   期徒刑

 （B）后果严重的，处五年以下有期徒刑或者拘役；后果特别严重的，处五年以上有
   期徒刑

 （C）后果严重的，处八年以下有期徒刑或者拘役；后果特别严重的，处八年以上有
   期徒刑

 （D）后果严重的，处十年以下有期徒刑或者拘役；后果特别严重的，处十年以上有
   期徒刑

6. 对犯有新刑法第285条规定的非法侵入计算机信息系统罪可处（　　　　）。

 （A）三年以下的有期徒刑或者拘役 （B）1000元罚款

 （C）三年以上五年以下的有期徒刑 （D）10000元罚款

7. 根据《信息网络国际联网暂行规定》，对要从事且具备经营接入服务条件的单位需要向互联单位主管部门或者主管单位提交（　　　　）。

 （A）银行的资金证明   （B）接入单位申请书和接入网络可行性报告

 （C）采购设备的清单   （D）组成人的名单

二、填空题

1. 知识产权包括_____和工业产权两个主要部分。

2. 专利权是依法授予发明创造者或单位对发明创造成果_____、使用、处分的权利。

3. 隐私的基本内容包括三方面的内容：个人生活安宁不受侵扰，_____，个人私事决定自由不受阻碍。

4. "侵犯通信自由罪"是由刑法第_____条规定的。

5. 不良信息和网络犯罪对青少年的_____和安全构成危害和威胁。

三、简答题

1. 规范计算机职业道德有何意义？

2. 软件盗版有哪些主要形式？

3. 计算机犯罪的定义和特点是什么？

4. 在生活中你是否遇到过计算机犯罪的案例？你将如何防范计算机犯罪？

第10章
阅读材料

本章结合计算机学科的发展和技术给出一些知识点，以丰富学生的知识面，拓展学生的视野。

10.1　著名的计算机公司

对于计算机科学技术的发展，不仅要有先进的研究成果，更需要把研究成果转化成功能优良的畅销商品，这样才能形成良性循环，市场的回报可以更好地促进新产品的研究和开发。各类计算机公司在推动计算机软、硬件产品的研究和开发上发挥了重要的作用。下面对引领计算机科学发展的 3 家公司做简要介绍。

10.1.1　Intel 公司

Intel（英特尔）公司是世界上最大的半导体公司，也是第一家推出 x86 架构处理器的公司，总部位于美国加利福尼亚州圣克拉拉。由罗伯特·诺伊斯（R.Noyce）、戈登·摩尔（G.Moore）和安迪·葛洛夫（A.Grove）以 Integrated Electronics（集成电子）之名在 1968 年 7 月 18 日共同创办，将高级芯片设计能力与领导业界的制造能力结合在一起。英特尔也有开发主板芯片组、网卡、闪存、绘图芯片、嵌入式处理器，以及与通信和运算相关的产品等。Intel 具有代表性的产品如下。

1971 年发布的 4004 处理器是 Intel 的第一款微处理器。这一突破性的重大发明不仅成为 Busicom 计算器强劲的动力之源，更打开了让机器设备像个人计算机（也称个人电脑）一样可嵌入智能的未来之路。

1982 年发布的 286 处理器是英特尔第一款能够运行所有为其前代产品编写的软件的处理器。这种强大的软件兼容性亦成为英特尔微处理器家族的重要特点之一。在该产品发布后的 6 年里，全世界共生产了大约 1500 万台采用 286 处理器的个人计算机。

1993 年发布的 Pentium（奔腾）处理器能够让计算机更加轻松地整合"真实世界"中的数据（如讲话、声音、笔迹和图片）。通过漫画和电视脱口秀节目宣传的英特尔奔腾处理器，一经推出即迅速成为一个家喻户晓的知名品牌。

1997 年发布的 Pentium II 处理器拥有 750 万个晶体管，并采用了英特尔 MMX 技术，专门设计用于高效处理视频、音频和图形数据。该产品采用了创新的单边接触卡盒（S.E.C）封装，并整合了一枚高速缓存存储芯片。有了这一芯片，个人计算机用户就可以通过互联网捕捉、编辑并与朋友和家人共享数字图片；还可以对家庭电影进行编辑和添加文本、音乐或情景过渡；甚至可以使用视频电话通过标准的电话线向互联网发送视频。

1999 年发布的 Celeron（赛扬）处理器用于经济型的个人计算机市场。该处理器为消费者提供了格外出色的性价比，并为游戏和教育软件等应用提供了出色的性能。

1999 年发布的英特尔 Pentium III 处理器含有 70 条创新指令——因特网数据流单指令序列扩展（Internet Streaming SIMD Extensions）——明显增强了处理高级图像、3D、音频流、视频和语音识别等应用所需的性能。该产品设计用于大幅提升互联网体验，让用户得以浏览逼真的网上博物馆和商店，并下载高品质的视频等。该处理器集成了 950 万个晶体管，并采用了 0.25 微米技术。

2000 年发布的 Pentium 4 处理器，使其个人计算机用户可以创作专业品质的电影；通过互联网发送像电视一样的视频；使用实时视频语音工具进行交流；实时渲染 3D 图形；为 MP3 播放器快速编码音乐；在与互联网进行连接的状态下同时运行多个多媒体应用。该处理器最初推出时就拥有 4200 万个晶体管和仅为 0.18 微米的电路线。

2001 年发布的 Itanium 处理器是英特尔推出的 64 位处理器家族中的首款产品。该处理器是在基于英特尔简明并行指令计算（EPIC）设计技术的全新架构之基础上开发制造的，设计用于高端、企业级服务器和工作站。该处理器能够为要求最苛刻的企业和高性能计算应用（包括电子商务安全交易、大型数据库、计算机辅助的机械工程以及精密的科学和工程计算）提供全球最出色的性能。

2005 年发布的 Intel Core 处理器是英特尔向酷睿架构迈进的第一步。酷睿使双核技术在移动平台上第一次得到实现。与后来的酷睿 2 类似，酷睿仍然有数个版本：Duo 双核版，Solo 单核版。其中还有数个低电压版型号以满足对节电要求苛刻的用户的要求。

2008 年发布的 Core i7 处理器是一款 45nm 原生 4 核处理器，处理器拥有 8MB 三级缓存，支持三通道 DDR3 内存。处理器采用 LGA 1366 针脚设计，支持第二代超线程技术，也就是处理器能以 8 线程运行。

2011 年发布的新一代旗舰 CPU——Core i7 3960X，6 核/12 线程、3.3～3.9GHz 主频。32 纳米制作工艺，130W 热设计功耗（TDP），内核电压 0.6～1.35V。共三级缓存：一级缓存为 6×64KB，二级缓存为 6×256KB，三级缓存为 15MB。

2014 年发布的至强 E7 v2 系列基于 Ivy Bridge-EX 架构，拥有最多 15 个处理内核和每插槽 1.5TB 内存容量，采用 22nm HKMG 工艺制造（9 个金属层），集成 43.1 亿个晶体管，运行频率最低 1.4GHz、加速最高 3.8GHz，三级缓存最多 37.5MB（2.5MB×15），热设计功耗最高 150W，集成 40 条 PCI-E 信道。

2014 年 3 月 5 日，Intel 收购智能手表 Basis Health Tracker Watch 的制造商 Basis Science。2014 年 8 月 14 日，英特尔用 6.5 亿美元收购 Avago 旗下公司网络业务。2015 年 12 月斥资 167 亿美元收购了 Altera 公司。

2015 年 1 月 8 日，英特尔发布了世界上最小的 Windows 计算机 Compute Stick，大小仅如一枚 U 盘，可连接任何电视机或显示器以组成一台完整 PC。

2017 年 Intel 第 8 代 Core i7-8700K 发布，它是一款 6 核心/12 超线程，核心默频 3.7GHz，热设计功耗 95W TDP 的强大 CPU，相比 X299 平台的 Core i9-7800X 要更省电，但只支持双通道 DDR4 内存。

10.1.2 IBM 公司

IBM（International Business Machines Corporation，国际商业机器公司或万国商业机器公司）；公司总部在纽约州阿蒙克市，1911 年由托马斯·沃森创立于美国，是全球最大的信息技术和业务解决方案公司，拥有全球雇员 30 多万人，业务遍及 160 多个国家和地区。该公司创立时的主要业务为商业打字机，其后转为文字处理机，然后到计算机和有关服务。

IBM 701 是 IBM 于 1953 年 4 月 7 日正式对外发布的第一台电子计算机。它是 IBM 第一台商用科学计算机，也是第一款批量制造的大型计算机，也是整个世界的一个里程碑式的产品。

第一代电子管计算机主要用于科学计算的有 IBM 701、IBM 704、IBM 709，用于数据处理的有 IBM 702、IBM 705、IBM 650 等。

第二代晶体管计算机的主流产品有科学计算用大型计算机 IBM 7090、IBM 7094-I、IBM 7094-II，数据处理用大型计算机 IBM 7080，中小型通用晶体管计算机 IBM 7074、IBM 7072，小型数据处理用晶体管计算机 IBM 1401 等。

第三代计算机的代表性产品是 IBM 360 系列，该机型实现了计算机生产的通用化、系列化和标准化。主要产品还有 IBM 370 系列、IBM 3030 系列等，3030 系列中的 3033 计算机运算速度达到 500 万次每秒。

第四代计算机的主流产品是 1979 年 IBM 公司推出的 4300 系列、3080 系列以及 1985 年的 3090 系列。1982 年推出的 3084K 计算机，运算速度达 2500 万次每秒。1990 年之后，IBM 公司陆续推出 IBM 390 系列、IBM eServer z 系列和 zEnterprise EC12 系列大型计算机。

多年来，IBM 公司一直在高性能计算机领域保持着竞争优势。1991 年，IBM 公司的 Deep Thought Ⅱ（深思Ⅱ）计算机获得美国计算机学会举办的计算机国际象棋锦标赛冠军。1997 年 5 月，Thought Ⅱ 的换代产品——Deep Blue（深蓝）计算机战胜了俄罗斯的国际象棋特级大师加里·卡斯帕罗夫。2008 年 6 月，IBM 公司推出当时世界上最快的超级计算机"走鹃"，运算速度超过 1000 万亿次每秒浮点运算。2012 年，IBM 公司研制出的超级计算机"红杉"，其峰值运算速度达到 2.01 亿亿次每秒。2013 年 11 月公布的全球 10 台最高性能的超级计算机中，有 5 台是 IBM 研制的超级计算机。

IBM 公司在微型机领域也曾有不俗的表现，一度成为事实上的产品标准，其他厂商的微型机只有和 IBM 公司微型机兼容才能销售出去，而也正是这些兼容厂商在激烈的竞争发展中分享了 PC 市场。2005 年 5 月 1 日，我国的联想集团以 17.5 亿美元正式完成对 IBM 公司全球 PC 业务的收购，至此 IBM 公司退出了 PC 市场，专注于服务器、大型机和巨型机市场及其相关的软硬件产品，2012 年的营业收入达到 1045 亿美元。

IBM 公司的成功得益于科学的市场经营战略，基于以往的市场营销经验，从一开始进入计算机领域就面向商业、面向产品、面向服务。IBM 公司是从穿孔卡片发展起来的，拥有一大批商业客户。当它转向生产计算机时就想到了这些宝贵的客户资源，着重研制商用计算机，把具有通用化、系列化、标准化和良好兼容性的计算机产品推销给老客户，不仅产品质量好，而且服务周到。IBM 公司信奉这样一个理念——聪明的客户并不是买最好的计算机，而是买最能解决问题的计算机。因此，尽管当时有些公司的计算机的性能比 IBM 公司的好，但还是 IBM 公司的产品更受欢迎。在美国，人们常称 IBM 公司为"蓝色巨人"，一方面反映了它的实力雄厚，另一方面代表了售后服务做得好——IBM 公司的工作人员经常是身穿蓝色西服上门服务。

10.1.3　微软公司

1955 年 10 月 28 日，比尔·盖茨（Bill Gates）出生于美国西北部华盛顿州的西雅图，自小酷爱数学和计算机。保罗·艾伦（Paul Alan）是他最好的校友，两人经常在学校的一台 PDP-8 小型机上玩三连棋的游戏。

1972 年的一个夏天，他们从一本《电子学》杂志上得知 Intel 公司推出了一种叫 8008 的微处理器芯片。两人不久就使用该芯片组装出一台机器，可以分析城市内交通监视器上的信息。1973 年盖茨考入哈佛大学，艾伦则在波士顿一家计算机公司找到一份编程的工作，两人经常在一起探讨计算机的事情。1974 年春天，当《电子学》杂志宣布 Intel 推出比 8008 芯片更快的 8080 芯片时，盖茨和艾伦预见到类似 PDP-8 的小型机的末日快到了。他们看到了新芯片背后适应性强、成本低的个人计算机的发展前景。

1975 年 1 月的《大众电子学》杂志封面上 Altair 8080 微型计算机的图片深深地吸引艾伦和盖茨。这台世界上最早的微型计算机，标志着计算机新时代的开端，这是一台基于 8080 微处理器的微型机。还在哈佛上学的盖茨看到了商机，他要给 Altair 开发 BASIC 语言，盖茨和艾伦在哈佛大学计算机中心奋战了 8 周，为 8080 配上 BASIC 语言，此前从未有人为微机编过 BASIC 程序，艾伦亲赴 Altair 8080 的生产厂商 MITS 公司去演示。这年春天，艾伦进入 MITS，担任软件部主管。学完大学二年级课程，盖茨也进入 MITS 工作。

微软（Microsoft）公司诞生于 1975 年，但当时微软公司与 MITS 公司之间的关系十分模糊，可以说微软公司"寄生"于 MITS 之上。1975 年 7 月下旬，他们与 MITS 签署了协议，期限 10 年，允许 MITS 公司在全世界范围内使用和转让 BASIC 及源代码。根据协议，盖茨他们最多可获利 18 万美元。借助 Altair 的风行，BASIC 语言也推广开来，同时，微软公司又赢得了另外两个大客户。盖茨和艾伦开始将更多的精力放在自己的公司上。正是 MITS，确定了盖茨和艾伦作为程序员的地位，跻身这个新兴行业。借助于 MITS 公司，积累了微软公司发展的第一批资金，同时他们目睹并参与了 MITS 公司从设计到生产，从宣传到销售服务的全过程，培养了市场意识。

艾伦离开 MITS 公司后不久的 1977 年元旦，盖茨退学了。

1980 年，IBM 公司准备进军 PC 市场，由 IBM 公司研制硬件系统，由微软公司开发一套方便用户使用 PC 的操作系统。1981 年 6 月，MS-DOS 的开发工作基本完成，8 月 IBM PC 问世，这台个人计算机主频是 4.77MHz，CPU 是 Intel 公司的 8088 芯片，主存 64KB，操作系统就是微软的 MS-DOS。DOS 是磁盘操作系统（Disk Operation System）的简称，在 1981 年到 1995 年间占据 PC 操作系统的统治地位，版本从 1.x 发展到 7.x。

1985 年 6 月，微软公司和 IBM 公司达成协议，联合开发 OS/2 操作系统。根据协议，IBM 公司在自己的计算机上可免费安装，而允许微软公司向其他计算机厂商收取 OS/2 的使用费。当时 IBM 公司在 PC 市场拥有绝对优势，兼容机份额极低，之后兼容机市场却逐步扩大，到 1989 年兼容机占据了市场 80% 的份额。微软公司在操作系统的许可费上，短短几年就赢利 20 亿美元。

相对于以前的操作系统，DOS 取得了很大的成功，但在使用过程中也逐渐暴露出其功能比较弱、安全性低、使用不方便的缺点，作为单用户单任务型操作系统，几乎没有安全性措施，使用者需要记忆大量的英文单词式的命令。微软公司从 1981 年就开始开发后来称之为 Windows 的操作系统，希望它能够成为基于 Intel x86 微处理芯片计算机上的标准图形用户接口（Graphical User Interface，GUI）操作系统。其在 1985 年和 1987 年分别推出 Windows 1.0 版和 Windows 2.0 版。但是，由于当时硬件水平和 DOS 操作系统的风行，这两个版本并没有得到用户的广泛认可。此后，微软公司对 Windows 的内存管理、图形界面做了重大改进，使图形界面更加美观并支持虚拟内存。1990 年 5 月推出的 Windows 3.0 开始得到人们的认可。

一年之后推出的 Windows 3.1 对 Windows 3.0 做了一些改进，引入一种可缩放的 TrueType 字体技术，改进了系统的性能；还引入了一种新设计的文件管理程序，改进了系统的可靠性。更重要的是增加了对象链接与嵌入技术（Object Linking and Embedding，OLE）和多媒体技术。需要说明的是，Windows 3.0 和 Windows 3.1 都必须运行于 MS-DOS 操作系统之上。

几年的应用实践使用户逐渐熟悉和青睐于 Windows，可以与 DOS 分离了，于是 1995 年微软公司推出新一代操作系统 Windows 95，它可以独立运行而无须 DOS 支持。Windows 95 是操作系统发展史上一个非常重要的版本，它对 Windows 3.1 版做了许多重大改进，包括更加优秀的、面向对象的图形用户界面，单击鼠标就能完成大部分操作，极大地方便了用户的学习和使用；全 32 位的高性能的抢先式多任务和多线程；内置的对 Internet 的支持；更加高级的多媒体支持，可以直接写屏并能很好地支持游戏；即插即用，简化用户配置硬件操作，并避免了硬件上的冲突；32 位线性寻址的内存管理和良好的向下兼容性等。

目前，微软公司的主要产品如下。

● 操作系统 Windows 系列：Windows XP、Windows Vista、Windows 7、Windows 8、Windows 10、Windows Server 2012（服务器版本）、Windows Mobile 6.5（智能手机版本）。

● 数据库管理系统 MS SQL Server：是一种可用于网络环境的大型数据库管理系统，新版本还具备一定的数据仓库和数据挖掘功能。

● 办公软件 Office 系列：包括文字处理软件（Word）、电子表格软件（Excel）、桌面数据库（Access）、幻灯片制作软件（PowerPoint）、个人邮件管理软件（Outlook）、网页制作软件（FrontPage）等。

● 网页浏览器 Internet Explorer（IE）：是目前世界上使用最广泛的一种浏览器，从 Windows 95 开始，被设置为微软各版本的 Windows 的默认浏览器。

● 媒体播放器 Windows Media Player：用于播放音频和视频。

● 开发工具包 Visual Studio：包括 Visual Basic、Visual C++、Visual C# 等，目前已发布用于 .Net 环境的编程工具 Visual Studio .Net。

● 在线服务 MSN（Microsoft Network）：主要用于即时通信（网上聊天等）。

10.2　著名的计算机科学家

计算机领域的伟大成就是和众多科学家的辛勤且富有创造性的工作分不开的，本节介绍计算机诞生和发展的两位优秀的代表。

10.2.1　图灵

世界上第一台电子计算机 1946 年 2 月诞生于美国宾夕法尼亚大学莫尔学院。但电子计算机的理论和模型却是始于英国科学家图灵在 1936 年发表的论文"论可计算数及其在判定问题中的应用"。因此，当美国计算机学会在 1966 年纪念电子计算机诞生 20 周年的时候，决定设立计算机界的第一个奖项，命名为"图灵奖"（Turing Award），以纪念这位计算机科学理论的奠基人。

艾伦·图灵（如图 10.1 所示），1912 年 6 月 23 日出生于伦敦，上中学时数学特别优秀。1931 年中学毕业以后，图灵进入剑桥大学的国王学院（King's College）攻读数学，研究量子力学、概率论和逻辑学。1936 年图灵就概率论研究所发表的论文获得史密斯奖（Smith Prize）。

1935 年，图灵开始对数理逻辑的研究发生兴趣。数理逻辑

图 10.1　图灵

（Mathematical Logic）又叫形式逻辑（Formal Logic）或符号逻辑（Symbolic Logic），是逻辑学的一个重要分支。数理逻辑用数学方法，也就是用符号和公式、公理的方法去研究人的思维过程、思维规律，其起源可追溯到 17 世纪德国的大数学家莱布尼茨，其目的是建立一种精确的、普遍的符号语言，并寻求一种推理演算，以便用演算去解决人如何推理的问题。在莱布尼茨的思想中，数理逻辑、数学和计算机三者均出于一个统一的目的，即人的思维过程的演算化、计算化，以至在计算机上实现。但莱布尼茨的这些思想和概念还比较模糊，不太清晰和明朗。两个多世纪以来，许多数学家和逻辑学家沿着莱布尼茨的思路进行了大量实质性的工作，使数理逻辑逐步完善和发展起来，许多概念开始明朗起来。但是，"计算机"到底是怎样一种机器，应该由哪些部分组成，如何进行计算和工作，在图灵之前没有任何人清楚地说明过。正是图灵在 1936 年发表的"论可计算数及其在判定问题中的应用"一文中第一次回答了这些问题，提出了一种理想的计算机器的抽象模型，后人称作"图灵机"（Turing Machine）。图灵机的提出奠定了现代计算机的理论基础，也奠定了图灵在计算机发展史上的重要地位。

图灵机有多种形式，标准的确定型单带图灵机由一条双向都可无限延长的被分为一个个小方格的磁带、一个有限状态控制器和一个读写磁头组成，如图 10.2 所示。图灵机一步步地工作，机器工作情况取决于以下 3 点。

① 机器的内部状态。

② 读写磁头扫描在磁带的哪个方格上。

③ 被磁头扫描的方格上有什么信息。

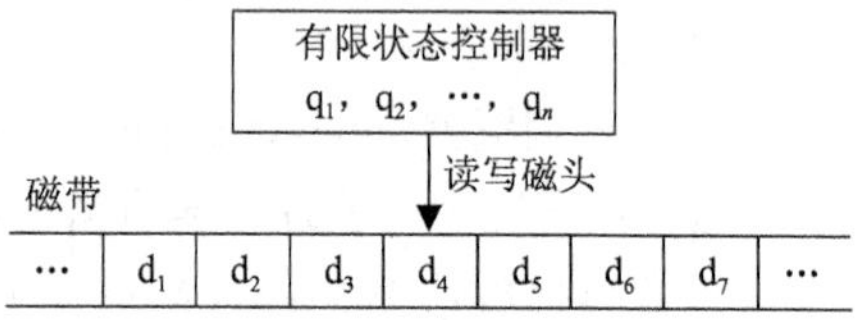

机器执行一步工作的过程如下。

① 读写磁头在所扫描的方格上写上符号，原有符号自然消除。

图 10.2　图灵机示意图

② 磁头向右或向左移动一个方格，机器由当前状态变为另一个状态，进入下一步工作。

③ 如此周而复始，除非遇到命令机器停止工作的状态。

从上面的简单介绍可以看到，结构及运行极为复杂的计算机，经过图灵的抽象，变得简单、清晰。这正是图灵机的意义所在。表面看来，图灵机的计算功能似乎很弱，实际上，只要提供足够的时间（也就是允许足够多的步数）和足够的空间（也就是磁带足够长），则图灵机的能力极强，足以代替目前的任何计算机。图灵自己就曾指出，凡是可计算的函数都可以用一台图灵机来计算。

第二次世界大战的爆发，打乱了图灵的研究计划。像许多同时代的科学家一样，图灵进入英国外交部下属的一个绝密机构中工作，主要任务是为军方破译密码。图灵的工作非常出色，曾研制出一台破译密码的机器，破译了德军的很多密码，为战胜德国法西斯做出了贡献。为此，1945 年图灵退役时被授予最高荣誉奖章。战争结束后，图灵去了英国国家物理实验室（National Physical Laboratory，NPL），开始了研制电子计算机的工作。

图灵的另一个重大贡献是他在 1950 年发表的论文"计算机器和智能"（Computing Machinery and Intelligence）。在论文中，图灵提出了"机器能思维吗？"这样一个问题，并给出了测试机器是否有智能的方法，人们称之为"图灵测试"（Turing Test）。图灵预言，到 2000 年，计算机能够通过这种测试。现在已经过了 2000 年，有人认为，某些特定的领域，计算机已经通过了"图灵测试"，其明显标志是 1997 年 IBM 公司的"深蓝"计算机战胜国际象棋特级大师卡斯帕罗夫。也有人认为，计算机距离类似于人的"自主"智能还有不小的差距。

由于图灵在计算机科学理论与实践上的奠基性贡献，1951 年其当选为英国皇家学会院士。令人十分惋惜的是，1954 年 6 月 7 日科学奇才图灵在不满 42 周岁时去世了，实在是计算机界的一个重大损失。

人们为纪念这位计算机科学理论的重要奠基人，2001 年 6 月 23 日，在英国曼彻斯特的 Sackville 公园竖立了一尊和其真人一样大小的青铜坐像，铜像是在有悠久铸造历史的中国铸造的。

10.2.2　冯·诺依曼

1944 年夏的一天，美国弹道试验场所在地阿伯丁火车站，ENIAC 研制组的戈尔斯坦看到冯·诺依曼正在等车，戈尔斯坦以前听过冯·诺依曼教授的学术报告，但一直无缘直接交往。机会难得，戈尔斯坦主动上前自我介绍，当戈尔斯坦讲到正在研制的电子计算机时，平易近人的数学大师顿时严肃起来。据戈尔斯坦回忆，此后的谈话好像在通过博士学位答辩。显然，ENIAC 深深地打动了具有敏锐科学洞察力的冯·诺依曼教授，几天之后，他就专程到莫尔学院考察正在研制中的 ENIAC，并参加了为改进 ENIAC 而举行的一系列学术会议。

这次偶然的车站相遇，对计算机的发展具有决定性的作用，既确定了现代计算机的基本逻辑结构，也奠定了冯·诺依曼在计算机发展史上的重要地位。

冯·诺依曼（John von Neumann，1903 年—1957 年，如图 10.3 所示），出生于匈牙利布达佩斯，中学时期他受到特殊严格的数学训练，19 岁时就发表了有影响的数学论文，在校期间他学习拉丁语和希腊语，卓见成效，这对锻炼他的记忆力非常有帮助，他掌握了 7 种语言，成为从事科学研究强有力的工具。后来又游学于著名的柏林大学、洪堡大学和普林斯顿大学，成为德国大数学家戴维·希尔伯特（David Hilbert，1862 年—1943 年）的得意门生，1933 年，他被聘为美国普林斯顿大学高等研究院的终身教授，成为著名物理学家爱因斯坦（Albert Einstein，1879 年—1955 年）最年轻的同事。冯·诺依曼才华横溢，在数学、应用数学、物理学、博弈论和数值

图 10.3　冯·诺依曼

分析等领域都有杰出的贡献。他的数学功底为进行计算机的逻辑设计奠定了坚实的基础。戴维·希尔伯特于 1900 年 8 月 8 日在巴黎召开的第二届国际数学家大会上，提出了 20 世纪数学家应当努力解决的 23 个数学问题，对这些问题的研究有力地推动了 20 世纪数学的发展，产生了深远的影响。我们熟知的哥德巴赫猜想也是问题之一。

当冯·诺依曼从戈尔斯坦那里听说他们正在制造电子计算机的时候，他正参加第一颗原子弹的研制工作，遇到原子核裂变反应过程的大量计算的困难，这涉及数十亿次初等算术运算和初等逻辑运算。为此，曾有成百名计算员一天到晚用计算器计算，然而，结果还是不能满足需要。这使他马上意识到研制电子计算机的重要意义，决定参与到这一工作中来。

ENIAC 并不是存储程序式的，程序要通过外接线路输入，非常的不方便。1944 年 8 月到 1945 年 6 月，在莫尔学院定期举行的会议上，针对 ENIAC 遇到的问题，人们提出了各种研究报告。冯·诺依曼与莫尔学院研制小组积极合作，经过 10 个月的紧张工作，提出了一个全新的存储程序通用电子计算机方案——离散变量自动电子计算机（Electronic Discrete Variable Automatic Computer，EDVAC）。人们通常称它为冯·诺依曼机，时至今日，世界上所用的计算机都没有突破冯·诺依曼机的基本结构。EDVAC 方案的讨论过程与 ENIAC 的研制是同时进行的，再改动 ENIAC 的结构已来不及了，所以 ENIAC 仍是外插程序式计算机。

1945 年 6 月 30 日，莫尔学院发布了长达 101 页的 EDVAC 方案，这是冯·诺依曼和莫尔学

院研制小组的专家们集体的研究成果，冯·诺依曼运用其非凡的分析、综合能力及深厚的数理基础知识，在 EDVAC 的总体结构和逻辑设计中起了关键的作用。

EDVAC 方案明确规定了计算机有 5 个基本组成部分：用于完成算术运算和逻辑运算的运算器，基于程序指令控制计算机各部分协调工作的控制器，用来存放程序和数据的存储器，把程序和数据输入到存储器的输入装置，以显示、打印等方式输出计算结果的输出装置。相对于 ENIAC，EDVAC 方案有两个重大改进：一是用二进制代替了十进制，便于电子元件表示数据，简化了运算器的设计，提高了运算速度；二是提出了"存储程序"的概念，程序和数据都存放在存储器中，实现了基于程序的计算机自动执行，实现了程序执行中的"条件转移"。

1945 年底，ENIAC 刚刚完成，设计组就因发明权的争执而解体，影响了 EDVAC 的研制进度。世界上第一台存储程序式计算机是英国剑桥大学研制的电子延迟存储自动计算机（Electronic Delay Storage Automatic Calculator，EDSAC），使用水银延迟线作为存储器，1949 年投入运行，EDSAC 的主要研制者莫里斯·威尔克斯（Maurice V. Wilkes，1913—2010 年）因此获得第二届图灵奖。而 EDVAC 直到 1952 年才研制完成。

10.3　计算机学术组织

对于从事计算机领域的科研、教学和技术开发等工作的人员，同国内外同行的学术交流是非常必要和有益的，既有利于个人的工作和学习，也有利于整个计算机领域的发展，而各级学术组织为我们进行学术交流提供了良好的平台和机会。

10.3.1　国际上最著名的两个计算机组织

（美国）计算机学会（Association for Computing Machinery，ACM）创立于 1947 年 9 月，是世界上最早的和最大的计算机教育和科研学会，目前拥有会员 8 万多人，提供的服务遍及 100 多个国家。ACM 下设几十个专业委员会（Special Interest Group，SIG），几乎每个 SIG 都有自己的杂志。据不完全统计，由 ACM 出版社出版的定期、不定期刊物有 40 多种，覆盖了计算机科学与技术的几乎所有领域。

电气电子工程师学会（Institute of Electrical and Electronic Engineers，IEEE）是目前世界上最大的学术团体，它由美国电气工程师学会（AIEE，成立于 1884 年）和无线电工程师学会（IRE，成立于 1912 年）于 1963 年合并而成，总部设在美国纽约。1971 年 1 月，IEEE 宣布其下属的"计算机学会"（Computer Society）成立，这就是 IEEE-CS。IEEE-CS 设有若干个专业技术委员会、标准化委员会以及教育和专业技能开发委员会，专业技术委员会负责组织专业学术会议和研讨会；标准化委员会负责制定技术标准；教育和专业技能开发委员会负责制定计算机科学与技术专业的教学大纲、课程设置方案以及继续教育发展，并向各高等学校推荐。

10.3.2　我国著名的计算机组织

中国计算机学会（China Computer Federation，CCF）成立于 1962 年，前身为中国电子学会计算机专业委员会，1985 年，从二级学会升为全国性一级学会，是国内计算机科学与技术领域群众性学术团体。学会的宗旨是团结和组织计算机科技界、应用界、产业界的专业人士，促进计算机科学技术的繁荣和发展，促进学术成果和新技术的交流、普及和应用，促进科技成果向现实生产力的转化，促进产业的发展，发现、培养和培植年轻的科技人才。

学会的业务范围包括：学术会议、优秀成果及人物评奖、学术刊物出版、科学普及、计算机专业工程教育认证、计算机术语审定等。有影响的系列性活动有"CCF 中国计算机大会""CCF 王选奖""CCF 海外杰出贡献奖""CCF 优秀博士学位论文奖"、CCF 青年计算机科技论坛（CCF YOCSEF）、CCF 全国信息学奥林匹克（CCF NOI）等。学会下设 11 个工作委员会，有分布在不同计算机学术领域的专业委员会 32 个。

学会编辑出版的刊物有《中国计算机学会通讯》（学术性月刊），与其他单位合作编辑出版的刊物有 13 种。学会与 IEEE-计算机学会、ACM 等国际学术组织有密切的联系或合作。

10.4　磁卡与 IC 卡

目前常用的卡如银行卡、校园卡、电话卡、公交卡、超市卡等可以分为两大类：一类是以银行卡为代表的磁条卡；另一类是以公交卡为代表的 IC 卡。磁条卡，顾名思义，就是在卡的背面附有磁条，卡的信息以磁的形式存储。大部分的银行卡和一些超市卡（如江苏地区常见的苏果卡）等，都采用磁条卡的形式。磁条卡使用时需要刷专门的卡槽（如 POS 机的卡槽）。这类卡成本低，但缺点也很多，例如，容易消磁、磁性易读取、易伪造等等。IC 卡是 Integrated Circuit Card（集成电路卡）的简称，是指将一个微电子芯片嵌入卡中，并以集成电路与外界联通。

10.4.1　磁卡

磁卡（Magnetic Card）是利用磁性载体记录英文与数字信息，用来标识身份或其他用途的卡片。磁卡与刷卡器示意图如图 10.4 所示。

根据使用基材的不同，磁卡可分为 PET 卡、PVC 卡和纸卡 3 种；按磁层构造的不同，又可分为磁条卡和全涂磁卡两种。磁卡使用方便，造价便宜，用途极为广泛，可用于制作信用卡、银行卡、地铁卡、公交卡、门票卡、电话卡、电子游戏卡、车票、机票以及各种交通收费卡等。今天在许多场合我们都会用到磁卡，如在食堂就餐，在商场购物，乘公共汽车，打电话，进入管制区域等，磁卡是一种磁记录介质卡片。它由高强度、耐高温的塑料或纸质涂覆塑料制成，能防潮、耐磨且有一定的柔韧性、携带方便、使用较为稳定可靠。

图 10.4　磁卡与刷卡器示意图

通常，磁卡的一面印刷有说明提示性信息，如插卡方向；另一面则有磁层或磁条，具有 2～3 个磁道以记录有关信息数据。磁条上有 3 个磁道，磁道 1、磁道 2、磁道 3 为读写磁道，在使用时可以读出，也可以写入。磁道 1 可记录数字（0～9）、字母（A～Z）和其他一些符号（如括号、分隔符等），最大可记录 79 个数字或字母。磁道 2 和 3 所记录的字符只能是数字（0～9）。磁道 2 最大可记录 40 个字符，磁道 3 最大可记录 107 个字符。

磁条是一层薄薄的由排列定向的铁性氧化粒子组成的材料（也称为颜料）。用树脂黏合剂严密地黏合在一起，并黏合在诸如纸或塑料这样的非磁基片媒介上。磁条从本质意义上讲和计算机用的磁带或磁盘是一样的，它可以用来记载字母、字符及数字信息。通过黏合或热合与塑料或纸牢固地整合在一起形成磁卡。磁条中所包含的信息一般比长条码大。磁条内可分为 3 个独立的磁道，称为 TK1、TK2、TK3，TK1 最多可写 79 个字母或字符，TK2 最多可写 40 个字符，TK3 最多可写 107 个字符。

10.4.2　接触式 IC 卡

接触式 IC 卡一般最小面积为 2.0mm×1.7mm 的内切矩形；触点间互相隔离，相邻两个触点最大间距 0.84mm；有 8 个触点（C1～C8），正面和反面皆可使用；所占面积不小于 9.62mm×9.32mm（矩形面积）。具体位置如图 10.5 所示。

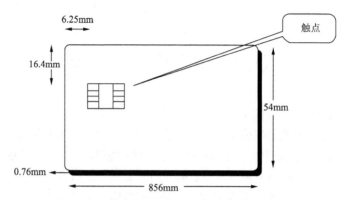

图 10.5　接触性 IC 卡具体位置示意图

8 个触点功能如表 10.1 所示。

表 10.1　　　　　　　　　　　　　　　　IC 卡各触点功能表

触点编号	功　能	触点编号	功　能
C1	V_{DD}（电源电压）	C5	GND（地）
C2	RST（复位信号）	C6	V_{PP}（编程电压）
C3	CLK（时钟）	C7	I/O（数据）
C4	保留	C8	保留

接触式 IC 卡的逻辑结构如图 10.6 所示。

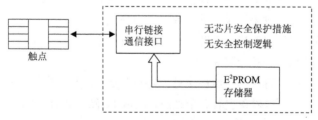

图 10.6　存储卡的逻辑结构图

接触式 IC 卡与磁卡比较，非常显著的优势如下。

（1）储存量方面。磁卡最大只能储存几百个字节，磁条也能作为一种被动的储存中介。而 IC 卡其内部有 RAM、ROM、E^2PROM 等存储器，存储容量可以到兆字节，可存储文字、声音、图形、图像等各种信息，并且储存区可以分割，有不同的访问级别。

（2）加密性方面。磁卡没有控制电路，因此其内部的数据读写无法安全控制，读取技术也是顺序和机械的，而 IC 卡可以控制电路对其内部数据进行读写，擦除控制、读取技术是随机的。加密 IC 卡本身具有安全密码，如果试图非法对之进行数据存取则卡片自毁，不可再进行读写。

（3）对网络的依赖性方面。磁卡在使用时要保证终端与主机之间的极强的实时性，一旦主机或网络故障就会使整个系统瘫痪，而 IC 卡可以储存大量的数据，而且由逻辑电路控制，使用时所有操作全部由终端独立完成，使其在应用环境中对计算机网络的实时性、敏感性要求降低，十分符合当前国情，有利于在网络质量不高的环境中使用。

（4）使用寿命方面。磁卡使用寿命较短，一般其寿命在两个月到一年之间，而 IC 卡没有人为损坏寿命可达十年以上。

（5）抗干扰性方面。磁卡在防磁、防静电、防水等方面均较差，而且磁条不能乱擦，而 IC 卡在这些方面均较强，只是芯片应保持清洁。

（6）防伪性方面。磁卡很容易伪造，而 IC 卡本身具有极强的逻辑加密，使伪造较难。

（7）方便性方面。IC 卡读写设备比磁卡的读写设备简单可靠、造价便宜、容易推广、维护方便。

正是由于 IC 卡具备诸多无可比拟的优点，因此在金融、税务、公安、交通、邮电、通信、服务、医疗、保险等各个领域都得到了广泛的重视和应用。

10.4.3　非接触式 IC 卡

现在广泛使用的公交卡、校园卡、身份证等都是一种非接触式 IC 卡（射频卡），它的工作原理是，读卡器发出一组固定频率的电磁波，当射频卡靠近时，卡内的一个 LC 串联谐振电路（其谐振频率与读卡器发射的频率相同）便产生电磁共振，使电容充电，为卡内其他电路提供例如 2 V 左右的工作电压，然后通过辐射电磁信号将卡内数据发射出去或接收读卡器送来的数据。使用时，IC 卡只需在读卡器有效距离（如 5cm）之内，不论什么方向，均可与读卡器交换数据，实现预先设计的功能（如图 10.7 所示）。

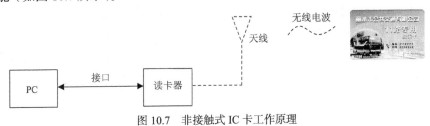

图 10.7　非接触式 IC 卡工作原理

我国第二代居民身份证就是采用非接触式 IC 卡制成的。从证上所载信息来看，二代身份证与一代身份证并无明显区别，它包括姓名、性别、民族、出生日期、常住户口所在地住址、公民身份号码、本人相片、签发机关和有效期限共 9 项内容。但两者最大的区别在于：二代身份证内部嵌入了一枚指甲盖大小的非接触式集成电路芯片，从而可以实现"电子防伪"和"数字管理"两大功能。

第二代身份证在"防伪"方面有多种措施。以往的身份证主要通过眼睛来判断证上的一系列可视防伪标志以辨别其真伪，而二代身份证除证件表面采用防伪膜和印刷防伪技术之外，还内藏集成电路芯片，将个人数据和图像经过编码、加密后存储在芯片中，需要时可通过专门的读卡器读取卡内存储的信息进行验证。这样，不但防伪性能大大提高，而且验证也更加方便快捷。今后甚至还可以将人体生物特征如指纹等保存在芯片中，进一步改善防伪性能。

二代身份证的伪造几乎是不可能的。制作一张身份证首先要有芯片，而这种芯片是由公安部监制的专用芯片，制假者无从获取。如果要从芯片开始仿制，其代价非常巨大。

二代身份证更大的应用价值还在于居民身份信息的数字化和网络化。证件信息的存储和证件查询采用了数据库和网络技术，既可实现全国联网快速查询和身份识别，也可进行公安机关与政府其他行政管理部门的网络互查，实现信息共享，使二代身份证在公共安全、社会管理、电子政务、电子商务等方面发挥重要作用。

二代身份证使用的集成电路芯片由 4 部分组成，分别是射频天线、存储模块、加密模块和控制模块。存储模块容量比较大，能够存储多达几兆字节的信息，写入的信息可分区存储，按不同安全等级授权读写。居民在户口迁移以后，可将新的住址和相关信息通过写卡器重新写入芯片而不需要换领新证。加密模块是芯片的关键。由于信息是可重新写入的，为了保证信息的防伪性和唯一性，加密模块采用了国家商用密码管理办公室规定的多种加密技术。控制模块是整个芯片的"大脑"，多种程序都存储在其中，包括通信协议、读写协议等。它具有运算和控制功能，各种操作都是由控制模块执行相应的程序完成的。

第二代身份证仅仅是我国在证件电子化方面的第一步，在其示范作用的带动下，户口簿、驾驶证、护照、文凭、证书等都有可能实现电子化。

近几年还有一种称为"RFID"的技术正在迅速推广和应用。RFID（Radio Frequency IDentification）的中文名称是"电子标签"，它由 3 部分组成：①标签，包括耦合元件及芯片，它附着在物体上用以标识目标对象，每个标签具有唯一的电子编码；②阅读器，读取（有时还可写入）标签信息，可以是手持式也可以是固定式；③天线，在标签和读取器间传递射频信号。

RFID 通过射频信号自动识别目标对象并获取其相关信息。当标签进入阅读器天线的磁场后，它接收天线发出的射频信号，凭借感应电流所获得的能量发送出存储在芯片中的产品信息（这种标签称为无源标签），也可以由电子标签主动发送某一频率的信号（称为有源标签），由阅读器读取信息，然后送计算机进行处理。整个识别工作无须人工干预，在恶劣环境中也能工作。而且，它还可以识别高速运动的物体，并可同时识别多个标签，操作快捷方便。

RFID 技术的应用领域很多。例如物流和供应管理、生产制造与装配、航空行李处理、邮件/快运包裹处理、文档追踪与图书馆管理、动物身份标识、门禁控制与电子门票、道路自动收费等。据报道，沃尔玛公司采用 RFID 之后，每年可节省几十亿美元，其中大部分是因为减少了劳动力成本而得到的。

10.5　平板电脑及处理器

10.5.1　平板电脑

"平板电脑"（Tablet Computer），俗称"Pad"，是一种小型的、方便携带的个人计算机，它以触摸屏作为主要输入设备，用户以手指、触控笔或数字笔进行操作而不再依赖传统的键盘和鼠标。

平板电脑的概念很早就提出来了。2002 年微软公司推出了一款名为"Tablet PC"的产品，它使用触控笔进行操作，运行的操作系统是 Microsoft Windows XP Tablet PC Edition。由于手写识别率不高，重量也成问题，价格又居高不下，因而这款产品并没有流行开来。到了 2010 年，随着苹果公司"iPad"的推出，引发了平板电脑的热潮。仅 2010 年度，苹果公司就销售了超过 800 万台

iPad。平板电脑震惊了广大用户，也吸引了全球各大计算机厂商纷纷推出自己的平板电脑产品。此后，平板电脑在计算机市场的占有率快速上升，2013 年全球出货量达 2.171 亿台，预计到 2017 年，平板电脑出货量将超过台式计算机和笔记本电脑出货量总和。

平板电脑轻巧灵活，功能多样，以触摸方式进行操作比传统计算机更直观和人性化，它是一种集通信、上网、阅读、记事、摄影、音像播放、导航定位等于一体的便携式通用信息终端。它的性价比较高，适用人群广泛，很容易普及。

目前平板电脑的软硬件配置还没有台式计算机和笔记本电脑那么丰富完整，文字输入和编程效率不高，屏幕较小，也缺乏办公和开发软件所需的环境与工具，还不能完全代替传统的笔记本电脑。

现在，平板电脑已经成为用户使用最多、关注度最高、更新最快的电子消费产品。市场上的平板电脑产品琳琅满目、丰富多样，它们按使用的操作系统来分，主要分为苹果 iOS、谷歌 Android（安卓）和微软 Windows 三种类型；按 4G 通信功能来分，可分成电信 4G、移动 4G、联通 4G 和仅 Wi-Fi 等类型；按存储器容量来分，可以分为 8GB、16GB、32GB、64GB 等多种；按屏幕尺寸来分，可分为 10inch 以上、10inch、8inch、7inch 和 7inch 以下等多种，每种尺寸屏幕的宽高比和分辨率还可以有所不同。

与台式计算机和笔记本电脑相比，平板电脑有明显不同的技术特点。高度便携性是平板电脑的最大特点，也是最关键的成功原因。所谓便携性是指产品必须足够轻便而且具有持久的续航能力，因此要求产品的所有构件必须相当省电，只有这样才能减少发热量和电池的体积。为此，平板电脑肯定要在功能和性能上有所限制和妥协，例如降低处理效率或增加一定的操作延时。从实测性能来说，目前平板电脑（或智能手机）的 CPU、GPU 性能与台式 PC 和笔记本电脑大约有 6～10 年的差距。

苹果公司自 2010 年推出 iPad 之后，三年内又相继推出了 iPad 2、iPad 3、iPad 4 和 iPad mini、iPad Air 一共 6 个产品。

10.5.2　处理器

目前平板电脑处理器共有 4 大类——苹果 A4、A5 处理器、nVIDIA Tegra 2 处理器、Intel ATOM 处理器和通用 ARM 处理器。

苹果 A4 处理器：目前只有苹果 iPad 独家使用。乔布斯说："iPad 装备了我们自主设计的 A4 芯片，这是至今为止我们所用的最高端的芯片产品，内部集成了处理器核心，GPU 核心，I/O 核心和内存控制器，所有这些功能都被集成在一块性能强劲的 A4 芯片中。"A4 处理器编号为：APL0398B01，而 A5 处理器编号为：APL0498E01。A5 处理器所用的制造工艺为 45nm。如图 10.8 所示。

图 10.8　A5 处理器

nVIDIA Tegra 2 处理器：作为全球首款移动超级芯片，英伟达图睿 2（nVIDIA®Tegra 2）集成了首款移动双核 CPU，可提供顶级多任务处理能力；该芯片还集成了超低功耗（ULP）英伟达™精视™（nVIDIA® GeForce®）GPU，最高可实现双倍浏览速度以及硬件加速 Flash 功能，因而可提供最佳的移动 Web 体验；该 GPU 让用户还能够享受到媲美家用游戏机画质的游戏体验。在配备英伟达图睿（nVIDIA Tegra）的移动设备上，用户可获得前所未有的体验。

Intel Atom 处理器：英特尔 Atom 处理器是英特尔历史上体积最小和功耗最小的处理器。Atom 基于新的微处理架构，专门为小型设备设计，旨在降低产品功耗，同时也保持了同酷睿 2 双核指令集的兼容，产品还支持多线程处理。而所有这些只是集成在了面积不足 25 平方毫米的芯片上，内含 4700 万个晶体管。而 11 个这样大小的芯片面积才等于一美分硬币面积。

通用 ARM 处理器：设计者为专门从事基于 RISC 技术芯片设计开发的公司，作为知识产权供应商，本身不直接从事芯片生产，靠转让设计许可由合作公司生产各具特色的芯片。其特点如下。

（1）体积小、低功耗、低成本、高性能。

（2）支持 Thumb（16 位）/ARM（32 位）双指令集，能很好地兼容 8 位/16 位器件。

（3）大量使用寄存器，指令执行速度更快。

（4）大多数数据操作都在寄存器中完成。

（5）寻址方式灵活简单，执行效率高。

（6）指令长度固定。

虽然目前有这 4 大类平板处理器，但是从众多产品上看，NVIDIA 和 ARM 的处理器更被厂商所接受，而在桌面和移动领域的两大巨头 Intel、AMD 的产品似乎成为了非主流，他们也分别在平板领域挥下重金，推出各自的平板处理器。Intel 马上将推出新一代的凌动处理器 Oak Trail，能耗仅为上一代处理器的一半，而且支持全高清视频播放。而 AMD 则也推出了加速处理器（Accelerated Processing Units，APU），将多核处理器、拥有支持 DX11 的显示芯片与专门的高清视频加速模块整合到一块芯片上，并且还设计有散热超低功耗（Thermal Design Power，TDP）。

10.6　设置虚拟内存

虚拟内存也称虚拟存储器（Virtual Memory）。计算机中所运行的程序均需经由内存执行，若执行的程序占用内存很多，则会导致内存消耗殆尽。为解决该问题，Windows 操作系统中运用了虚拟内存技术，即利用一部分硬盘空间来充当内存使用。

在 Windows 7 下设置虚拟内存的步骤如下。

（1）在桌面上选中"计算机"图标，单击鼠标右键，选择快捷菜单中的【属性】，出现计算机基本信息窗口，如图 10.9 所示。

图 10.9　"计算机基本信息"窗口

（2）单击窗口中【高级系统设置】标签，出现"系统属性"对话框，如图 10.10 所示。

（3）选中【高级】选项卡，单击"性能"栏的【设置】按钮，在弹出的"性能选项"窗口中，单击【高级】选项卡，如图 10.11 所示。

图 10.10 "系统属性"对话框

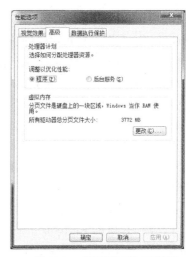

图 10.11 "性能选项"对话框

（4）在"虚拟内存"栏中单击【更改】按钮，弹出"虚拟内存"对话框，如图 10.12 所示。

（5）设置虚拟内存最好在非系统盘里，单击【自定义大小】单选按钮。输入"初始大小"和"最大值"（虚拟内存设置的原则是，虚拟内存最小值是物理内存的 1～1.5 倍；虚拟内存最大值是物理内存的 2～2.5 倍。），然后单击【设置】按钮。单击【确定】按钮，出现"要使改动生效，需要重新启动计算机"的提示，单击【确定】按钮即弹出"必须重新启动计算机才能使新的设置生效"对话框，如图 10.13 所示。重启计算机，即设置完成。

图 10.12 "虚拟内存"对话框

图 10.13 提示重新启动计算机窗口

[1] 胡明，王红梅. 计算机学科概论. 2 版[M]. 北京：清华大学出版社，2011.

[2] 张福炎，孙志挥. 大学计算机信息技术教程. 6 版[M]. 南京：南京大学出版社，2013.

[3] 袁方，王兵，李继民. 计算机导论. 3 版[M]. 北京：清华大学出版社，2014.

[4] 张凯. 计算机导论[M]. 北京：清华大学出版社，2012.

[5] 赵欢. 计算机科学概论. 3 版[M]. 北京：人民邮电出版社，2014.

[6] 刘喜敏，唐敬仙，柳森. 大学计算机基础教程[M]. 北京：清华大学出版社，2013.

[7] 刘金岭，冯万利，张友东. 数据库原理及应用：SQL Server 2012[M]. 北京：清华大学出版社，2017.

[8] 朱战立，杨谨全，李高和，等. 计算机导论. 2 版[M]. 北京：电子工业出版社，2012.

[9] 丁跃潮. 计算机导论[M]. 北京：高等教育出版社，2010.

[10] 吕辉. 计算机科学与技术导论[M]. 西安：西安电子科技大学出版社，2007.